# 부모

PARENTAL INTELLIGENCE

# 지능

**UNLOCKING PARENTAL INTELLIGENCE**

by Laurie Hollman

Copyright © 2015 by Laurie Hollman

Korean translation copyright © 2017 by Yeamoon Archive Co., Ltd.

All rights reserved.

Original English edition published by Familius, LLC,

1254 Commerce Way, Sanger, CA 93657, U.S.A.

This Korean edition published by arrangement with Familius, LLC

c/o Letter Soup Rights Agency, through Shinwon Agency Co.

아이의 행동을 읽는 5단계

# 부모

PARENTAL INTELLIGENCE

# 지능

로리 홀먼

김세영 옮김

예문아카이브

# 추천의 글

## PARENTAL INTELLIGENCE

로리 홀먼은 이 책 《부모 지능》에서 아동 발달 및 행동에 관한 이론들을 바탕으로 부모와 자녀의 마음에 창을 만들어 서로를 이해하게 하는 놀라운 업적을 달성했다. 홀먼 박사는 전혀 비판적이거나 비난하지 않는 태도로 알기 쉽고 아름다운 문체를 사용해 부모와 아이들 또 그들의 고통을 진심으로 공감하고 있다. 이런 그녀의 공감은 부모에게로 이어져 자신의 아이들을 더욱 잘 이해하는 데 힘을 보탰다.

그녀가 가장 중시하는 것은 아이들이 잘못된 행동을 했을 때 성급히 판단해서 대응하지 말고 그 행동에 담긴 의미를 '제대로 이해'해야 한다는 것이다. 이 점은 이 책이 다른 육아 서적들과 구분되는 가장 큰 특징이기도 하다. 그녀는 여덟 가정의 이야기를 통해, 부모들이 자신의 내면을 서서히 자각하면서 아이의 마음을 더욱 잘 이해하고 자신에 대해서도 점점 더 많이 알아가는 과정을 차분히 보여주고 있다. 이 책은 부모들이 자신의 마음을 깊이 들여다보게 함으로써 지난 세대와의 경험이 어떻게 그들의 감정 세계와 아이들을 대하는 태도에 영향을 미치는지 깨닫게 해준다. 정말 감탄스러울 수밖에 없는 홀먼 박사의 탁월한 능력이다.

나는 부모들은 물론이고 아동과 청소년을 위한 교육자들 그리고 정신 건강 전문의들에게 이 책을 강력히 추천한다. 아동 심리치료사들 역시 훌륭한 교재로 활용할 수 있을 것이다.

– **필리스 베렌**, 뉴욕 정신과 프로그램 아동청소년 심리 분석 연구회 공동 이사이자 정신분석학회 및 프로이트 연구회 최고 분석가

부모와 맺어진 탄탄한 유대는 아이가 살아가는 데 가장 든든한 힘이 된다. 중요한 것은 오늘의 어려움을 극복하고 내일은 잘해낼 준비를 갖출 수 있느냐 없느냐 하는 것이다. 아이의 행동에 충동적으로 반응하면 현명한 결정을 내릴 수 없을뿐더러 아이와의 안정적인 관계에도 금이 간다.

홀먼 박사가 제시한 실용적인 방법은 우리 내면의 부모 지능을 일깨워 아이와 자신의 감정을 충분히 이해함으로써 효과적으로 생각하고 반응할 수 있게 해준다. 그녀가 소개한 상세한 사례들을 읽다 보면 이런 전략들을 우리 자신의 것으로 만들어 아이를 더 잘 이해하는 법을 배우게 된다. 이 책은 분명히 아이와의 유대를 키워줄 것이며, 아이가 안전하고 성공적인 삶을 살도록 도울 수 있는 부모가 되게 해줄 것이다.

— 케네스 R. 긴스버그, 의학박사 겸 교육학 석사, 펜실베이니아 의과대학교 및 필라델피아아동병원 청소년약물과 교수이자 〈넘어져도 다시 일어서는 아이〉, 〈잘 크는 아이로 키우기(Raising Kids to Thrive)〉의 저자

로리 홀먼 박사는 솔직하고 연민 어린 태도로 부모 지능을 가르치고 있다. 그녀는 이 책에서 현시대의 아동 발달 이론을 활용해 부모들이 실천하기 쉬운 5단계의 프로그램을 소개함으로써 아이들과의 갈등을 해결하도록 돕고 있다. 부모는 이 프로그램을 통해 아이의 행동을 결정짓는 요인을 파악하는 법과 언어적·비언어적 의사소통을 이해하는 법 그리고 아이와 솔직한 대화를 열 수 있는 법을 배우게 된다.

홀먼 박사는 아동 및 가족 치료에 관한 경험이 풍부하며 부모 상담 분야에서 독보적인 위치를 차지하고 있다. 그리고 현실적인 문제들을 사례들로 알기 쉽게 설명하고 있다. 또 그녀는 부모들이 어떻게 자신이 갖고 있는 기대치를 파악하고, 아이의 말에 귀를 기울이고, 아이의 행동에 숨겨진 의미를 고려해야 할지 그리고 아이의 행동과 발달 단계를 어떻게 연관시켜야 할지 가르쳐준다. 그 과정에서 부모는 아이와 더욱 튼튼하고 강력한 유대를 맺을 수 있다. 아이와 효율적으로 소통하고 공감하는 법을 가르치고 있는 홀먼 박사는 이 책에서도 그런 공감과 이해를 십분 발휘해 부모들이 쉽게 이용할 수 있는 증명된 육아법을 제시하고 있다. 그녀의 책은 모든 부모에게 꼭 필요한 지침서가 될 것이다.

— 레나 그린블라트, 뉴욕대학교 교수, 아동청소년 임상 심리학자이자 정신분석가, 학습 장애 및 ADHD 전문가

유용한 정보가 풍부하게 담겨 있는 매혹적인 책이다. 부모들이 이미 알고 있는 자료를 활용해 자녀와 바람직한 관계를 맺을 수 있는 방법을 제시함으로써 아이의 발달과 부모의 만족을 동시에 획득하고 있다. 홀먼 박사는 부모라면 누구나 겪을 수 있는 생생한 사례들을 통해 자기 내면의 어떤 요인이 아이에게 공감하는 것을 막고 있는지 알게 해주고 부모 지능의 5단계를 통해 문제를 해결하는 과정을 보여주고 있다. 아이의 행동을 깊이 이해해서 올바로 반응하고자 하는 부모 그리고 전문가들은 꼭 읽어야 할 책이다.

**– 일레인 색클러 레프코트**, 뉴욕 색클러 레프코트 아동 발달 센터장, 콜롬비아대학교 부모유아 정신 분석연구소 소장

아이들은 몇 살이든 상관없이 문제가 될 만한 행동을 통해 자신의 상태를 알리고 싶어 할 때가 많다. 중요한 것은 아이들이 전하는 메시지를 해석하는 일이다. 로리 홀먼 박사는 부모들이 자신의 지난 가정사를 돌이켜보고, 같은 맥락에서 아이의 마음을 이해하게 되는 과정을 보여주고 있다. 이 과정을 따르면, 아이가 진정으로 원하는 것에 초점을 맞출 수 있고 답답한 교착상태에서 벗어날 길을 찾을 수 있다. 홀먼 박사는 여러 가족이 처한 막막한 상황을 자세히 기술함으로써 무의식적으로 부모를 닮아 있는 자기 자신을 돌아보게 하고, 서서히 갈등을 풀어가는 방법을 알게 해준다. 이 책은 모든 가족에게 소중한 동반자가 되어 줄 것이다.

**– 미리암 스제이어**, 프랑스의 소아정신과 의사 겸 심리분석가, 베르사유대학교 의대 교수이자 《아기에게 말하기(Talking to Babies)》의 저자

부모와 가족들을 위한 임상 심리학자인 나에게 로리 홀먼의 책은 큰 도움이 됐고 지극히 명확한 길을 알려줬다. 그녀는 부모들이 이미 지니고 있는 도구들로 마음의 문을 열어 삶의 가장 큰 선물인 아이들을 더욱 잘 이해하고, 아이들과 더욱 즐겁게 살 수 있게 만드는 특출한 재능을 지녔다. 부모는 자신을 성찰하고, 공감하고, 지혜를 발휘함으로써 안전하고 따스한 가정 안에서 아이가 최상으로 발달하도록 도울 수 있다. 또한 이 책은 전반적 발달 장애나 다른 장애를 가진 아이들의 부모에게도 매우 유용하다.

홀먼 박사는 부모 지능을 통해 리더가 되고자 하는 아이들의 미래에 대해서도 희망적인 비전을 제시하고 있다. 부모 지능은 창의적인 대인 관계와 문제 해결 능력, 리더십의 바탕이 되어 지역, 국가, 세계 각 분야의 리더가 될 다음 세대들이 만족스럽고 생산적인 삶을 사는 데 큰 도움을 줄 것이다.

– **린 세스킨**, 심리학 박사, 학교상담사 및 임상 심
리학자이자 아동청소년 특수치료 전문가

육아 전문가와 엄마들이 현실적인 경험을 공유하는 공간인 《맘스 매거진(Moms Magazine)》의 편집자로서, 로리 홀먼 박사의 책을 소개할 수 있어서 영광이다. 그녀는 부모 지능이라는 육아 모델을 통해 많은 엄마들이 순조롭게 아이를 키울 수 있는 명확한 지침을 제시하고 있다.

지금 우리는 각종 사회 매체와 24시간 지속되는 뉴스 사이클, 첨단 기술의 발달로 어느 때보다 빠르게 변화하는 세상 속에서 살아가고 있다. 이런 변화는 부모 역할에도 상당한 영향을 미친다. 정보가 넘쳐나는 만큼 선택해야 할 것들도 많다. 그래서 우리에게는 그런 혼란스러운 상황에서 벗어나 부모로서 생각해야 할 것들을 쉽게 알려주는 홀먼 박사 같은 전문가가 필요하다.

그것이 바로 우리 독자들이 원하는 것이고, 이 책 《부모 지능》에 고스란히 담겨 있는 것들이다.

– **주디 I. 코헨**, 《맘스 매거진》 편집장

마음 이론, 즉 사람을 정신적인 존재로 이해하는 것은 발달심리학에서 가장 핵심이 되는 주제다. 그리고 부모 지능은 마음 이론을 행동으로 옮긴 것이다. 홀먼 박사의 책은 아이의 생각과 감정을 염두에 두면서 부모가 어떻게 자신의 생각과 감정을 인지할 수 있는지 알려준다. 부모로서 이런 태도를 가지면 벌을 주지 않고도 문제를 해결할 수 있다.

— 재닛 와일드 애싱턴, 토론토대학교 인간발달 및 응용심리학과 교수

가족은 이러지도 저러지도 못하는 불편한 상황에 처할 때가 너무도 많다. 아이를 걱정하고 배려하는 부모는 할 수 있는 모든 것을 해봤지만 어떻게 해야 할지 모르겠다고 한다. 정신분석가인 로리 홀먼 박사는 이 책에서 '한 걸음 물러나 생각하라'는 현명한 조언으로 우리를 응원하고 있다. 그녀는 부모들에게 '왜'라는 의문을 품고, 공감하면서 듣고, 아이의 행동에서 의미를 찾으라고 가르친다. 그렇게 하면 아이와 훨씬 좋은 관계를 맺을 수 있고 아이 스스로도 문제를 잘 해결하도록 도울 수 있다.

— 케네스 배리쉬, 웨일 코넬의과대학교 심리학 교수이자 《긍지와 기쁨: 아이 감정을 이해하고 가족 문제를 해결하기 위한 지침서(Pride and Joy: A Guide to Understanding Your Child's Emotions and Solving Family Problems)》의 저자

로리 홀먼 박사의 책 《부모 지능》은 명확하고 간결한 육아 지침서다. 부모가 아이의 행동에 담긴 의미를 파악하기 위해 노력하고 그런 행동을 한 아이의 마음을 공감하면서 문제를 해결하는 태도를 보이면, 아이도 결국 자신이 한 행동을 이해하고 통제할 수 있는 사람으로 키울 수 있다. 그런 아이들은 자신감도 넘친다. 이 책은 아이가 자라는 동안 생길 수 있는 여러 문제들에 부모와 아이가 서로 공감하면서 적응할 수 있도록 도와주고 사려 깊은 부모가 될 수 있게 이끌어준다. 내 상담자들에게도 추천하고 싶은 책이며, 여기 소개된 기술들은 육아 문제를 다루는 치료사들에게 가르쳐도 좋을 만한 것들이다.

— 마리 오페디사노, 심리분석가, 아동청소년 임상 심리학자이자 롱아일랜드 유대인 의료센터 연구원

보람을 느낄 수 있는 부모가 되는 것은 사실 무척 어려운 일이다. 홀먼 박사의 책은 부모들이 아이의 행동을 이해하고 그에 대한 자신의 반응을 성찰하게 함으로써 아이와의 문제를 해결할 수 있는 접근법을 제시하고 있다. 그녀는 부모와 아이가 행복해질 수 있는 방법으로 가정 내 문제들을 극복한 여러 가지 사례를 소개함으로써 자신의 생각을 알기 쉽게 보여주고 있다.

– **제레미 카펜데일**, 사이먼프레이저대학교 발달
심리학 교수이자 《아이는 어떻게 사회적인 이해
를 발달시키는가(How Children Develop Social
Understanding)》의 저자

《부모 지능》은 부모와 아이의 관계를 증진시킬 수 있는 부모의 역할에 대해 명확하고 실용적인 방안을 소개하고 있다. 홀먼 박사는 현실적인 가족들의 가정사와 그들의 경험, 문제 해결 과정 등을 통해 통찰력 있는 육아 기술을 알려준다. 또 그녀는 아이의 행동에 잘못 반응하는 실수를 저질렀어도, 과거 자신의 경험을 되돌려보면 중요한 것을 배울 수 있다는 용기를 부모들에게 심어주고 있다. 그리고 어떻게 해야 현재의 '위기'를 좀 더 긍정적으로 이해하고 해결책을 이끌어낼 수 있는지도 보여준다. 우리가 알게 된 가족들은 아이들의 나이가 다 다르고, 부부들이 처한 상황도 다르며, 각기 다르지만 낯설지 않은 여러 가지 문제들을 겪고 있다. 부모들은 이 책에서 알려주는 5단계를 통해, 아이의 '공격적'인 행동을 바로잡는 것만이 해결책은 아니라는 것을 깨닫게 된다. 이 단계를 따르면 부모와 아이의 소통이 더욱 원활해지고, 앞으로 또 다시 문제가 생기더라도 훨씬 순조롭게 해결할 수 있다. 이 탁월한 육아법에서 내가 가장 마음에 든 것은 부모와 아이 그리고 부부끼리 생산적인 대화를 나누면 가족 관계나 집안의 분위기를 훨씬 평온하게 만들 수 있다는 점이다.

– **도티에 델 가우디오**, 교육학 박사이자 뉴욕 UMC
유치원 원장이자 교사

## 이 책을 읽기 전에

PARENTAL INTELLIGENCE

내가 이 책 《부모 지능》을 읽기 시작했을 때 열세 살인 내 아들은 문을 닫고 방에 틀어박혀 있기 일쑤였다. 그리고 혹시라도 방에서 나올 때면 손에서 절대 휴대폰을 놓지 않았다. 가족끼리 식사하는 자리는 팽팽한 긴장감이 감돌았다. 간신히 구슬려 방에서 나오게는 했지만 '식탁에서 휴대폰 사용은 금지'시켰기 때문이다. 이런 상황이 몇 달 동안 계속되자 나는 그저 '십대'라서 그럴 거라고 생각했다. 하지만 꼭 그 때문만은 아니라는 것을 알고 있었다. 나는 압박감을 느꼈고 잠도 잘 수 없었다. 어느 날 새벽, 나는 그동안 수없이 많이 했던 질문을 나 자신에게 던져봤다.

'대체 내 아들이 왜 이러는 걸까?'

그때 나는 이 책에서 "모든 부모는 아이들이 왜 그런 행동을 하는지 궁금해한다"라는 글을 읽었다. 아하! 나만 그런 게 아니었구나. 그뿐 아니라 홀먼 박사는 그 질문에 대한 답을 찾기 위해 '내가 할 수 있는 일들'을 친절하면서도 허심탄회하게 설명해줬다. 그것은 아이와 대화의 문을 열게 만들어주는 5단계의 행동 계획이었다.

나는 곧바로 실행에 들어갔다. 내 자신을 돌아보고 아들의 행동에 담겨 있을 만한 의미도 찾아봤다. 아이가 말과 행동으로 암시하는 여러 가지 단서들도 놓치지 않았고 내가 하는 행동의 동기들도 진지하게 고려해봤다. 이 책을 청사진처럼 활용하자 나는 아이의 마음을 더욱 잘 공감할 수 있는 방법을 터득하게 됐다. 그런 다음 아들에게 말을 걸었다.

아이의 행동을 보고 내가 추측한 의미는 맞는 것도 있고 틀린 것도 있었다. 아이가 방문을 닫고 들어가 계속 문자만 주고받는 데는 내가 생각한 것보다 더 큰 이유들이 있었다. 나는 모르고 있었지만, 아들은 어떤 여학생에게 데이드 신청을 받고 있었고, 수학 시험을 망쳤으며, 곧 있을 첼로 연주회와 야구 원정팀 선발전을 걱정하고 있었다. 아들은 수학 공부를 아주 열심히 하고 첼로와 야구도 잘하는 아이였기 때문에 그런 걱정을 하고 있으리란 생각은 하지 못했다. 또 큰 아들이 열여섯 살이 되도록 데이트를 하지 않았기 때문인지 그 아이한테 여학생 문제가 있을 거란 생각도 하지 못했다. 아들과 대화를 나눈 다음, 나는 더 이상 나의 직관을 의심하지 않기로 했다. 그리고 홀먼 박사의 수사적 질문에 힘과 용기를 얻었다.

'자기 아이를 부모만큼 잘 아는 사람이 누가 있겠는가?'

아들과 나는 홀먼 박사의 지적인 접근 덕을 톡톡히 봤다. 그녀가 소개한 방식은 인내심(각 단계는 순서를 지키지 않아도 되며 필요에 따라 전 단계로 돌아가거나 같은 단계를 다시 해도 된다)과 균형적인 시각(열린 마음)을 갖게 해줬다. 결국 나와 아들은 다시 사이가 좋아졌고 새로운 방법으로 소통할 수 있게 됐다.

홀먼 박사는 자기 자신과 과거를 돌아보는 것이 우리의 추측과 반응 그리고 우리의 아이를 이해하는 데 얼마나 중요한지 명확하게 설명해주고 있다. 그녀가 심리분석가와 심리치료사로 30년을 일하면서 얻은 여러 사례들에서 나는 눈을 뗄 수 없었고, 부모로서 한 번도 생각해보지 못한 것을 깨달을 수 있었다. 나와 아들의 문제는 서로 더 가까워질 기회가 됐다는 것이다. 이렇게 바꿔서 생각하자 상황을 보는 눈이 더욱 명확해졌고 기쁨과 안도감도 들었다.

나는 엄마들을 독자층으로 하는 잡지의 편집장으로 일하면서 육아에 대해 많은 기사와 책을 읽었다. 그리고 나의 다섯 아이들이 다 자랄 동안 그런 책들을 엄청나게 많이 모았다. 다들 훌륭한 조언들이 담겨 있지만, 특히 이 책《부모 지능》은 해당 분야에 대한 연구와 경험, 실제 사례들이 실행 가능한 5단계와 결합돼 좋은 부모가 될 수 있는 길을 열어주고 있다. 더 나아가, 부모 지능을 활용하는 부모는 다음 세대에 부모가 될 우리 아이들에게도 큰 영향을 미칠 것이다. 부모 지능의 5단계는 가족들이 살아가는 방식이기도 하다. 부모 지능은 리더가 되고 싶어 하는 아이들에게 세계의 많은 사람들과 교류하는 데 필요한 기초를 제공한다. 어릴 때부터 다른 사람들과 어떻게 의사소통을 하고 어떤 관계를 맺어야 할지 배우며 자라기 때문이다. 앞으로의 세대들에게 이런 지혜를 알려줄 수 있는 책은 아마 이 책밖에 없을 것이다.

　나는 이 책을 통해 나의 본능을 믿고 아들의 행동에서 의미를 찾는 법을 배웠다. 엄마가 된 지 18년 만이다. 무엇보다 중요한 것은 내 자신의 행동과 원칙 그리고 육아 철학을 더욱 잘 이해하게 됐다는 점이다. 내 아들도 기회를 갖게 됐다. 이 아이도 어른이 되고 부모가 된다면 사람들의 행동 속에 감춰진 의미를 찾고, 자기 내면의 목소리와 소통하는 법을 찾으면서 부모 지능의 철학을 그대로 실천할 것이기 때문이다.

마르셀 소비에로
《브레인 차일드(Brain, child)》 편집장

# 차례

PARENTAL INTELLIGENCE

**추천의 글** 4
**이 책을 읽기 전에** 10
**들어가며** 아이의 행동은 아이의 마음을 비추는 거울 16

**제1장** 아이를 대하는 새로운 마음 24

아이가 하는 행동에는 반드시 의미가 있다. 아이가 바람직하지 않은 행동을 했을 때, 부모들은 여러 상황들을 고려하지 못하고 행동 자체에만 반응하는 잘못을 저지르곤 한다.

**제2장** 잘못하면 벌을 주는 게 당연한가 38

부모들은 훈육을 통해 아이를 가르치고 지식을 전달하려고 한다. 그런데 이런 목적을 이루기 위한 수단으로 벌과 통제가 중요하다고 생각하는 부모들이 너무 많다.

**제3장** 부모 지능 5단계 48

한 걸음 물러나기, 자기 내면 돌아보기, 아이의 마음 헤아리기, 아이의 발달 정도 파악하기, 문제 해결하기.

**제4장** 아이의 행동을 오해하는 부모 86

갓 태어난 라라. 아직 어린 엄마 클라우디아는 혼자였고 겁이 났다. 아기가 울어댈수록 불안해서 젖병을 물려주는 것 말고는 달리 어찌해야 할지 몰랐다.

**제5장** 심한 짜증은 힘들어하는 표현 112

두 살 테드. 어린이집에 다니기 시작한 테드는 자신을 맡기고 엄마가 떠나려고 하면, 마구 소리지르고 울어대고 장난감을 집어던졌다. 날이 갈수록 짜증을 아무 때나 부렸고 엄마가 데리러 오면 못 본 척 무시했다.

**제6장** 작은 자극도 견디기 어려운 아이 142

네 살 리. 리에게 다른 사람들의 목소리는 울림이 강한 하나의 소음일 뿐이었고 몹시 불안하게 만들었다. 다른 아이들은 스트레스를 받을 때마다 팔을 퍼덕이고 몸을 흔들어대는 리를 멀리했다.

## 제7장 형제 사이의 질투 174

여섯 살 클라이브. 학교에서 툭하면 쌍둥이 동생을 때리기 시작한 아이. 무엇이든 동생이 먼저 하게 되면 못마땅하다. 엄마는 출장이 잦은 아빠가 없는 동안 밤낮으로 두 사내아이를 키우는 것이 너무도 힘들었다.

## 제8장 도무지 집중할 수 없는 아이 202

여덟 살 캐시. 식사할 때는 조금만 먹으면 일어서서 돌아다니고, 차분히 숙제하는 일도 없는 딸. 야단치면 탁자 밑으로 들어가서 몸을 웅크리고 나오지 않는 캐시에게 엄마는 지쳐버렸다.

## 제9장 아이의 모든 게 불안한 엄마 230

열세 살 올리비아. 엄마는 사람들을 잘 믿지 않는 편이어서 딸이 사람들과 어울리다 위험해질까 봐 늘 걱정이었다. 수학여행 일정이 생기자 선생님에게 전화를 걸어 보호자로 동행하려고까지 했다. 올리비아는 부끄럽고 화가 났다.

## 제10장 방도 마음도 정리할 수 없는 아이 256

열다섯 살 레슬리. 춤추는 것을 무척 좋아했던 레슬리는 발표회에 아빠가 오지 않자 춤을 그만뒀다. 그리고 거짓말하고 나쁜 친구들과 놀고온 벌로 휴대폰을 압수당하자 방에 틀어박히기 시작했다.

## 제11장 규칙만 있고 대화는 없는 집 276

열일곱 살 에바. 자신의 잘못이 아닌데도 통금시간을 조금 어겼다고 외출금지 벌을 받은 에바는 반항하기 시작했다. 엄격한 아빠는 계획적인 생활과 규칙에 따르는 것을 계속 강조했다.

## 제12장 공동의 장 302

아이와 마음이 만나는 지점에 닿기 위해 부모 지능을 활용하면, 문제를 바라보던 관점을 바꿀 수 있다. 아이의 마음을 읽고 이해할 수 있으며 서로에게 더욱 친밀한 애정이 생긴다.

**옮긴이의 글** 미안하면 미안하다고, 사랑하면 사랑한다고 말하자 312
**참고 문헌** 318

# 아이의 행동은
# 아이의 마음을
# 비추는 거울

아이의 잘못된 행동조차 중요한 의사소통이다.
그 행동을 멈추는 데 중점을 두는 대신
행동에 담긴 의미를 이해하려고 노력해야 한다.

아이가 대체 왜 저런 행동을 하는지 알고 싶은 적 없는가? 당신은 하루에 몇 번이나 이런 생각을 하는가?

'쟤가 왜 저런 짓을 하지?'

부모는 아주 작은 것에도 놀릴 때가 많다. 세 살짜리 아이가 앙치질을 했다고 거짓말을 했다. 거짓말을? 겨우 세 살짜리가? 가끔은 알 듯 말 듯 할 때도 있다. 십대인 딸이 그날 있었던 일을 이야기하는데 듣고 보니 평소에는 거의 하지 않는 일이다. 왜 하필 오늘 그 일을 했다는 걸까? 그냥 아무 말이나 마구 하고 싶어서였을까 아니면 뭔가 일이 있는데 아직 당신에게 말할 준비가 되지 않은 걸까? 부모와 교사 간담회 또는 교장실에 앉아서 이런 말을 한 적 있는가?

"우리 아이가 왜 그렇게 행동했을까요? 저는 이 일을 어떻게 처리해야 하죠?"

아이가 평소 하지 않는 일을 하거나 상상할 수 없는 일을 했을 때, 또는 자신의 괴로움을 노골적으로 드러냈을 때 부모는 겁이 나거나 놀라거나 이해가 되지 않는 끔찍한 기분을 경험하게 된다. 그런 행동을 고치려고 아무리 노력해도 바뀌지 않을 때 우리가 할 수 있는 일은 아무 것도 없는 것 같다. 그저 '대체 왜?'라고 생각할 뿐이다.

부모로서 능력이 한참 부족한 것 같은 기분이 들 때, 또 좋은 부모가 되기 위해선 특별한 지능이 필요하지만 내 머리로는 불가능한 것 같아서 하루만 더 견디자는 식으로 시간이 가기만을 기다릴 때 절망감이 드는 것은 당연하다. 그런데 심리학자들은 부모 자식 간의 유대는 매우 중요하며 건강한 가족생활에 꼭 필요하다고 한다.

부모는 아이들이 한 행동 때문에 당혹스러워하고, 내적인 압박감을 느끼며, 심한 경우 공황 상태에 빠지기까지 한다. 나는 이 책에 그런 행동을 보는 새로운 시각을 제시해놓았다. 아이의 행동에 담긴 의미를 찾게 되면 깨달음을 얻고, 행복감을 느끼고, 안도할 수 있는 길에 이를 수 있다. 이 과정을 거듭하다 보면 아이의 행동을 읽고 의미를 만들어내는 능력까지 생긴다. 이 책에 소개된 방법을 이용하면 당신의 '부모 지능(Parental Intelligence)'이 일깨워져서 한층 강해진 에너지와 깊은 만족을 느끼게 될 것이다.

부모가 되면 재미있고 소중한 경험을 많이 하게 된다. 아이의 첫 생일 날, 손님들 앞에서 아기가 통통한 손으로 당신이 구운 초콜릿 케이크 한가운데를 꾹 눌러서 마구 휘저은 다음 행복한 얼굴로 그 손을 당신의 입에 집어넣었을 때처럼 말이다. 그때 당신과 아기 사이에는 아무 거리가 없었다. 어떤 순간을 연상시키는 기념품처럼 그 상태 그대로 지속될 수만 있다면, 그 순간이 영원히 계속될 수 있다면 얼마나 좋겠는가. 당신은 아이가 초콜릿 케이크를 기억하며 꿈같은 어린 시절을 보내길 바랐을 것이다. 또 그날의 일이 그저 기쁘고 재미

있는 일화로 남아주길 바랐을 것이다.

하지만 부모가 되면 힘든 일도 많다. 여덟 살짜리 아이가 이렇게 외치며 집을 뛰쳐나갔다.

"나가버릴 거예요! 엄마는 왜 다 망쳐버리세요? 엄마는 정말 아무 것도 몰라요!"

그리고 앞마당을 계속 전속력으로 뛰어다니다 철도를 이탈해서 깊은 도랑에 곤두박질친 화물 열차처럼 엉망이 된 채 15분 만에 나타났다. 당신은 심장이 쿵쿵 뛰는 것을 느끼며 창가에 서서 걱정스럽고 불안한 마음으로 그런 아이를 지켜봤다. 아마 당신은 철도를 벗어난 기관차가 된 것처럼 숨쉬는 것조차 힘들었을지 모른다. 지친 눈에서 마구 눈물이 흘러내렸다. 그러던 차에 패배한 사람처럼 기진한 모습으로 아들이 들어왔다. 돌아오긴 했지만 당신은 그 행동에 뭔가 더 깊은 뜻이 있다는 것을 알고 있다. 하지만 뭔가 잘못됐다는 두려움에 당신이 어떤 행동을 하게 되면 당신과 아이 모두 더 심각한 문제에 빠질 위험이 높다.


## 모든 부모는 아이를 이해하고 싶어 한다

나는 임상 심리분석가로 30년을 일한 뒤 영감을 얻어 이 책을 썼다. 부모 경력이 저마다 다른 많은 엄마들과 아빠들이 나를 찾아와 아이와의 관계를 회복할 방법을 물었고, 어떻게 하면 아이를 제자리로 되돌아오게 할 수 있을지 물었다. 그리고 어떻게 해야 의미 있는 삶을 살 수 있는지 알고 싶어 했다. 그러면 나는 부모 지능에 대해 알려주면서 가정생활에 얼마나 많은 혜택을 주는지 말해줬다. 그런 말을 하게 해준 것이 오히려 나는 고마웠다.

이런 부모들이 처한 환경과 배경은 매우 다양하다. 아이들 나이도 저마다 다르고, 부모로서 산 세월도 다르며, 사회·경제적인 배경도 다 제각각이다. 하지만 그들에게 몇 가지 중요한 공통점이 있다는 것을 발견했다. 그들은 부모로서 성실하고 늘 생각하는 사람들이었다. 그리고 가장 중요한 것은 모두가 자신의 아이들을 이해하고 싶어 한다는 것이었다. 그것이 열쇠였다.

그들은 모두 존경받는 부모가 될 수 있는 특별한 것을 찾고 있었다. 그것을 어떻게 물어야 할지조차 모르는 사람들도 있었다. 그들이 찾는 것이 바로 '부모 지능'이었다. 부모 지능은 부모 역할을 잘해내는 데 필요한 올바른 수단과 삶의 경험으로 갈고닦은 지혜 그리고 아이에게 정성을 다하는 끈기를 말한다.

부모는 절대, 누구에게도 과소평가돼서는 안 된다. 자신의 능력을 스스로 의심한다고 해도 그렇다. 잘 닦여 있는 길을 따라가면, 당신은 부모 지능을 일깨울 수 있고, 당신이 가진 능력을 활용할 수 있으며, 아이가 직면하고 있는 가장 중요한 문제를 해결할 수 있다.

부모 지능을 활용하면 아이가 왜 그런 행동을 했는지 이해할 수 있다. 이유를 알면 가장 좋은 방법을 찾아 그런 행동을 해결할 수 있게 된다. 아이가 왜 특정한 행동을 하고, 반항하고, 파괴적이거나 불안하게 행동하는지 이해하는 것은 그런 행동의 재발을 막을 수 있는 열쇠다. 부모 지능은 바로 그 이해를 가능하게 해준다.

나는 부모 지능을 익히는 과정을 5단계로 정리해 체계화시켰다. 그리고 극한 상황에 처한 여러 가족들의 이야기를 통해, 각 단계를 어떻게 활용해야 원하는 결과를 얻을 수 있는지에 대해서도 자세히 설명하려고 했다.

이 5단계를 거치다 보면 아이의 '행동'이야말로 아이의 '마음을 비추는 거울'이라는 것을 알 수 있다. 부모 지능을 따르면, 아이의 내면으로 들어가서 그런 행동을 하게 된 근원을 찾을 수 있게 된다. 또 아이의 잘못된 행동조차 중요한 의사소통 행위라고 생각하면서 그 행동을 멈추게 하는 데 중점을 두는 대신 행동에 담긴 의미를 이해하려고 노력하게 된다. 이런 식의 접근은 바람직하지 않은 행동을 효율적으로 예방할 뿐 아니라 부모 자식 간의 관계를 더욱 돈독하게 해준다. 부모와 아이가 함께 성장하는 것이다.

부모 지능에는 세 가지 핵심 원칙이 있다. 첫째, 아이의 행동에는 의미가 담겨 있다는 것. 둘째, 부모가 먼저 자신의 마음을 읽을 수 있게 되면 아이의 마음도 이해할 수 있게 된다는 것. 셋째, 의미를 확실히 알게 되면 그런 행동을 바꿀 여러 가지 방법들을 찾을 수 있다는 것. 이 세 가지 개념이 작동되면 가족 분위기는 완전히 바뀔 수 있다.

아이의 행동에 자신이 왜 그렇게 반응했는지 생각해보고, 부모 역할에 영향을 미치는 많은 것들을 자신의 내면에서 찾고 나면, 자신의 속마음을 알아주길 바라는 아이에 대해서도 더 잘 이해하게 된다. 이렇게 해서 훨씬 중요한 문제가 밝혀지면 더 이상 아이의 행동에만 초점을 맞추지 않게 된다. 또 그런 문제들이 해결되면 아이 역시 처음에 했던 행동을 할 필요가 없어지므로 결국 그만두게 된다.

# 이 책의 구성

이 책은 크게 세 부분으로 나뉘어 있다. 제1장에서 제3장까지는 부모 지능을 뒷받침하는 이론들과 부모 지능의 5단계에 대해 설명했다. 한 걸음 물러나기, 자기 내면 돌아보기, 아이의 마음 헤아리기, 아이의 발달 정도 파악하기, 문제 해결하기. 이 5단계는 부모가 돼서 아이의 성장과 발달 그리고 행복을 기대하는 부모라면 모두가 따를 수 있다. 요즘 시대에는 엄마와 아빠가 맡아야 할 역할이 상당히 광범위하다. 부모 지능을 사용하면 이런 다양한 역할을 가족들의 생활에 맞춰 수행할 수 있게 된다.

제4장에서 제11장까지는 아이와 함께 부모 지능을 사용한 여덟 가족의 이야기를 소개했다. 각 사례 모두 부모가 자신을 먼저 이해하면 아이도 더 잘 이해할 수 있다는 것을 보여준다. 이렇게 이해하고 나면 잘못된 행동은 곧바로 변화의 촉매제가 될 수 있다. 아이와 솔직한 대화를 나누는 동안 부모는 아이의 행동에 담긴 의미를 확실히 깨닫게 된다. 그 다음에는 행동 뒤에 감춰져 처음에는 알지 못했던 문제를 찾아 어떻게 해결해야 할지 고심한다. 문제가 밝혀지면 어떻게든 해결할 수 있다.

이 사례들에는 유아와 어린이, 사춘기 소년과 소녀 등 다양한 연령대와 ADHD와 자폐증, 우울증 등 특별한 장애가 있는 아이들이 등장함으로써 부모 지능 5단계가 누구에게든 폭넓게 적용될 수 있음을 증명해준다. 이 여덟 편의 이야기들은 아이의 행동과 발달에 중심이 되는 엄마와 아빠의 역할에 중점을 두고 있다.

내가 만난 사람들과 환자들의 사생활을 보호하기 위해 아이들의 행동과 가족 구성에 관한 내용들은 허구를 가미했다. 하지만 각 사례에 나오는 문제와 해결 방법들은 분명히 주목할 만한 것들이다.

마지막 제12장에서는 부모 지능이 상용화되는 세상에 대해 언급했다. 이런 육아 철학은 가정과 사회에 상당한 영향력이 있다. 부모가 이런 태도로 다가가면, 문제를 해결하는 동안 부모와 아이가 서로를 진지하게 알 수 있는 공동의 장에 이를 수 있고 이것은 분명 그들이 생각하는 미래의 가치와 방향에 영향을 미친다. 그런 가정에서 자란 아이들은 일상생활과 직장, 앞으로의 인간관계에 갈등이 생겨도 깊은 성찰을 통해 문제를 해결할 수 있게 된다.

이 책에는 결말이 없다. 부모 지능으로 아이를 키우는 많은 부모들은 이 원칙을 가이드로 삼았더니 아이와 가까워지는 새로운 방법을 찾게 됐다고 나에게 말해줬다. 부모로서 새로운 삶을 찾게 된 것이다. 나 역시도 기상이 넘치는 걸출한 두 아들 데이비드와 리치의 부모가 되면서 아이를 키우는 것이 어떤 것인지 알게 됐다. 그 아이들은 나에게 있어서 가장 중요한 일, 즉 엄마가 될 수 있는 특권을 줬다. 부모 지능은 당신이 꿈꾸지 못한 방식으로 사랑을 느끼게 해줄 거라고 감히 말할 수 있다. 또한 나이와 발달 정도에 상관없이, 모든 부모가 자신과 아이를 더 잘 이해할 수 있는 길로 이끌어주면서 희망적인 미래를 제시한다. 부모 지능을 활용하자. 그러면 아이가 자신의 문제를 해결하고 사랑과 만족이 가득한 삶을 살도록 도울 수 있다.

# 제1장

# 아이를
# 대하는
# 새로운 마음

아이는 자신을 진정으로 이해하는 부모를 보면서
자신감 넘치고 안정적인 내적 자아를 형성한다.

## 마음을 알리고 싶은 아이들

부모 지능의 바탕을 이루는 가장 큰 전제는 아이가 하는 행동이나 잘못에는 반드시 의미가 있다는 사실이다. 그리고 그 의미는 보통 한 가지 이상인 경우가 많다. 행동에 담긴 의미를 파악하고 나면 어떻게 대응하면 좋을지 다양한 방법을 생각해볼 수 있다. 이 말이 생소하거나 무슨 뜻인지 잘 모르겠더라도 이 책에 담긴 내용을 꾸준히 따라해보자. 그러면 조금씩 아이와의 관계가 친밀해지는 것을 경험하게 될 것이다. 어떤 것이든 새로운 개념을 배우는 것은 정신적으로 새로운 도구 상자를 획득하는 것과 같다. 새로운 것을 익힐 때는 늘 그렇듯 집중하는 태도가 필요하다. 또 새 기술을 배울 때와 마찬가지로 여러 가지 것들이 불편하게 느껴질 수도 있다.

춤 배울 때를 생각해보라. 첫 스텝을 배우기 전에 해야 할 일은 올바른 태도부터 갖추는 것이다. 춤을 배우고 싶어 하는 사람들은 대부분 사고방식이 개방적이다. 그들은 새로운 스텝을 익히고 싶은 마음에 적극적으로 배움에 임한다. 하지만 지나치게 내성적인 사람들은 선뜻 새 동작을 배우려 하지 않아서 배우는 과정 자체를 어려워한다. 그런 사람들은 의도적으로라도 춤을 배우는 것이 가치 있다는 생각을 가질 필요가 있다. 다행히 음악에 도취되면 그런 사람도 달라진 마음가짐으로 무대에 나가기도 한다.

춤에 재능이 있는 사람이 열린 사고를 갖게 되면 이제 본격적으로 춤을 배울 수 있다. 우선 동작 하나하나를 의식하며 몹시 신중을 기한다. 몸을 얼마나 크게 돌릴까? 리듬에 맞추려면 스트레칭 동작을 몇 번 해야 할까? 두 팔과 다리를 엇갈려 뻗는 동작은 얼마나 강하게 하는 게 좋을까? 파트너와 같이 춤출 때는 어느 선에서 호흡을 맞춰야 할까? 어떻게 해야 모든 동작을 우아하고 매혹적으로 표현할 수 있을까? 그리고 가장 중요한 것, 파트너와 조화롭게 춤을 끝내려면 어떻게 해야 할까?

각각의 동작을 배우고 연습을 마치면 모든 동작이 매끄러운 안무로 결합돼 댄서들은 마치 타고난 춤꾼처럼 무대와 혼연일체가 된다. 넓은 무대에 올라 때로는 밝은 빛을 받으며 때로는 어둠 속에서 훌륭한 공연을 선보이는 것이다. 공연이 거듭될수록 각각의 춤동작은 더욱 자연스럽게 몸에 익게 되고 미묘한 변화도 꾀할 수 있게 된다. 처음에는 확신을 갖지 못했지만 점차 자신감도 생긴다. 오디션이나 테스트처럼 새로운 상황에 맞닥뜨리게 되면 자신이 알고 있는 동작들을 새롭게 변형시키고 응용해야 하는데 가장 기본이 되는 중요한 동작들은 확실히 습득돼 있는 상태다.

부모가 되는 법을 배우는 과정도 이와 비슷하다. 부모로서 배워야 할 기술과 춤을 출 때 익히는 기술은 완전히 다르지만 누군가와의 관계를 통해 배운다는 공통점이 있다. 파트너와 몸을 밀착하여 춤을 추는 댄서가 있는가 하면 어느 정도 거리를 두고 추는 것을 선호하는 댄서들도 있다. 아주 기운차게 춤을 추는 댄서도 있고 느릿느릿 추는 댄서들도 있다. 공격적이고 대담하게 추는 사람도 있고 잔잔하고 나긋나긋하게 추는 사람도 있다. 이렇게 춤은 여러 방식으로 출 수 있기 때문에 각 파트너는 각자의 스타일을 찾아서 맞춰야 한다. 두 사람이 함께. 부모와 아이 역시 각각의 스타일과 속도, 어떤 리듬 같은 것을 서로 맞춰야 한다. 아이를 키우는 일은 매우 다각적으로 접근해야 할 작업인 만큼 부모는 아이와 자신의 성향에 따라 여러 가지 방식으로 양육할 수 있다는 태도를 가져야 한다.

한번 혼낸 적이 있는 데도 아이가 자꾸 같은 잘못을 되풀이한다면 대체 왜 그러는 것일까? 왜 아이는 혼날 걸 알면서도 같은 잘못을 계속하는 것일까? 이럴 때는 큰일났다고 한탄만 하지 말고 차라리 좋은 기회라고 생각하자. 잠시 생각하는 시간을 갖고 이런 불확실한 시기를 잘 활용해보라는 뜻이다. 아이를 키우다 당혹스러운 상황에 부딪히면 어떻게 해야 할지 몰라 망연자실해지기도 한다. 하지만 이런 혼돈의 상태 역시 부모가 되는 과정의 일부로서 이제 당신은 과도기에 있으며 새로운 국면에 접어들었음을 알리는 신호다.

이런 중요한 마음가짐은 모든 외적 행동에는 내적인 이유가 있다는 사실에 바탕을 둔다. 부모든 아이든 사람은 자신이 생각하고 느끼는 대로 행동한다. 여기서 제안하는 접근법을 따르면, 부모는 자신의 생각과 감정뿐만 아니라 자녀들의 생각과 감정을 염두에 두는 법도 배울 수 있다.

이것은 무슨 뜻일까? 이 책에는 "누군가를 염두에 둔다"는 개념이 등장한다. 부모 교육을 받지 못한 초보 부모들은 대개 그 '누군가'를 자신으로 여긴다. 그래서 아이가 '잘못'을 저지르면, 부모들은 자신을 공격하기 위해 그런다고 생각하고 그런 판단에 따라 반응하는 경우가 많다('지금 저 아이는 일부러 날 괴롭히고 있어. 그래서 나는 지금 화가 나 미칠 지경이야'). 그러나 앞으로 소개할 방법들을 배우고 나면, 아이의 잘못된 행동에 대해 어떻게 반응해야 할지는 물론 그런 잘못을 저지를 때 아이가 겪을 내적인 경험에 대해서도 생각할 수 있게 된다. 아이는 잘못된 행동으로 부모를 화나게 하려는 것이 아니라 자기 내부에서 끓고 있는 무언가를 알리고자 하는 것이다.


## 클라이브와 올리비아의 사연

이 책에는 클라이브와 클라이브의 아빠 그리고 올리비아와 올리비아의 엄마, 두 가정의 사연이 소개돼 있다. 클라이브의 아빠와 올리비아의 엄마가 이 책을 다 읽고 부모로서의 올바른 자세를 확실히 갖췄다는 가정 하에 그들의 사연을 미리 한번 살펴보자.

어느 날 아침, 아빠가 학교에 가야 하니 신발을 신으라고 말하자 여섯 살 난 클라이브는 신발을 들어 현관 저쪽으로 던져버렸다. 클라이브의 아빠는 이미 몇 단계의 과정을 거쳐서 효과적인 육아법을 숙지

한 상태였다(그에 대해 알아갈수록 확실히 느낄 수 있을 것이다). 그래서 아빠는 클라이브가 충동적으로 행동했다는 것 그리고 그 행동을 봄과 동시에 짜증이 솟구치는 것을 감지했다. 그는 서로 뜻이 어긋났을 때 어떤 상황이 벌어지고 있는지 올바로 깨닫기 위해서는 자신과 아들의 감정을 자세히 들여다보는 것이 필수조건임을 잘 알고 있었다.

그는 클라이브가 학교에 갈 준비를 하길 바랐지만 아이가 가고 싶어 하지 않는다는 것을 아직 깨닫지 못했다. 지금껏 이런 적은 한 번도 없었기 때문이다. 클라이브의 아빠는 우선 아들의 행동에 숨겨진 의미를 찾아야 한다고 생각했다. 자신의 뜻대로 계속 신발을 신게 했다가는 아들과 진정한 소통을 할 수 있는 중요한 기회를 놓칠 수 있다는 것도 잘 알고 있었다. 그래서 클라이브가 한 행동에 대해 아무런 반응도 보이지 않고 잠시 그대로 있었다. 그리고 아이 스스로 진정될 때까지 숨을 죽인 채 안간힘을 쓰며 기다렸다.

아빠와 클라이브는 여러 달 동안 노력하며 이 방법을 연습했다. 그래서 클라이브의 아빠는 학교에 가려고 신발을 신는 것이 왜 화가 나는지 차분히 물을 수 있었고 클라이브는 결국 무엇 때문에 마음이 괴로운지 털어놓았다. 수학 시간에 선생님이 간단한 더하기 문제를 물었는데 자기가 틀린 답을 말하자 어떤 아이가 깔깔대며 웃었다는 것이다. 그래서 클라이브는 연필 끝에 달린 지우개로 그 아이를 쿡 찔렀고 아이는 울음을 터뜨렸다. 그러자 평소 클라이브에게 신경을 써주며 다정하던 선생님이 다른 때와 달리, 하지만 지극히 당연한 반응으로 클라이브를 큰소리로 혼냈다는 것이다. 사실 클라이브는 그 일 때문에 신발을 던졌다고 말하지는 않지만 아빠는 그 일이 원인이었음을 알 수 있었다.

클라이브의 아빠는 아이가 하는 충동적인 행동에는 반드시 원인이 있다는 것을 알고 있었기 때문에 한 걸음 물러나 아이 스스로 학교에서 있었던 일을 말하게 할 수 있었다. 부모가 자신뿐만 아니라 아이까지 염두에 두는 태도를 보이면 부모와 아이 모두 안전하다는 느낌을 갖게 된다. 안전한 분위기가 마련되면 아이는 주변을 의식하거나 당황하지 않고, 자신을 힘들게 하거나 화나게 하는 일, 중요하다고 생각되는 일들과 감정들을 자유롭게 털어놓을 수 있다. 부모 지능을 발휘하면 아이의 잘못된 행동도 진정한 의사소통의 촉매제로 활용할 수 있다.

열세 살인 올리비아는 주방으로 향하면서 보이지 않는 엄마에게 이렇게 말했다.

"엄마, 할 말이 있는데요, 화내지 않으셨으면 좋겠어요."

부모 지능의 기본 원칙을 지키고자 노력 중이던 엄마는 그 말을 듣는 순간 혼자 어떤 판단도 하지 않고 아이에게 공감하는 모습을 보여야겠다고 생각했다. 그래야 아이가 안심하고 자신에게 하고 싶은 말을 할 수 있을 것이기 때문이다.

"무슨 일이든 괜찮아. 해결할 수 있을 거야."

엄마가 말했다.

고개를 숙인 채 주방으로 온 올리비아는 얼굴을 들고 아랫입술에 한 금색 피어싱을 엄마에게 보여줬다. 순간 엄마는 깜짝 놀랐지만 감정을 자제하려 애쓰며 딸이 염려하는 바에 대해 생각했다. 올리비아의 엄마에게는 딸이 엄마를 두려워하지 않고 이 일에 관해 사실대로 말해주는 것이 중요했다. 올리비아는 울음을 터뜨리며 제일 친한 친구를 따라 쇼핑몰에 갔고 거기서 입술에 피어싱할 링을 하나씩 샀다고 했다. 처음에는 색다르게 보여 재미있을 것 같았지만 막상 하고 나니 둘 다 큰 실수를 했다는 생각이 들었다는 것이다.

"그렇게 큰 잘못은 아니야. 싫으면 링을 빼버리면 돼. 뚫린 구멍도 며칠만 있으면 살이 차서 원래대로 돌아올 거야."

올리비아도 그러면 된다는 것을 이미 알고 있었지만, 엄마가 이런 반응을 보이자 안심이 되면서 앞으로도 고민이 생기면 엄마에게 털어놓아도 될 것 같은 기분이 들었다. 올리비아는 엄마에게 왜 입술 피어싱을 하게 됐는지 터놓고 이야기했고 결국 몇 가지 이유가 있었다는 것을 알게 됐다. 올리비아는 예뻐지고 싶었다. 별 개성이 없는 평범한 스타일이었기 때문에 색다른 이미지를 꾀하면 좀 더 성숙해 보일 거라고 생각한 것이다. 또 올리비아는 엄마에게서 벗어나 독립적으로 뭔가를 하고 싶었다. 대화를 나누는 동안 올리비아는 엄마가 자신을 이해하고 있으며, 결과는 좋지 않았어도 독립적으로 뭔가 하려고 했던 것을 지지해주는 느낌을 받았다. 올리비아의 엄마 역시 딸과의 대화를 통해 많은 것을 얻었다. 평소 생각했던 것과 다른 딸의 여러 가지 면을 알게 됐고, 올리비아가 늘 자신감이 없다며 독립적으로 살고 싶다는 생각을 쏟아낼 때는 함께 고민을 나눴다.

올리비아의 엄마는 자신과 딸의 입장을 같이 고려해야 아이가 안전함을 느끼고 자신이 겪은 일들을 정직하게 털어놓을 수 있다는 것을 알고 있었다. 엄마가 이런 태도를 취하자 두 사람은 이 일에 관해서는 물론 서로에 대해서도 더욱 깊이 이해하게 됐다. 올리비아와 엄마 사이에 마련된 이런 안전한 분위기는 이번 한 가지 일에서 비롯된 것이 아니라 날마다 많은 일을 겪으며 서서히 만들어진 것이다. 곧 알게 되겠지만, 이것은 올리비아의 엄마 입장에서 엄청난 성과였다. 이번 일이 터질 무렵 그녀는 자기 내부의 많은 두려움들을 이미 극복한 상태였고, 그 덕분에 평정심을 잃지 않은 채 딸을 도울 수 있었다.


## 신뢰는 노력으로 얻어진다

클라이브의 아빠와 올리비아의 엄마가 부모 지능을 배우지 않고 자신들의 감정대로만 행동했다면 어떻게 됐을까? 아마 아이들은 자신에게 생긴 일들을 이처럼 편안하게 털어놓지 못했을 것이다. 클라이브의 아빠가 짜증이 나는 자신의 감정에만 치중했다면 안 그래도 힘들어하는 아이에게 억지로 신발을 신게 했을 것이며, 클라이브는 결국 울음을 터뜨렸을지도 모른다. 그러면 아빠는 더 짜증이 나서 나쁜 녀석이라고 고함을 질렀을 수도 있다. 나쁜 아이가 되는 것이야말로 클라이브가 가장 싫어하는 것 중 하나일 텐데 말이다. 클라이브는 한껏 속이 상한 채 학교에 가서 그날 하루를 엉망으로 보냈을 수도 있다. 학교에서 생긴 일들을 아빠는 절대 이해하지도, 해결해주지도 못할 거라고 생각하며 고민이 있어도 아빠에게 말하지 않을지도 모른다.

두 번째 사례에서 만약 올리비아의 엄마가 이 책에서 배운 대로 접근하지 않고 다른 태도를 취했다면 딸의 입술을 보자마자 자신이 받은 충격을 그대로 드러냈을 것이다. 왜 그런 짓을 했느냐고 마구 소리를 지르고 끔찍하다며 벌을 줬을 수도 있다. 그러면 자신의 행동을 후회하는 딸의 모습을 보지 못하고, 그렇게라도 해서 자존감을 높이고 싶었던 딸의 상황을 이해하지도 못했을 것이다. 그들의 관계는 단절되고 올리비아는 이제 누구와도 자신의 문제를 의논하지 않겠다고 마음의 문을 닫았을지도 모른다.

클라이브의 아빠와 올리비아의 엄마는 분명 바른 선택을 했다. 이런 부모의 태도는 갈등을 일으킬 수 있는 상황을 무마시키고 행동에 담긴 뜻을 간파하게 해준다. 그들은 아이들에게 공감하며 왜 그런 행동을 했는지 이해했기 때문에 아이들이 문제를 해결하도록 도울 수 있었다. 하지만 부모도 언제, 무엇을, 어떻게 듣고 대응해야 하는지 늘 제대로 아는 것은 아니다. 그래서 가끔은 적절히 대처하려는 의도가 확실히 드러나지 못할 때도 있다. 하지만 아이들은 부모가 안전한 분위기를 만들기 위해 노력한다는 것을 다 느낀다. 물론 처음에는 '진짜일까' 하는 생각이 들기도 하겠지만 말이다. 그런 노력이 거듭되면 아이들은 결국 부모와 있을 때 안전함을 느끼고 부모를 신뢰하게 된다. 그리고 자신의 삶을 공유해도 괜찮을 만한 사람들을 보는 안목을 키우게 되며, 다른 사람을 위해 편안한 분위기를 만들어주는 사람이 될 수 있다.

부모는 문제 행동에 담긴 다중적인 의미를 읽을 수 있어야 한다. 클라이브가 신발을 던진 것은 두 가지 이유 때문이다. 일단은 바로 전날 선생님이 소리를 질러서 학교에 가고 싶지 않았다. 동시에 클라이브는 착한 아이라는 것을 보여주고 싶어서 어느 때보다 더 학교에 가고 싶었다. 그래서 부모는 하나의 행동에 담긴 다양한 의미는 물론 모순적이기도 한 의미들까지 예측할 수 있어야 한다(학교에 가고 싶기도 하고 가기 싫기도 하는).

한 가지 행동에 여러 가지 의미가 있는 경우도 있지만 때로는 여러 가지 행동이 같은 의미를 담고 있는 경우도 있다. 선생님께 꾸중을 들은 날, 클라이브는 숙제를 하고 싶어 하지 않는 눈치였다. 이런 일은 좀처럼 없었다. 클라이브는 아빠의 도움 없이 혼자 힘으로 숙제하는 것을 좋아했다. 그런데 그날은 수학 숙제를 하는 내내 아빠가 옆에 앉아서 도와줘야 했다.

다음 날 아침, 신발 사건을 겪은 뒤 클라이브에게 학교에서 있었던 일을 들은 아빠는 신발을 던진 것과 숙제를 안 하려고 했던 두 가지 행동 모두 그 일과 연관돼 있음을 깨달았다. 이제 아빠는 클라이브가 왜 그런 행동을 했는지 이해할 수 있었다. 아이는 그날 수업을 제대로 듣지 않기 때문에 숙제를 하고 싶지 않은 것이었다. 대개 클라이브는 혼자 숙제를 하며 뿌듯해하곤 했지만 그날은 아빠가 곁에서 계속 도와줘야 했다.

이런 사례들을 보면, 부모는 아이의 물리적인 행동뿐만 아니라 심리적인 문제에서도 적절히 대응해야 함을 알 수 있다. 신발을 던진 것이나 입술에 링을 단 것은 물리적인 행동이다. 선생님께 사랑받고 싶고, 좋은 아이가 되고 싶고, 학교에서 창피를 당하지 않기를 바라는 마음 그리고 아빠가 자기편을 들어줬으면 하는 클라이브의 바람은 심리적인 문제에 속한다. 엄마가 화를 낼까 봐 두려워했던 마음, 자기 이미지에 대한 걱정, 뭔가를 독립적으로 해보고 싶은 바람 등은 모두 올리비아의 심리적인 문제였다.

이 사례들은 부모가 아이의 행동을 올바로 해석하는 것이 얼마나 중요한지 보여준다. 물결무늬 천을 생각해보라. 사실은 정지된 그림이지만 시각적으로는 움직이는 것처럼 보인다. 두 장을 겹쳐서 위에 있는 한 장을 움직여도 같은 효과가 나타난다. 새를 관찰하기 위해 하늘을 보고 있는 조류학자가 있다. 한참을 보고 있자니 매 한 마리가 보이는 것 같다. 꼭 마술에 걸린 느낌이다. 곧이어 진짜일까 하는 의심이 든다. 그래서 좀 더 자세히 관찰해보기로 한 순간 자기 안경 앞에 붙어 있는 파리라는 것을 깨닫는다. 행동도 이런 식으로 보일 수 있다. 어떻게 이해하느냐에 따라 올바른 추측이 이어지기도 하고 엉뚱한 방향으로 빠질 수도 있다.

자신이 갖고 있는 형판에 따라, 눈에 보이는 것은 여러 가지로 해석된다. 여기서 형판이란 어떤 행동에 대해 추측하고 결론을 내리는 기본적인 틀을 말하며 이는 정확할 수도 있고 옳지 않을 수도 있다. 클라이브의 아빠와 올리비아의 엄마는 아이들의 행동을 정확히 이해할 때까지 성급히 대응하지 않았다. 그러나 훈련이 되지 않은 부모들에게는 쉽지 않은 일이다. 아이가 바람직하지 않은 행동을 했을 때, 그들은 여러 상황들을 고려하지 못하고 행동 자체에만 반응하는 잘못을 저지르곤 한다.

부모들은 감각적인 비유 능력을 폭넓게 활용해서 아이들이 흔히 하는 잘못에 다양한 의미를 부여한다. 머릿속에 떠오르는 여러 가지 상상을 생각해보라. 아이가 심하게 짜증을 부리는 것을 보면 우박을 동반한 맹렬한 폭풍이나 불발된 로켓, 번쩍번쩍하는 번개, 토네이도, 빙글빙글 도는 격렬한 춤, 펄펄 끓는 물 같은 것들이 떠오르지만, 사실 길 잃은 영혼이 눈물로 터져 나오는 것일지 모른다. 잔뜩 어질러진 방은 기차 충돌 현장이나 전쟁터를 상기시키지만 실제로는 심란한 정신 상태를 뜻하는 것일 수 있다. 형제나 자매가 서로를 때리는 것을 보면 저격수가 총을 쏘거나 미사일이 발사되는 것 같지만 자신을 놀린 상대에게 주먹을 한 대 날린 것일 수도 있다. 통금 시간을 어기는 것은 범죄나 반역 행위로 생각되지만 독립하고자 하는 갈망이 점점 커지면서 나오는 현상이기도 하다. 아이가 큰소리로 끊임없이 노래를 부르면 수도꼭지에서 쏟아지는 물소리나 고장난 레코드, 윙윙대는 전기톱, 꽥꽥거리는 올빼미가 떠오를 수 있지만 뭔가를 진정시키기 위한 흥얼거림 같은 것일 수도 있다.

아이의 행동을 어떻게 이해하느냐에 따라 그에 대한 부모의 반응은 달라진다. 열린 태도를 갖게 되면 아이의 행동에 담긴 뜻을 더욱 분명하게 예측할 수 있다. 부모는 멀리 떨어져서 생각하고 느낄 수 있어야 한다. 중요한 것은, 아이의 행동을 시각적인 이미지로만 받아들이지 말고 그 속으로 들어가 생각하는 것이다. 그러므로 부모는 한 순간의 생각과 감정에 그치지 말고, 그 생각과 감정이 일어나는 과정을 면밀히 살펴봐야 한다. 클라이브의 아빠와 올리비아의 엄마는 아이와 나눈 대화를 떠올리고 그렇게 이뤄진 소통을 되돌아보며 아이를 진정으로 이해했다는 것에 뿌듯함을 느꼈다.

다음은 아이에 대한 올바른 태도를 지닌 부모의 특징이다.

- 외적인 행동을 일으키는 내적인 원인을 찾는다
- 자신과 아이의 상황을 함께 고려한다
- 안전한 분위기를 마련한다
- 행동에 담긴 여러 가지 의미들을 찾는다
- 물리적인 면과 심리적인 면을 구분할 줄 안다
- 자신이 하는 생각이나 감정을 한 걸음 물러나 관찰한다

부모로서 이런 태도를 가지면 일상이 바뀌고 당신과 아이 모두 더욱 행복해질 수 있다. 올리비아와 엄마는 안전하고 편안한 분위기 속에서 올리비아의 문제를 의논했다. 이런 경험을 하게 되면 서로에게 힘과 의지가 되는 느낌이 들고, 같이 있는 것이 편안해지면서 두 사람의 관계가 더욱 돈독해진다. 올리비아의 엄마는 자신이 현명한 부모가 된 것 같았고, 올리비아는 잘못을 해도 엄마를 믿고 털어놓을 수 있는 딸이 됐다고 생각하게 됐다. 클라이브와 아빠도 부쩍 가까워졌다. 아이가 갖고 있던 고민을 아빠가 진심으로 공감하며 이해해줬기 때문이다. 두 아이 모두 부모와 함께 자신의 문제를 해결하면서 부모에게 인정받는 느낌을 받았다.

부모 지능을 깨우면 희망적인 시각을 가질 수 있다. 당신은 말과 행동을 통해 아이를 이해하는 지혜로운 부모가 될 수 있으며 그에 필요한 과정을 배울 준비도 되어 있다. 이렇게 깨어난 부모 지능은 평생 남는다.

# 제2장

# 잘못하면
# 벌을 주는 게
# 당연한가

아이가 마음에 들지 않는 행동을 했다면
'이제 어떻게 하지?'라는 생각 대신
'왜 그랬을까?'라는 생각을 먼저 하자.

## 아이에게 거는 기대

부모는 늘 아이들의 세계를 이해하기 위해 노력한다. 아이의 생활 때문에 우리가 지장을 받고 서서히 진실을 *깨달아갈* 때, 아이들의 행동이 말해주는 이야기는 우리를 시험하고 새로운 의문을 갖게 한다. 부모가 아이들에게 갖는 기대는 채워지지 않을 때가 많고 그 때문에 지치기도 한다. 부모는 아이가 하는 행동의 이면을 볼 줄 알아야 하며 그렇게 되기 위해서는 시간이 필요하다. 그런데 많은 부모들이 자신도 알 수 없는 이유로 그런 시간을 불필요하게 여기고 성급히 벌을 주려고만 한다.

이런 부모들에게 내가 제시하는 것은 두 가지다. 우선 아이들의 행동에는 의미가 있다는 것 그리고 그 의미를 분명히 알게 되면 벌을 주는 것보다 훨씬 효과적으로 대처할 수 있다는 것이다. 이 장은 아이가 잘못을 저질렀을 때 왜 많은 부모가 그 원인을 찾지 않고 벌을 주려 하는지에 관해 주목하고 있다. 이 주제를 이처럼 깊게 다루는 이유는 부모가 충분한 시간을 두고 아이의 행동에 담긴 의미를 좇다 보면 훨씬 바람직한 결과를 가져올 수 있기 때문이다. 또 그렇게 하면서 부모는 자신과 아이에 대한 믿음을 새롭게 다질 수 있고 아이의 본모습에 대해서도 더욱 잘 알게 된다.

부모들이 아이에게 벌을 주는 목적은 대부분 비슷하다.

- 아이가 늘 안전하기를 바라기 때문에(벌을 주면 위험하거나 파괴적인 행동을 그만 둘 거라고 생각해서)
- 아이가 사회적으로 책임감 있는 사람으로 자라길 바라기 때문에(벌을 주면 다른 사람들을 배려하지 않는 행동을 바로잡을 수 있다고 생각해서)
- 아이 스스로 자신을 조절하고 단련할 수 있도록 돕기 위해(벌을 주면 정해진 목표를 향해 최선을 다하도록 자극할 수 있다고 생각해서)

모두 책임감 있는 부모로서 갖게 되는 목표들이다. 부모들은 훈육을 통해 아이를 가르치고 지식을 전달하려고 한다. 그런데 이런 목적을 이루기 위한 수단으로 벌과 통제가 중요하다고 생각하는 부모들이 너무 많다. 그렇다면 벌은 어떻게 구성돼 있는지 좀 더 자세히 살펴보자.

벌은 부모가 정해놓은 규칙이나 도덕적인 잣대에 어긋나는 행동을 했을 때 아이에게 부과하는 어떤 행위다. 아이를 아끼는 부모들은 현재 아이가 한 잘못을 못하게 하고 앞으로도 그런 행동을 하지 않게 하기 위해 벌을 준다. 이런 생각도 일리는 있지만 아무리 의도가 좋더라도 이런 방법으로는 원하는 목적을 이룰 수 없다. 그동안 많은 가정을 지켜본 결과, 벌은 부모가 의도한 목적을 이루는 데 아무 도움도 되지 않았다. 그보다는 바람직하지 않은 행동 뒤에는 반드시 어떤 문제가 잠재돼 있다는 인식을 가져야 아이를 안전한 분위기 속에서 사려 깊고, 사교적이며, 잘 훈육받은 아이로 키울 수 있다.

## 여러 종류의 벌

벌은 여러 형태가 있으며 그에 따라 아이를 통제하는 정도도 다르다. 외출 금지, 타임아웃, 장난감이나 컴퓨터·휴대폰 등 기타 여러 가지 권한을 뺏는 것은 통제성이 강한 벌이다. 그런 벌을 주는 부모는 자신의 권위가 위태롭다고 느껴서 서둘러 개입하지 않으면 그런 행동이 굳어지고 더 큰 잘못으로 이어져 아이가 자신에 대한 존경심을 잃을까 걱정하는 부모들이다.

동해 복수법(눈에는 눈, 네가 나를 때리면 얼마나 아픈지 알아야 하니까 나도 너를 때린다는 식_옮긴이)이나 고함을 지르는 것, 침묵 대응, 오랜 시간 방에 혼자 있게 하기, 협박, 모욕 주기, 아이를 자극해 감정적으로 참기 힘들게 만드는 행위들은 통제성이 다소 약한 벌이다. 의도가 아무리 좋아도, 아이를 괴롭히는 것이나 다름없는 벌들도 있다. 그런 벌을 통해 어른인 자신은 크고 힘이 있고 늘 옳은 존재이며 아이는 무력하고 연약한 존재임을 각인시키는 것이다. 신체적·정신적 학대가 분명한 벌은 이 장에서 다루지 않는다.

벌을 줄 생각을 바꾸고 아이의 행동에 담긴 뜻을 찾고자 한다면 감정부터 다스리자. 시간을 갖고 행동의 원인을 찾을 때라면 감정이 큰 역할을 할 수도 있다. 하지만 그렇지 않을 때는 오히려 감정 때문에 불필요한 체벌을 주게 되는 경우가 있다. 감정은 옳게 느꼈지만(못마땅함) 그런 감정을 너무 강하거나(소리 지르기, 침묵 대응) 해로운 형태(때리기)로 드러낼 때 그렇다. 부모로서 걱정이 되는 것은 당연할 수 있다. 그렇다고 너무 과한 반응을 보이거나, 지나치게 걱정이 앞서서 위협을 하거나, 생산적이지 못한 체벌을 해서는 안 된다. 분노를 느끼거나 좌절하는 것은 공감할 수 있지만 행동에 담긴 의미를 고려하지 못한 채 나오는 부모의 반응은 역효과를 일으킬 수도 있다.

벌을 받는 것이 규칙으로 정해져 있는 집 아이들은 일찍부터 두려움을 알게 된다. 그리고 바르게 행동하는 법이 아니라 벌을 회피하는 법을 배운다. 벌이 너무 과하면, 즉 벌이 아이가 참을 수 있는 수준을 넘거나 아이가 한 행동과 무관하면 아이는 죄와 벌의 올바른 관계를 이해하지 못하게 되고 앞으로 하는 모든 행동도 두려움에서 비롯하게 된다. 겉으로는 도덕적인 행동을 하는 것 같지만 사실은 회피하는 행동을 습득한 것이다. 즉 '아빠 생각이 옳은 것 같아. 다시는 이런 짓을 하지 말아야지'라는 생각 대신 '벌을 받지 않으려면 이제 어떻게 해야 하지?'라고 생각하게 된다는 뜻이다.

또 벌은 양심을 일깨워 앞으로의 행동에 대한 내적 기준을 만드는 것이 아니라, 잘못에 대한 '값'을 치렀으니 죄가 없어진 것처럼 보이게 만든다. 그리고 도덕적인 교훈을 가르치기보다 고통과 분노의 감정만 키워서 더 큰 잘못을 저지르게 만들기도 한다. 아이는 벌을 받은 것에 화만 났을 뿐 무엇을 잘못했는지 모르기 때문이다.

# 부모가 벌을 주는 이유

　내가 본 많은 부모들은 마치 조건 반응을 일으키듯 아이가 화를 내면 자기도 화를 내고, 무례하게 굴면 자신도 더욱 무례하게 행동했다. 그래서 어떤 상황인지 제대로 알아보지도 않고 성급하게 벌을 주는 사람들이 많았다. 그런 부모는 행동에 담긴 의미 같은 것은 전혀 생각하지 않는다. 아이의 감정을 이해하지 못하는 부모도 많다. 그래서 행동만 보고 잘못된 결론을 내려서 불필요한 벌을 줄 때도 있다. 부모들의 이런 태도는 아이를 불행하게 만들고 '벌이 꼭 필요한 것인가' 하는 생각에도 의문을 품게 한다.

　부모의 어린 시절도 벌을 주게 만드는 요인이 될 수 있다. 어떤 부모들은 어릴 때 자신이 받았던 것과 같은 벌을 아이에게 준다. 이들이 벌에 의존하는 모습을 보이면 그들의 부모(아이들의 조부모)는 그것을 더욱 부추긴다. 이런 부모는 벌을 주는 간단한 행위로 아이를 통제했다고 생각하며 매력을 느낀다. 많은 부모들이 어릴 때 느꼈던 두려움을 잊고 같은 벌을 아이에게 주는 것은 정말 모순적인 행동이다. 한편 자신은 엄격한 훈육 속에서 자랐지만 아이에게는 그러지 않겠다고 결심하는 부모들도 있다. 하지만 이들도 엄한 훈육 방식이 몸에 익어 그 방법에 기대기도 하고 때로는 '꼭 필요한' 일이라고 치부하기도 한다.

　어릴 때 벌을 많이 받은 부모 중에는 복잡한 연결고리에 얽매여 있는 사람들도 있다. 어릴 때 매를 맞거나 구타를 당하거나 묵살당한 경험이 있는 사람 중에는 그때 느낀 분노와 아픔을 적극 드러내며 사는 경우도 있지만 마음속 깊은 곳에 꼭꼭 묻어두고 있는 경우도 있다. 그런 사람은 자신도 그 사실을 깨닫지 못한 채 아이를 상대로 자신의 분노와 상처를 표출할 때가 있다. 마치 아이를 통해 부모에 대한 복수를 하는 것처럼 말이다. 이것은 무의식의 세계가 발동하는 것이며 과거와 현재를 혼동하는 것이다. 아이에게서 자기 부모의 모습이 보이면 이들은 어쩔 줄 몰라 하며 평정심을 잃는다.

열네 살짜리 아이가 숙제부터 하고 휴대폰을 만지라는 말을 자꾸 어긴다고 가정해보자. 그러면 당신은 늘 당신의 말을 귀담아 듣지 않았던 부모와 그때 받은 상처를 무의식중에 떠올릴 수 있다. 무력함을 느낀 당신은 제일 친한 친구에게 이렇게 불평한다.

"이번 주는 하루도 소리를 안 지른 날이 없어. 쟤는 왜 내 말을 듣지 않을까? 정말 힘든 애야. 숙제할 거라며 방문을 닫고 들어가서는 휴대폰이나 비디오 게임기를 켜. 숙제에 관한 규칙은 1학년 때부터 정해놓았기 때문에 잘 알고 있거든. 컴퓨터를 치워버리고 싶지만 선생님들에게 숙제를 이메일로 보내야 되기 때문에 그러지도 못해. 그래서 이번 주말에 하기로 한 파티를 취소해버렸어. 날 잡아먹을 듯이 노려보더라. 그래도 아무것도 달라진 게 없어. 나 좀 도와줘."

현명한 친구라면 이렇게 조언해줄 것이다.

"네가 얼마나 힘들지 잘 알겠어. 이런 말 괜찮을지 모르지만, 네 아들은 이제 스스로 시간 관리를 할 수 있을 만큼 자란 것 같아. 공부도 잘하잖아. 대개는 네 말도 잘 듣고. 어쩌면 학교에 다녀와서 숙제하기 전에 좀 쉴 시간이 필요한 것일 수도 있어. 파티를 취소했다니, 네가 전에 말해줬던 여학생을 네 아들이 못 만나게 됐구나."

이 엄마는 친구가 상기시켜줄 때까지 아들을 제대로 파악하지 못하고 있었다. 그저 아들이 자기 말을 듣지 않는다는 생각에 혼란스러워 괜한 벌을 준 것이다. 마치 아들이 예전에 자기 말을 들어주지 않은 엄마라도 된 양 마구 소리를 지르고 등을 때렸다. 엄마의 과거와 현재가 한데 뒤섞여버린 것이다.

다른 이유들 때문에 아이의 행동을 잘못 해석하는 부모들도 있다. 그 중 하나는 아이의 잘못된 행동이 자신을 겨냥한다고 느끼는 것이다. 그래서 화를 내지만 실제로는 대부분 상처를 받는다. 역시 감정 때문이다. 그런 부모들은 자기가 받은 상처가 얼마나 아픈지 보여줌으로써 아이에게 되갚아주고 싶어 한다. 그래야 앞으로는 잘못하지 않고 자신에게 버릇없이 굴지도 못할 거라고 생각하기 때문이다. 그러나 징작 아이는 그런 부모의 모습에 더 화가 나서 잘못을 고치려 들지 않거나 일부러 저지를 수도 있다. 결국 악순환이 되풀이되는 것이다. 더 이상 나쁜 짓을 하지 않아도 아이는 부모와 멀어진 기분을 느끼고 결국 관계마저 틀어지게 된다.


## 올바른 훈육

때로는 부모가 아이에게 갖는 기대나 의도가 분명하지 않을 때도 있다. 벌 자체로는 목표를 확실히 이루지 못하고 옳은 것을 가르칠 수도 없다. 아이의 행동에 담긴 의미를 중시하는 부모가 되려면 아이가 꼭 알아야 할 것과 규칙 그리고 부모가 기대하는 바를 명확히 가르쳐야 한다. 그러기 위해서는 아이를 잘 가르치고, 많이 배우게 만들고, 지식을 전달하고, 올바른 훈육의 특징을 이해시키는 것이 중요하지 벌은 필요하지 않다.

예를 들어 아이가 너무 자라서 과거에 정해놓은 규칙들이 맞지 않거나 여러 상황들이 변해 규칙을 바꿔야 하는데도 그저 지키지 않았다는 이유로 벌을 주는 부모가 있다고 가정해보자. 그렇게 무턱대고 벌을 주는 것은 절대 바른 훈육이 될 수 없다. 아이에게 옳은 것을 가르치지도 못하고 부모와 자녀 사이에 불신을 조장할 수도 있다.

또 다른 예를 들어보자. 15분만 놀고 저녁을 먹어야 한다고 했더니 아이가 마구 소리를 지르고 장난감을 던졌다. 그럴 때 어떤 부모는 바로 벌을 주겠지만 어떤 부모는 타임아웃을 통해 훈육하는 방법을 택한다. 아이가 통제력을 회복하고 자신을 추스를 시간을 주는 것은 꼭 필요하고 당연한 일이다. 그리고 아이는 타임아웃이 벌이 아니라 서서히 놀이를 마무리하며 잠시 생각할 시간으로 받아들일 수도 있다. 이것은 훈육을 통해 꼭 필요한 내용을 긍정적인 방식으로, 짧지만 명확하게 가르치는 것이다. 심지어 타임아웃 동안 부모가 아이 옆에 앉아서 어떻게 진정해야 할지 가르쳐 줄 수도 있다.

이것은 벌이 아니다. 아이 스스로 통제력을 회복하고 잘못된 행동을 고칠 수 있도록 이성적으로 가르치는 것이다. 그러면 아이는 바르게 말하는 법을 배울 수 있고 실망했다고 해서 다른 사람들에게 소리를 지르면 안 된다는 것을 깨닫게 된다. 그리고 자라면서 부모가 했던 방식을 따라, 혼자 생각을 정리할 시간이 필요할 때면 복잡한 상황에서 벗어나 스스로 타임아웃을 할 수도 있다. 벌에 의존하지 않은 부모 덕분에 통제력을 유지할 수 있는 바람직한 방법을 터득한 것이다.

오랫동안 많은 부모와 아이들을 겪어본 내 경험에 따르면, 아이들은 대부분 무엇이 옳고 그른지 알고 있다. 벌을 받아서 알게 되는 것이 아니다. 뭔가가 잘못됐다.

벌이란 부모가 정한 규칙이나 도덕적인 잣대에 어긋나는 행동을 했을 때 아이에게 가해지는 어떤 행위다. 부모들은 대개 바람직하지 않은 아이의 행동을 변화시키거나 예방하고 싶은 마음에 아이에게 벌을 주거나 주겠다고 위협한다. 하지만 그런 방법으로 문제가 해결되는 것은 아니다.

아이가 어떤 잘못을 했을 때 비로 벌을 주는 부모는 그런 행동이 벌어지게 된 과정을 고려하지 않는다. 그러나 과정을 생각해야 아이의 행동에 담긴 뜻을 이해할 수 있다. 아무리 의도가 좋다 하더라도, 부모의 그런 태도는 아이가 잘못한 행동과 그에 대한 자신의 즉각적인 반응만 중시하는 것이다. 잘못을 했는데 즉각적으로 반응하지 않는 것은 직관에 어긋나는 것일 수 있다. 하지만 현명한 부모는 "행동하기 전에 생각하라"는 옛 격언을 잊지 않는다. 벌에 의존하는 부모들은 아이가 그런 행동을 하게 된 과정과 이유에 대해 제대로 알지 못하며 아이와의 관계가 얼마나 중요한지도 망각하고 있다.

잘못된 행동이 올바로 해결되기 위해서는 여러 단계를 거쳐야 한다. 정확히 말하면 5단계다. 다음 장에서는 부모 지능을 아우르는 5단계에 대해 간략히 알아보자.

# 부모
# 지능
# 5단계

잘못된 행동에는 메시지가 담겨 있다.
단독으로 일어나는 행위가 아니라,
이해를 요청하는 행동이다.

# 부모 역할의 효과적인 과정

부모마다 유난히 힘들어하는 부분들이 따로 있겠지만, 나는 그런 다양한 상황에 공통으로 영향을 미치는 점들을 몇 가지 찾아냈다. 내가 계발한 부모 지능 5단계는 부모의 역할을 효과적으로 수행하는 데 꼭 필요한 과정이다. 또 어떤 상황에 처한 부모들에게도 고루 적용할 수 있어서 아이의 행동에 담긴 의미를 찾고, 그와 관련된 문제들을 지혜롭고 사려 깊게 해결하는 데 도움을 줄 수 있다.

다음은 부모 지능의 5단계다.

1단계 한 걸음 물러나기

2단계 자기 내면 돌아보기

3단계 아이의 마음 헤아리기

4단계 아이의 발달 정도 파악하기

5단계 문제 해결하기

이 5단계를 지도 삼아 충실히 따라가면 원하는 목적지에 다다를 수 있다. 아이의 행동 뒤에 숨겨진 의미를 이해할 수 있게 된다. 안개에 덮인 듯 뿌옇던 것이 선명해진다. 일단 의미를 깨닫고 나면 상황을 해결할 방법을 찾기가 훨씬 쉬워진다. 각 단계를 순서대로 나열했지만 부모 지능을 깨울 때는 전후 단계를 왔다 갔다 해도 상관없다. 특히 문제 해결 단계에서는 부모가 몇 번이고 자신의 내면을 들여다보고 아이의 마음을 헤아려야 할 수도 있다. 새로운 것들을 알게 되면 부모와 아이는 서로 더욱 깊이 공감하게 된다. 아이와 함께 이 5단계를 거치다 보면 애초에 바로잡으려고 했던 행동보다 훨씬 중요한 문제들이 드러나는 경우도 많을 것이다. 지금껏 말하지 못했던 것들을 알게 되면 부모와 아이의 관계는 더욱 각별하고 단단해질 수 있다.

## 1단계 한 걸음 물러나기

아이가 잘못을 저질렀을 때 부모가 보이는 첫 반응은 대개 감정적이다. 부모들은 감정을 자제하지 못한 채 성급한 결론을 내리고 벌을 줬다가 나중에 후회할 때가 많다. 벌을 줘도 원하는 결과를 얻지 못하기 때문이다. 효과적으로 대응하는 부모도 아이의 행동을 보며 느끼는 감정은 같다. 하지만 한 걸음 물러나 생각하는 것을 우선순위로 삼고 아이의 기분을 받아주면서 천천히 좀 더 이성적으로 대응하다 보면 훨씬 좋은 결과를 얻을 수 있다.

비디오테이프를 돌려보는 것처럼 아이가 한 잘못을 되감아서 느린 화면으로 재생시켜보라. 그러면 어떤 일이 벌어졌는지 더 자세한 그림을 볼 수 있다. 이 말은 아이의 행동이 어디에서, 어떻게 시작됐는지 처음과 중간, 끝을 추적해보라는 뜻이다. 이런 식으로 생각하면 사건이 일어나기 전에 무슨 일이 있었는지 돌아볼 수 있다. 과정을 알았다고 해서 꼭 올바로 대응할 수 있는 것은 아니지만, 이런 정보가 바탕이 되면 부모로서 훨씬 현명한 선택을 할 수 있게 된다.

잠시 뒤로 물러나 있으려면 곧바로 어떤 행동을 하는 대신 열린 사고를 갖고 감정의 폭을 넓혀야 한다. 아이 때문에 어떤 사건을 겪으면 부모들은 자신도 모르게 흥분해서 안절부절 못할 때가 많다. 그리고 바로 어떤 행동을 취함으로써 그런 감정을 억누르려 한다. 또 충동적인 행동은 자제하지만 긴장 상태가 계속되면서 상황을 객관적으로 보지 못할 때도 있다. 그럴 때 부모는 한 가지 관점에 사로잡히게 되거나, 자세한 사정은 모른 채 확연히 드러나는 부분에만 집중하게 된다. 사건을 단순히 다시 생각해보는 것만으로는 충분하지 않을 때도 있다. 그러다 처음 느낀 감정이 확실히 굳어지거나 악화될 수도 있기 때문이다. 한 걸음 물러나는 현명한 부모가 되려면, 아이가 한 행동을 다시 잘 생각하면서 왜 그런 감정이 들었는지 이해하려고 노력해야 한다.

한 걸음 물러나 생각하려면 판단도 보류해야 한다. 그래야 어떤 행동을 취하기 전에 눈앞에 벌어진 일을 파악할 시간을 가질 수 있다. 이렇게 멈추는 시간을 갖지 않으면 마음을 가라앉히고 생각을 시작할 수 없다. 한 템포 멈추면 아이가 저지른 잘못도 다 의미가 있는 것이라는 태도를 가질 수 있다. 긴급한 상황이라도 당장 해결해야 할 문제만 처리되면 섣부른 결론을 피하고 한 걸음 물러나는 여유를 갖자.

너무 자기 생각에만 빠지는 사람들도 있다. 그런데 생각만 한다고 해서 생산적인 추리를 할 수 있는 것은 아니다. 충분한 정보가 없으면 여러 가지 생각들만 꼬리를 물 수도 있다. 그런 부모 중에는 자신이 너무 무르거나, 부족하거나, 일관성이 없는 것처럼 보일까 봐 처음 보였던 반응을 다시 떠올리고 싶어 하지 않는 사람도 있다. 반면 어떤 사람들은 겉으로 보이는 모습에만 치중한다. 그런 사람들은 자신과 아이의 감정이나 생각을 염두에 두면서 아이가 한 잘못을 이해하려고 하지 않고 겉으로 일어난 일에만 신경을 쓴다. 그리고 자칫 통제력을 잃을까 봐 두려워 자기 내면의 감정은 무시하려고 애쓴다.

한 걸음 물러나 생각하려면 자신 앞에 벌어진 상황들, 또 그 상황에 대한 자신의 기분을 천천히 잘 생각해야 한다. 아이가 한 행동과 부모로서 자신이 해야 할 행동을 성급히 판단해서는 안 된다. 그런 태도를 가지면 부모도 가끔은 그릇된 판단을 할 수 있다는 것을 인정할 수 있게 된다. 그래서 처음에는 자기 마음대로 생각했더라도, 아이가 한 행동을 충분히 이해하고 나면 새로운 생각과 감정으로 떳떳하게 아이를 대할 수 있다. 처음에는 생각의 범위가 제한적이었지만 점점 확대되면서 새로운 시각을 갖게 되는 것이다.

성급한 판단을 미루면 아이의 행동에 담긴 여러 가지 이유도 눈에 보인다. 잠시 멈춰서 생각할 시간을 가지면 지난번 아이가 같은 잘못을 했을 때와 현 상황을 비교할 수 있다. 지난번에도 아이와 같은 식의 대화가 오갔다는 생각이 들면, '그때 내가 몰랐던 다른 이유가 있었나?'라는 의문이 들 수 있다. 그렇게 되면 아이의 행동을 여러 면에

52

서 생각하게 된다. '무엇 때문에 그런 행동을 하게 된 걸까?', '얼마나 오래됐을까?', '언제 더 심해지고 언제 좀 괜찮아졌을까?' 또 그 당시 고조된 감정 때문에 보지 못했던 다른 면들도 보이기 시작한다. 아이의 행동을 모든 면에서 이해하기 위해 노력하다 보면, 그 행동에 몇 가지 문제가 관련돼 있다는 것을 깨닫게 된다.

마음이 진정되면 아이의 얼굴에 드러난 표정, 아이가 했던 말, 태도, 몸짓, 감정 변화들이 눈에 들어온다. 그리고 잠시 뒤에는 아이가 했던 한 가지 행동이 여러 개로 나뉘어 모두 별개의 행동으로 인식된다. 이렇게 한 템포 쉬어가는 태도를 가지면 처음 느꼈던 행동이 완전히 다른 행동으로 생각되거나 여러 개의 개별 행동으로 인식될 만큼 마음이 열린다.

한 길음 물러나면 상황을 판단할 여유의 시간이 생겨서 처음 가졌던 생각을 다시 검토하게 되고 결국 올바로 이해하지 못했음을 깨닫게 된다. 생각할 시간은 필요한 만큼 최대한 많이 갖는 것이 좋다. 그리고 자기 자신에게 이렇게 말하자.

"천천히, 시간을 갖자. 잠깐 멈추자. 급하게 생각하지 말자. 그리고 싶어도 참자. 숨을 크게 쉬고 조용히 앉아서 무슨 말을 하고 어떻게 행동해야 할지 잘 생각해보자."

아이를 키울 때 결과보다 과정에 전념하는 부모들은 자연스럽게 한 걸음 물러나 생각하는 태도를 배운다. 그런 부모들은 서로 돕고 다독이며 잠시 진정하는 시간을 갖는다. 부부가 같이 살면서 공동 육아를 중시하는 집은 더욱 그렇다. 부부가 따로 살지만 아이와의 관계는 계속 유지하면서 육아에 대한 책임을 공동으로 갖는 가정 역시 일과 육아에 대한 책임에 균형을 맞추는 법을 찾으면서, 충동적인 행동보다는 한 걸음 물러나 생각하는 것이 훨씬 바람직하다는 것을 안다. 부부가 서로 의지하면서 뒤로 물러나는 태도를 갖는 것은 매우 중요하다. 아빠가 충동을 못 참고 화를 내면 엄마가 완충 역할을 하고 엄마가 화를 내면 아빠가 진정시키는 식이다.

아이가 잘못했을 때 곧바로 반응해서 결론을 내리지 않고 잠시 생각할 시간을 가지면 스트레스도 줄고 아이도 더 잘 통제할 수 있다. 마음을 가라앉히면 아이와 나누는 대화의 말투부터 달라진다. 부모가 시간을 두고 차분히 생각하는 모습을 보이면 아이들은 부모를 믿고 따라도 되겠다는 생각을 갖게 된다.

**정리**

어떤 상황에 직면했을 때 한 걸음 물러나는 것은 감정을 추스르고 생각을 정리하기 위해서다. 지극히 상식적인 일이지만 그렇게 하기 위해서는 깊은 실망감을 감내해야 한다. 이 점은 아이들에게 가르치고 싶은 기술이기도 하다. 부모는 아이가 한 행동을 곰곰이 생각하면서 판단을 보류하고 그 행동에 담긴 의미를 깨닫게 된다. 이런 태도를 갖는 것은 바람직한 부모가 될 수 있는 첫 단계로서, 아이는 자신이 느끼는 감정이나 어떤 동기 때문에 '잘못된 행동'을 하며 그 행동에는 부모와 자녀 사이에 해결해야 할 문제들이 포함된 경우가 많다.

다음은 자기 내면을 돌아보는 단계다. 이 단계에서 부모는 아이의 행동을 그저 '잘못'이라고만 생각하게 만든 자기 내면의 감정과 동기들을 파악하는 능력을 기르게 된다.

## 2단계 자기 내면 돌아보기

자신의 내면을 들여다보면 현재의 부모 역할에 자신의 과거가 어떤 영향을 미치는지 알 수 있다. 또 자신을 객관적으로 볼 수 있게 하고, 현재와 과거에 맺은 여러 관계 속에서 자신이 느꼈던 감정과 동기, 행동들의 계기를 파악할 수 있다. 이 단계에서는 솔직한 태도가 중요하다. 그렇지만 실제로는 하기 어려운 일이다. 내면의 작용은 외면한 채 서둘러 결론을 내버리고 싶은 마음이 크기 때문이다.

부모가 자기 내면을 돌아보는 것은 한 걸음 물러나 생각하는 것의 연장선이라 할 수 있다. 자신의 마음을 찬찬히 살펴보면 아이가 잘못했을 때 보였던 특정한 반응의 원인을 찾을 수 있다. 또 다양한 관점에서 자신이 한 행동을 따져보고 자신이 그렇게 반응하게 된 여러 가지 이유들을 생각할 수 있다. 어려워 보이겠지만 조금씩 노력하다 보면 자신이 알게 된 것들 때문에 깜짝 놀랄 것이다.

내면을 들여다보는 일은 사건이 일어난 다음에 하게 된다. 몇 시간 또는 며칠 뒤에 하게 될 수도 있고 자신도 모르는 사이에 일어나기도 한다. 운전을 하다 정지 신호를 받고 서 있는데 불현듯 그 상황이 떠오를 수도 있다. 그때 자신이 한 행동을 생각하다가 갑자기 다른 관점에서 보게 되는 것이다.

배우자나 친구를 만나 당시 상황과 자신이 한 행동을 구체적으로 이야기하다 보면, 그들의 의견을 통해 자신의 행동을 새로운 관점에서 보게 될 수도 있다. 또는 아이가 한 잘못을 진지하게 다시 생각해보다가 부모로서 다르게 대응할 수는 없었는지 또는 비슷한 상황일

제3장
부모 지능 5단계

55

때 다른 부모들이 취하는 행동을 따라할 수는 있을지 자문해볼 때도 있다.

먼저 이런 생각들을 해보자.

'왜 그렇게 행동했을까? 꼭 그렇게만 할 일도 아니었는데….', '그런 행동을 하게 된 의도나 동기는 무엇이었을까?', '내 과거는 지금의 내 생각과 행동에 어떤 영향을 미칠까?', '아이를 대할 때 나는 어떤 감정이었지? 그런 감정은 왜 들었을까?'

시간을 두고 천천히 시도하면 생각만큼 어렵지 않다. 하다 보면 점점 자신감도 생길 것이다. 자기 내면을 들여다보는 것은 자신을 찾아가는 과정이다. 자신에 대해 더욱 잘 알게 되고 기분도 좋아진다. 내면을 들여다보면 어린 시절과 십대 때의 자기 모습을 더 잘 알게 되고, 과거의 경험이 현재 아이를 대하는 당신의 태도에 어떤 영향을 미치는지도 알 수 있다.

자신을 돌아보다 보면, 아이의 행동을 지나치게 공격적으로 받아들이고 있음을 깨닫게 되는 경우가 많다. 인정하기 힘들겠지만 이해가 어렵진 않을 것이다. 가끔 아이에게 박해를 당하는 것처럼 느껴질 때가 있을 것이다. 윗사람은 당신인데 주도권은 아이가 잡고 있는 것 같다. 그러면 당신은 더 깊이 생각해서, 어떻게 하면 친절하고 다정한 부모로 계속 남으면서 권위도 지킬 수 있을지 연구하게 된다. 이렇게 할 수 있는 것은 자아 개념, 즉 자신을 인식하는 능력이 탄탄하기 때문이다. 그러면서 이미 스스로에 대해 긍정적인 기분을 갖게 된다.

성인으로서 자신을 성찰하는 능력은 유아 때부터 청소년기에 이르기까지 자신을 돌봐준 사람, 즉 부모나 선생님, 주변의 다른 어른들과의 관계가 큰 역할을 한다. 이런 초기 경험들은 앞으로의 애착 관계를 예측하는 바탕이 된다. 과거 자신이 겪었던 갈등을 현재에 끄집어내서 이해하고 나면 아이를 더욱 잘 도울 수 있다.

그런데 사람들과 맺는 관계는 사실 일정한 패턴이 있다. 이 패턴은 자신도 잘 의식하지 못할 때가 많고 전문적인 치료를 받지 않으면 바뀌기도 어렵다. 치료를 받는다고 해도, 부모들은 치료가 끝날 때까지 기다릴 수 없다. 아이들은 계속 자라고 도움은 지금 필요하기 때문이다. 부모는 자신의 생각과 반응이 과거의 경험에서 비롯된 것이며, 문제가 되는 특정 행동에 영향을 미칠 수 있음을 깨닫는 것만으로 놀랄 만큼 큰 효과를 얻을 수 있다.

아이가 문제 될 만한 잘못을 저질렀을 때 당신의 기분이 어땠는지 생각해보라. 그리고 과거로 돌아가 그와 같거나 비슷한 감정을 들게 했던 경험을 찾아보라. 한 편의 이야기를 이어가듯 서두르지 말고 최대한 자세히 그 일을 떠올려보라. 그때 당신 주변에 있던 사람들, 또 그들이 그때와 지금 당신에게 어떤 의미인지도 생각해보라. 그렇게 하다 보면 현재 아이가 한 행동 때문에 과거의 상황들이 떠올랐다는 것을 깨닫게 될 것이다.

자신에게 몇 가지 질문을 해보자. 아이의 행동이 과거의 내 행동을 상기시켰는가? 그때 겪은 일이 어떤 식으로든 나에게 표식처럼 남아 있는가? 그 일 때문에 내 삶이 바뀌었나? 그 시절과 관련해 아직도 해결되지 못한 감정이 남아 있는가? 이런 과정을 거치면 점점 많은 것들이 기억나면서 오랫동안 감춰져 있던 생각과 세부적인 내용들이

표면 위로 떠오르기 시작한다. 이런 모든 기억들은 당연히 지금 아이를 대하는 당신의 태도와 관계가 있다.

가능성은 여러 가지다. 아이의 행동, 태도, 자세, 말투가 어릴 적 당신이 누군가에게 했던 것을 떠올리게 한다. 그렇다면 당신은 그 시절 당신이 그 사람에게 했던 그대로 아이를 대할 수도 있지만 그때 이렇게 행동했다면 더 좋았을 거라고 생각한 대로 아이를 대할 수도 있다. 발전이 생긴 것이다. 당신의 마음은 그 시절을 향해 있고 당신이 했던 행동들을 떠올리며 여러 가지 감정에 휩싸이게 될 것이다. 한편 지금 아이가 하는 행동이 과거 누군가가 당신에게 했던 짓이며 당신을 매우 화나게 했던 행동일 수도 있다. 이렇게 과거와 현재에 한 곳에 집중되면 격한 반응이 나오는 것도 무리는 아니다.

자신을 성찰하는 능력은 아이가 자라면서 더 좋아지기도 한다. 당신이 어릴 때 말썽을 일으키곤 했던 나이만큼 아이가 자라면 끊임없이 아이와 충돌하게 될 가능성이 크다. 당신이 그 나이였을 때 해결하지 못했던 문제들이 계속 떠오르기 때문이다. 하지만 당신도 아이와 비슷한 일을 겪었다는 것을 깨달으면 이해의 폭이 놀랄 만큼 넓어진다. 이런 성찰 능력을 가지려면 평생이 걸릴 수도 있다. 하지만 아이와의 관계는 조금씩 배워가는 동안에도 개선될 수 있다.

감정을 이입하고 공감하는 능력은 자기 성찰에 영향을 미친다. 그리고 남자보다 여자가 더 뛰어나다는 고정관념이 있다. 하지만 30여 년 동안 많은 부모들을 만나본 사람으로서 나는 그 능력에 남녀 차이가 있다는 것은 실감하지 못했다. 다만 남자들은 자신이 아빠가 됐을 때 어린 시절 아버지와 겪은 일들에 많은 영향을 받았다. 아버지와의 관계가 좋았던 사람들은 자기 아이도 같은 경험을 하게 해주고 싶어 하고, 자신의 아버지보다 더 좋은 아빠가 되기 위해 노력한다. 남자든 여자든 어릴 적 아버지의 존재가 미미했던 사람들은 자기 아이에 대해서도 아빠 역할을 그리 크게 기대하지 않는 경향이 있다. 그렇게 기대치가 낮은 여성들은 남편이 부모 역할에 적극적으로 나서는 모습을 보이면 놀라기도 하고 기뻐하기도 한다. 그런 여성들이 가정적인 남자에게 끌리는 것도 사실이다. 한편 어릴 때 아버지와 가까이 지내지 못했던 남자들 중에는 자기 아이와 더욱 가깝게 지내고 싶어하는 사람들이 있다. 이와 비슷하게 여자들도 엄마가 되면 자신이 겪은 엄마를 그대로 따라하거나 바뀌곤 하는데, 이 역시 어릴 때 엄마와의 관계가 영향을 미쳤을 가능성이 크다. 부모가 자신을 돌아보기 시작하면 자신이 바라던 것들이 드러나면서 아이에게 긍정적인 영향을 끼칠 수 있다.

**정리**

부모가 성찰을 통해 자신을 더욱 잘 알게 되면, 자신의 과거가 현재 아이를 대하는 태도에 어떤 영향을 미치는지 깨닫게 된다. 그러면 벌을 줘야겠다는 생각은 희미해지고 훨씬 효과적으로 반응하게 된다. 사실 벌은 특정한 하나의 잘못만 다루는 것일 뿐 별 도움이 되지 못한다. 부모가 한 걸음 물러나 자신의 내면을 돌아보기 시작하면 아이의 입장을 공감하게 되고 무너진 아이와의 관계도 회복할 수 있다. 그리고 왜 자신이 아이를 그런 태도로 대하게 되는지 더욱 깊이 이해할 수 있다.

자신의 과거를 돌아보게 되면 부모는 아이가 잘못할 때마다 벌을 주던 방식에서 벗어나 의미를 찾기 시작한다. 또 벌로 이어지던 충동적인 반응 대신 아이의 상황을 세심하게 고려하면서 탄력적인 결정을 내리게 된다. 이처럼 통찰력 있는 태도를 가지면 아이와 깊이 연결돼 아이의 마음을 더 잘 헤아릴 수 있게 된다.

## 3단계 아이의 마음 헤아리기

"대체 무슨 생각을 하고 있는 거니?"

일상에서 아이에게 자주 묻는 말 중 하나일 것이다. 아이를 제대로 알기 위해서는 아이의 마음을 이해하는 것이 매우 중요하다. 이 평범한 질문은 부모의 역할에 대한 여러 가지 질문들로 이어질 수 있다.

'유아 때와 아이 때는 마음이 어떻게 달라질까?', '아이의 마음을 이해하면 아이가 대처하는 데 도움이 될까, 부모가 대처하는 데 도움이 될까?', '감정은 아이의 생각에 어떤 역할을 할까?'

아이의 마음을 헤아리는 것은 아이의 정신 상태(mental state)를 파악하는 것에서 시작된다. 정신 상태란 무엇일까? 이 말은 정신적으로 하는 모든 경험을 다 일컫는 말이다. 의도, 생각, 바람, 소원, 믿음 등 여러 감정이 다 정신 상태에 속한다. 여러 정신 상태가 동시에 발동할 수도 있고 서로 모순된 상태가 공존할 수도 있다. 즉 아이스크림을 먹고 싶은 마음은 간절하지만(바람: 하나의 정신 상태) 레슬링 시합에 나가려면 살을 빼야 하기 때문에(의도: 하나의 정신 상태) 먹지 않아야 한다고 생각하는 식이다.

정신 상태에 관한 이야기할 때 나는 늘 신체 상태에 대해서도 같이 언급한다. 이 둘은 서로 밀접하게 연결된 불가분의 관계에 있기 때문이다. 아기들을 보면 쉽게 알 수 있다. 아기들은 어떤 감정과 욕구들을 동시에 가진다. 늘 아기에게 귀를 기울이는 엄마는 이런 상태를 어떻게 알아차릴까? 아기는 배가 고프면(정신 상태) 혀를 내밀어 입술을 핥곤 한다. 그러면 엄마는 젖을 먹일 때가 됐음을 안다. 그리고 아기가 물고 있던 젖꼭지를 놓고 잠이 들면 배불리 먹고 만족했음을 (또 다른 정신 상태) 알게 된다.

아이의 마음을 읽을 수 있는 능력은 부모의 자기 성찰 능력과 직접적으로 연관 있다. 앞서 언급한 대로, 자신을 돌아보는 것은 지금껏 살아온 자신의 삶에 대해 생각하는 것이다. 자신을 인식하는 것과 타인의 정신 상태를 인식하는 것은 밀접하게 연결돼 있다. 자기 내면을 들여다보면 자신의 정신 상태가 어떻게 작용하는지 알 수 있고, 아이의 마음은 자신의 것과 별개이며 독립적으로 작용한다는 것을 깨달을 수 있다.

예를 들어 열 살짜리 아들이 퉁명스럽게 행동한 것 때문에 화가 났다고 가정해보자. 아침 식사 시간에 당신은 아이가 제일 좋아하는 잼과 토스트, 시리얼, 과일 주스 등 균형 잡히고 맛있는 식사를 식탁에 준비해놓았다. 그런데 아이는 겨우 "굿모닝" 한 마디만 던지고 토스트 한 조각을 집어들더니 나가버린다. 그러자 당신은 무시당한 기분이 든다. 아들은 당신이 해놓은 것들에 눈길도 주지 않았다. 정성껏 준비해놓은 음식에 고마워하지 않자 슬슬 화가 난다. 또 아이가 당신을 쳐다보지도 않은 채 "다녀올게요" 하고 나가버리는 것을 보니 당신에게 화가 나 있는 것이 틀림없다는 생각이 든다. 아들이 화를 내는 것은 철저히 부당한 짓이다. 이렇게 해서 나온 추측은 간단하다. 당신은 화가 났고 아들도 당신에게 화가 나 있다. 지금 당신은 아이의 감정과 생각이 당신과 완전히 다를 수 있다는 것을 망각한 상태다. 나중에 알고 보니 이날 아침 실제로 일어난 일은 이랬다. 아이는 통학 버스에 늦어서 그렇게 퉁명스럽게 보였던 것이다. 마음이 급했을 뿐이지 당신에게 화가 난 것이 전혀 아니었다.

또 다른 예를 들어보자. 식당에 갔는데 음식이 빨리 나오지 않자 아이가 배고파 죽겠다고 불평을 한다. 하지만 점심을 든든히 먹은 아빠는 다른 식구들과 즐겁게 떠들며 음식이 늦게 나오는 것에 개의치 않는다. 그저 열다섯 살이나 된 아들이 예의 없게 투덜거린다고 꾸짖으며 조용히 앉아 있으라고 하거나 다음번에는 데려오지 않겠다고 으름장을 놓는다. 아들은 더욱 화가 난다. 지금 이 두 사람의 정신 상태, 즉 그들의 의도와 감정은 완전히 다르다. 아빠는 자신과 아이의 상태가 같을 것이라고 잘못 생각하고 있다.

자신과 아이의 상태가 전혀 다를 수 있다는 것을 인식하지 못하면 아이의 행동을 잘못 해석하게 되어 관계가 틀어지거나 불필요한 벌까지 주게 될 수 있다.

아이의 마음을 헤아리기 위해서는 아이가 느끼는 감정, 생각, 의도가 행동과 연결돼 있다는 것을 알아야 하고 행동에 담긴 의미도 찾을 수 있어야 한다. 행동과 감정은 절대 뗄 수 없는 관계다.

예를 들어 어떤 엄마가 아들에게 이렇게 말한다.

"네 동생이 말도 없이 야구 글러브를 가져갔을 때 너는 벽을 쳤지. 몇 주 동안 계속 그러니 너도 화가 날 만큼 났을 거야. 그런데 생각해 봐. 네가 벽을 치지 않았으면 동생을 때렸을 수도 있어."

엄마는 계속 말을 이어가며 아이의 마음에 새로운 생각을 심어준다.

"네가 화가 났던 것을 좀 더 생각하고 말로 해봐. 그러면 벽을 칠 필요도 없어질 거야."

이 엄마는 지금 분노라는 아이의 감정과 벽을 친 행위를 연결짓고 있다.

이런 식으로 접근하는 부모는 아이가 어떤 마음에서 그런 행동을 하게 됐는지 헤아리기 위해 애쓴다. 앞의 식당에 있던 아빠는 아이의 상태를 이해하지 못하고 혼을 냈지만 이 엄마는 아이가 어떤 마음에서 그런 짓을 하게 됐는지 확실히 꿰뚫고 있다.

부모와 아이는 대부분 서로의 마음을 읽을 수 있다. 하지만 그런 마음을 갖게 된 이유를 찾으려면 시간이 필요하다. 바로 알아차리진 못해도 모든 행동에는 의미가 있다. 그래서 아이가 한 행동을 곰곰이 생각하며 의미가 떠오를 때까지 기다려야 할 때가 많다. 이것이 바로 한 걸음 물러나 생각하는 태도다. 부모로서 자기 아이를 잘 알고 있고, 자라는 동안 아이의 상태를 이해하기 위해 꾸준히 노력하면 아이의 생각과 마음을 전문가처럼 잘 읽을 수 있게 된다.

당신의 생각이 맞는지 아이와 확인해보는 것도 물론 중요하다.

"선생님 때문에 상처를 받아서 교실을 뛰쳐나간 것 같은데, 맞니?"

어떤 감정을 가져야 한다고 지시받는 것을 좋아할 사람은 아무도 없다. 하지만 누가 자신을 이해해주는 것은 무척 기분 좋은 일이다.

상대방이 자신에게 공감해주면 고맙게 느껴진다. 부모가 자신을 이해해주는 기분이 들면 아이는 감정을 자제하고 다시 생각하게 된다. 부모가 자신의 마음을 알아주는 것 같으면 아이는 관심과 지지를 받는다고 느끼고 자기 앞에 있는 상황을 어떻게 극복해야 할지 더 깊게 생각하게 된다.

그런데 사람은 자라면서 겪은 일 때문에 어떤 감정들이 촉발되기도 한다. 그런 요인들은 늘 그 사람에게 영향을 미치지만 대개는 의식하지 못할 때가 많다. 아이가 어떤 행동을 했을 때 부모가 성급히 반응하는 것은 그들의 내면에 존재하는 이런 촉발 요인 때문일 수 있다. 이런 요인들은 벗어나기 힘들고 아이에게 공감하는 것을 방해한다. 아이의 마음을 잘못 이해하면 행동까지 오해할 수 있다. 이런 문제는 자신의 내면을 더욱 깊이 성찰함으로써 해결해야 한다. 그래야 아이의 진심을 헤아릴 수 있다.

아이의 마음을 읽는 것과 공감하는 것은 어떤 관계가 있을까? 아이의 마음을 읽는 것은 공감, 즉 타인의 감정 상태를 이해하는 과정의 일부다. 부모는 아이의 얼굴에 드러난 특별한 표정을 보고 지금 어떤 기분을 느끼고 있을지 파악한다. 아이의 입장에서 아이의 관점으로 보기 위해 노력하는 것이다.

이런 식으로 아이의 마음을 읽는 것은 창의적인 행위다. 단 엄격한 한계가 있는 상상의 행위다. 타인의 마음을 정확히 읽을 수 있는 사람은 아무도 없다. 그러므로 자기가 생각한 대로 말하기보다는 물어보면서 다가가는 방법이 가장 좋다.

하지만 당신에게 이런 모습을 보여준 부모가 없었다면 어려울 수도 있다. 어릴 때 부모가 당신의 욕구와 감정을 이해해주지 않고 한 사람의 행동이 타인에게 어떤 영향을 미치는지도 알려주지 않았다면, 당신이 부모가 되어 아이에게 공감하는 것도 힘들고 어색하게 느껴질 것이다. 그러므로 서두르지 말고 천천히 아이의 감정을 파악하자. 아이에 대해 몰랐던 것을 알게 되면 생각지 못한 기쁨이 생긴다. 아이에게 "와, 드디어 제 마음을 알아주시네요. 고맙습니다"라는 말을 들으면 부모로서의 역할을 아주 잘했다는 생각이 들 것이다.

공감하는 부모는 아이들도 공감할 줄 아는 사람으로 키운다. 그런 아이들은 부모의 생각과 기분에 관심을 갖고 진심으로 귀를 기울인다. 부모가 자신의 정신 상태(의도, 감정, 믿음 등)를 이해해준다는 것을 알면 아이도 부모의 상태에 관심을 갖게 된다. 역할을 바꿔서 아이가 부모의 문제에 귀를 기울어야 한다는 밀이 아니라, 이렇게 공감할 줄 아는 아이는 부모 또는 자기 주변 사람들에게 진심으로 관심을 갖게 된다는 뜻이다.

아이의 마음을 헤아리기 위해서는 훌륭한 관찰자가 되어야 한다. 아이와 나누는 대화는 일부에 불과하다. 아이가 어떤 기분인지 알고 싶다면 얼굴에 드러난 표정을 잘 살펴보자. 사람의 표정에는 다양한 감정들이 드러난다. 폴 에크먼(Paul Ekman)은 자신의 책《얼굴의 심리학》에서 주름진 이마(걱정이나 화), 치켜뜬 눈썹과 O자형 입모양(놀람), 눈동자의 떨림(불안), 양쪽 눈 끝에 잡히는 잔주름(화), 게슴츠레하게 뜬 눈(무심함), 찡그린 코(짜증), 오므린 입술(분노) 등 여러 가지 예를 제시해놓았다. 물론 직접 말로 들으면 상대방의 마음을 곧바로 알 수 있지만 침묵, 근육의 수축이나 이완, 얼굴 표정 등에서도 의미를 찾을 수 있다.

얼굴로 전달되는 뜻은 매우 중요하기 때문에 부모는 화가 나도 이런 말들을 삼가야 한다.

"그렇게 비웃는 표정 좀 짓지 마라."

"날 보면서 그렇게 눈알 좀 굴리지 마."

표정은 아이의 상태를 이해하는 데 꼭 필요한 부분이지만 이런 말을 들으면 아이는 속마음과 전혀 다른 표정을 짓거나 감춰버리게 된다. 아직 말을 못하는 어린 아이들도 얼굴을 보고 그 사람의 기분이 어떤 상태인지 알아차린다. 당신도 아이의 표정으로 마음을 해석하듯 아이도 당신의 얼굴을 보며 그렇게 한다.

아이의 상태는 몸짓을 통해서도 알 수 있다. 손가락질을 하거나 팔짱을 꼈다면 화가 난 것일 수 있다. 머리를 푹 숙이고 있는 것은 무기력함을, 다리를 떠는 것은 초초한 상태를 나타낸다. 고개를 돌리거나 등을 보였다면 화가 났거나 회피하는 것일 수 있다. 당신과 같이 앉아 있는데 아이가 갑자기 벌떡 일어난다면 화가 나서일 수도 있고, 이야기를 그만하고 싶다는 뜻일 수도 있다. 그럴 땐 잠시 그렇게 서 있다가 다른 곳으로 가버린다. 아이에 대해 많이 알면 알수록, 이렇게 관찰하는 것만으로도 아이의 상태를 더 잘 해석할 수 있다.

자기 스스로 어떤 감정을 차단해버린 부모는 아이에게서도 그런 감정을 읽지 못하는 경우가 많다. 즉 상처를 받았지만 그 사실을 인식하지 못한 채 화만 내는 부모는 아이가 받을 상처도 깨닫지 못한다. 그리고 실제로는 상처를 받았으면서 자신은 화만 났을 뿐 다른 감정은 없다고 잘못 생각한다.

이런 부모가 아이의 상처를 인식하게 되면 자신의 상처도 깨달을 수 있다. 자신의 생각과 감정 상태를 모르는 사람은 아이가 어떤 생각을 하고 어떤 기분을 느끼는지도 잘 모른다. 그러면 잘못된 결론을 내리고 성급하게 벌을 줄 수 있다. 정신 상태는 언제든 변할 수 있고 행동에도 큰 영향을 미친다. 자신과 아이가 어떤 상태인지 알면 더욱 탄탄한 관계를 맺을 수 있다.

부모가 늘 아이의 생활에 관여하면서 아이와 주고받은 대화를 다양한 관점에서 해석하는 모습을 보이면, 아이는 부모가 자신에게 귀를 기울이고 이해해준다고 느낀다. 아이가 전하고자 하는 바를 늘 곧바로 파악해야 하는 것은 아니다. 제대로 파악하기 위해서는 시간이 걸린다. 중요한 것은 노력하는 모습이다. 자신의 생각과 감정을 부모가 가치 있게 여기면 아이는 더 큰 자신감을 얻는다. 부모도 아이의 행동에 담긴 의미를 찾다 보면 자신이 생각했던 것보다 아이가 훨씬 똑똑하다는 것을 알게 된다.

부모들은 아이의 행동, 말, 몸짓, 표정 등을 각자 다른 방식으로 해석하며 그에 따라 아이들의 마음을 각자 다르게 이해한다. 하지만 가장 중요한 것은 아이의 정신 상태가 어떻게 작용하고 있으며 어떤 변화가 일어나고 있는지 관심을 기울이는 것이다. 엄마와 아빠의 세심한 관심이야말로 부모 지능에서 가장 중요한 부분이다.

**정리**

아이의 마음을 읽으려고 노력하는 것은 아이의 참모습을 알고 아이의 생각과 느낌을 헤아리는 데 매우 중요하다. 부모로서 아이의 행동을 바꾸고 싶다면 아이의 정신 상태를 파악해야 한다. 부모의 정신 상태는 아이에게 영향을 미치고 반대도 마찬가지다. 아이의 마음을 염두에 두는 부모는 스스로를 돌아볼 줄 알고 안정적인 사람으로 자녀를 키울 가능성이 크다. 자녀가 어떤 마음인지 생각할 줄 아는 부모는 아이와의 관계를 잘 유지하면서 피할 수 없는 충돌과 다툼을 효과적으로 해결한다. 부모가 이해하는 모습을 보여주면 아이는 부모가 자신을 믿어준다고 느끼고 스스로도 자신을 믿는 법을 배우게 된다. 마음을 잘 관리하고 좋은 의도를 갖고 아이를 대하고 존중하자. 그러면 신뢰를 쌓을 수 있다.

## 4단계 아이의 발달 정도 파악하기

아이들은 발달 단계에 따라 각기 다른 기술을 습득한다. 하지만 모든 아이의 발달 속도가 같은 것은 아니다. 일곱 살짜리가 아홉 살짜리보다 산수 문제를 더 잘 풀 수도 있고, 열세 살 난 동생이 열여섯 살인 형보다 사람의 마음을 더 잘 이해하기도 한다. 같은 학년인 두 아이에게 같은 숙제를 내주면 더 잘하는 아이가 있을 수 있다. 당신의 첫째 아이도 십대였을 때 문제 해결력이나 좌절을 견디는 능력이 뛰어났었는데 둘째는 십대가 되니 고집이 더 세어지고 좌절을 참지 못해 힘들어하는 모습을 본 적 없는가?

세는 나이에 상관없이, 아이가 어떤 기술을 습득하게 되면 그때의 나이가 그 기술에 맞는 발달 단계다. 평소 부모가 아이의 발달 단계,

즉 아이가 현재 어떤 능력들을 습득한 상태인지 잘 고려해서 행동하면 아이와 훨씬 잘 지낼 수 있다.

그렇다면 어떤 능력들을 봐야 할까? 우선 충동 조절과 효과적인 의사소통 능력, 공감 능력 등 대인관계와 관련된 기술에 주목하자. 사고력과 인지력도 봐야 한다. 자율성과 정체성 형성, 자립 정도 등 개인적인 능력이 얼마나 발달했는지도 눈여겨보자. 전반적인 일관성은 떨어지지만 몇 가지 장점과 단점들을 발견할 수도 있다.

이런 능력들이 고려된 발달 나이는 실제 세는 나이와 같지 않을 수 있고, 아이들은 각 기술마다 발달 단계가 다를 수도 있다. 아이에게 어떤 기대를 정할 때는 반드시 아이의 발달 단계를 반영해야 한다. 다시 말하지만 발달 단계는 실제 나이보다 앞설 수도 있고 늦을 수도 있다.

다음 두 가지를 생각해보면 많은 도움이 될 것이다.

"우리 아이 정도의 단계에서는 무엇을 기대할 수 있을까?"

"우리 아이의 실제 나이와 발달 단계는 얼마나 차이 날까?"

아이의 나이에 적당하다고 생각되는 과제를 못한다고 해서 벌을 주거나 비난한다면 아이와 부모의 관계에 문제가 생긴다. 아이의 발달 단계를 고려하지 않은 기대치는 충족될 수 없으며 심각한 정신적 스트레스만 만든다. 발달 지연이나 장애를 겪고 있어서 일반적인 수준의 발달이 어려운 아이라면 더욱 그렇다.

아이와의 문제를 해결하기 위해 한 걸음 물러나 생각하고, 자신의 내면을 돌아보고, 아이의 마음을 헤아릴 수 있게 됐다면 이제 아이의 발달 정도를 파악해야 한다.

부모는 아이가 발달하는 동안 자신에게 일어나는 신체적·정신적인 변화도 잘 알아야 한다. 이런 변화들은 아이의 발달 수준을 이해하는 데 영향을 미치기 때문이다. 과학 전문 기자인 폴 레이번(Paul Raeburn)에 따르면 아이를 출산하기 전과 후에 호르몬 변화를 겪은 아빠들이 있는 것으로 나타났다. 그는 예비 아빠들의 경우 테스토스테론 수치와 코르티솔(스트레스 호르몬) 수치가 낮아지는 대신 모성 행동에 영향을 주는 것으로 알려진 에스트라디올 호르몬 수치는 높아지는 것을 알아냈다. 아빠가 될 준비를 하는 동안 아기와의 유대와 관련된 옥시토신 호르몬 수치가 높아지는 것도 놀라웠다.

이처럼 여성의 임신과 출산 후에 영향을 미치는 호르몬 변화는 예비 아빠들도 겪을 수 있다. 임산부가 어떤 생활을 하느냐에 따라 호르몬 변화도 달라지지만 자신이 겪는 일을 남편도 어느 정도 알고 있다고 생각하면 훨씬 든든할 것이다.

아기가 태어난 후에도 자신의 경험을 남편과 공유할 수 있다는 것을 알면 훨씬 기운이 날 것이다. 이제 자신은 엄마가 되어 갓 태어난 아기의 마음을 읽어야 하는데 남편도 도울 준비가 되어 있는 것 같다. 남편이 호르몬 변화를 겪으며 아빠가 될 준비를 하고 있으면 아내는 아기의 욕구를 파악하는 데 있어서 더욱 남편을 의지할 수 있게 된다. 물론 이것은 부부가 함께 알아가야 할 것이기도 하다.

끝으로, 엄마와 아빠는 각자의 독특한 육아 형태도 아이의 발달에 영향을 줄 수 있다는 것을 알아야 한다. 이것은 성별보다 각각의 성격에 따른 문제다. 2010년 케임브리지대학교의 발달학자인 마이클 E. 램(Michael E. Lamb) 교수는 양육을 엄마가 하든 아빠가 하든 상관없이 아이의 긍정적인 발달에 영향을 미치는 것은 부모의 따스함과 애정 어린 양육 태도, 친밀함이란 사실을 발표했다. 부모가 안정적인 분위기 속에서 늘 아이를 지지하며 세심하게 보살펴주면 아이는 정서적으로 안정될 수 있다. 따라서 엄마와 아빠는 비슷한 방식으로 아이의 발달에 영향을 미친다.

아빠들은 대개 예측할 수 없는 활동으로 주변을 어지럽히며 아기들과 활기차게 노는 것을 좋아하는 반면 엄마들은 안아주고 젖을 먹이는 등 반복적이고 믿음을 주는 행동을 주로 한다. 그래서 아빠는 아이가 자라는 동안 예측이 불가능한 상황과 좌절감을 견디는 능력을 키우고 신체적인 활동을 도와주는 역할을 할 수 있다. 아빠들은 엄마들과 달리 교육용 장난감 같은 것 대신 몸을 이용해 소란스럽게 놀면서 뭔가를 탐험하는 데 중점을 둔다. 프랑스의 심리학자인 리브헬(Labrell) 박사는 아빠와 아이의 이런 상호 작용이 모험을 감수할 만한 자신감을 키워줄 수 있다고 했다.

그러나 따스함과 친밀함 등 부모의 태도에 영향을 주는 것은 성별의 차이가 아니라 부모 각자가 가진 성격이다. 아빠들이 소란스러운 탐험 놀이를 주로 한다는 글을 읽었을 때 나는 내가 알고 있는 많은 엄마들이 생각났다. 그녀들은 아이를 숲에서 뛰어놀게 하고, 주방에서 같이 춤을 추고, 체조도 같이 하고, 뒷마당에서 아이들과 나무 타기도 하는 활달한 엄마들이다. 내가 아는 아빠들 중에는 아이를 무릎에 앉히고 책을 읽어주거나 이야기를 들려주고, 연못가에서 조용히 자연을 관찰하게 하는 차분한 아빠들도 많다. 아이들을 대하는 엄마와 아빠의 독특한 방식 그리고 따스한 관계는 아이들이 최적으로 발달하는 데 도움이 된다. 인지 기능, 감정 조절, 감정 및 언어 발달 같은 부분도 마찬가지다.

다음은 아이에게 기대할 수 있는 몇 가지 발달 목표들로 자랄수록 점점 복잡한 성질을 띤다.

- 높은 행동 기준을 따를 것
- 도덕성을 키울 것
- 한계를 배울 것
- 좌절과 실망을 견딜 것
- 회복력과 융통성을 기를 것
- 공감하는 능력을 기를 것
- 다양한 인과 관계에 따라 생각하는 능력을 키울 것
- 호기심과 끈기를 가질 것
- 책임감을 가질 것
- 부모 및 친구들과 긍정적이고 오래 지속되는 관계를 맺을 것

아이는 왜 한계를 받아들이고 "안 돼"라는 말을 견딜 수 있어야 하는지 또 이런 목표들 때문에 부모가 얼마나 힘든지 아는 것은 매우 중요하다. 당신이 "안 돼"라고 했지만 아무도 듣지 않을 때 드는 좌절감을 겪어본 적 있는가? 단호하게 말해야 하는데 물어보고 있는 자신을 발견한 적 있는가? "당장 양치질해라"라고 말할 생각이었는데 "지금 양치질할래?"라고 묻는 것처럼 말이다. 그러면 얼마 뒤 당신은 소리를 지르고 있고 아이는 울고 있다. 무엇이 잘못된 것일까?

아이에게 바라는 것에 확신이 서지 않을 때, 부모는 단호히 말하지 못하고 자신감 없는 모습을 보일 때가 많다. 하지만 바라는 바가 타당한 것이라면 확고한 태도로 말하자.

"지금 이를 닦아라."

이것으로 끝이다. 이제 아이가 언제 "안 된다"는 말을 받아들이고 자신도 그런 말을 하게 되는지 알아보자.

아이들은 유아 때부터 자신의 행동에 부모가 한계를 정해놓았다는 것을 알게 된다. 일정한 시기가 지나면, 아기는 서서히 낮보다 밤에 더 많이 자야 한다는 것을 배운다. 그러다 드디어 낮에는 낮잠만 자고 밤새 자게 된다. 이렇게 해서 아기는 부모가 바라는 수면 주기에 적응한다. 또 아이는 자신의 욕구를 충족하는 데 지켜야 할 한계가 있으며 부모는 상황에 따라 "안 된다"고 말할 수 있다는 것을 알게 된다.

두 살 무렵이 되면 아이는 자기 생각을 주장하기 시작하면서 "안 된다"고 말하는 능력이 생긴다. 그리고 좀 더 시간이 지나면 다른 사람들이 "지금은 안 돼, 나중에"라고 말하는 것을 이해하기 시작한다. 이렇게 되려면 좌절을 견디고 기다리는 능력이 있어야 하며 유연한 태도도 길러야 한다.

시간이 흐를수록 아이의 이런 능력들은 더욱 발달한다. 물론 마음 상태에 따라 변동이 있긴 하다. 스트레스가 많지 않고 차분한 아이는 집안 문제 때문에 스트레스를 많이 받는 아이보다 더 쉽게 좌절을 견딜 수 있다. 하지만 외부 요인에만 중점을 두기에는 좀 더 복잡한 문제다. 내적인 스트레스 요인도 있기 때문이다. 몇 가지만 들자면 쉽게 불안해하는 성향이나 민감한 기질, 감각 처리 능력(시각, 청각, 운동 감각 등의 자료를 처리하는 방법과 과정 또는 이해하는 방식)의 차이 등이 있다.

아이가 자랄 때는 한계를 받아들이는 능력을 키워야 할 시기가 있다. 이 능력은 일단 생기면 시간이 지날수록 점점 더 강해진다. 어린 아이에게 한계가 정해져 있지 않으면 아이는 자신이 막강하다고 느끼고 어른들을 통제하려 든다. 이런 상황은 아이에게 좋지 않다. 자신이 부모를 통제할 수 없다는 것을 깨달으면 좌절하게 되기 때문이다. 일상의 규칙을 지키게 하는 데 꼭 단호한 모습을 보여야 하나 의심스럽다면, 지금 아이의 내적·외적 세계를 구성하는 데 필요한 명확한 기대치를 알려줌으로써 아이를 돕고 있다고 생각하자.

청소년기가 되면 아이는 정체성과 자율성이라는 새로운 능력을 갖추게 된다. 십대 아이가 또래들과 어른들의 세상에서 자신을 찾아가는 동안 부모가 정해놓은 한계는 주기적으로 시험받게 된다. 그전까지 별 탈 없이 한계를 잘 지키고 받아들인 아이는 십대가 되어도 많이 힘들어하지 않는다. 반면 그렇지 못한 아이는 그 나이에 따르는 많은 제약과 규칙들 때문에 상당히 힘든 시간을 겪게 된다.

십대가 되어도 한계를 받아들이는 것이 중요하기는 마찬가지다. 그래야 적정선에서 자신의 욕구를 충족하고 자신이 막강한 존재가 아니라는 것을 알며 부모의 통제에서 벗어나지 않는다. 합리적인 규칙과 제약은 아이가 진정으로 원하는 것이 무엇인지 또 사람들이 자신에게 바라는 것이 무엇인지 이해하는 데 도움을 준다. 불만스러울 수도 있지만 실제로는 오히려 마음이 진정되기도 한다. 이때가 되면 아이는 이미 부모가 바라는 것이 무엇이고, 자신이 무엇을 해야 하고, 어떻게 대응해야 하는지 알고 있기 때문이다. 이 시기에 부모와 아이 사이에 벌어지는 밀고 당기기는 아이가 자신을 찾아가는 데 도움이 된다. 부모의 뜻이 명확하고 긍정적이라는 것을 알면 십대가 되어 반항하는 일도 많이 줄어든다. 부모가 지금까지 자신을 잘 키워왔고, 자신의 장점을 이해하려 애쓰고, 앞으로도 그럴 거라는 것을 아는 아이는 또래들의 압력에 둘러싸여 있을 때도 자신이 믿는 가치에 따라 올바른 결정을 내릴 수 있다. 한계를 정해놓은 것은 사랑하기 때문이며 아이의 행복을 무엇보다 중시한다는 것을 보여주자. 그러면 사춘기를 겪는 아이도 크게 반발하지 않을 것이다.

흥미로운 점은, 부모도 아이가 커감에 따라 부모로서의 자신을 새롭게 알아간다는 사실이다. 부모들도 한계를 정하는 것과 관련해, 부모로서의 발달 단계를 거친다. 예를 들어 어떤 부모는 한계를 정할 때 십대보다 영유아들을 더 편하게 생각하는가 하면 반대로 느끼는 부모들도 있다. 이것은 부모의 발달 과정 중 앞 단계에서 해결되지 못한 문제가 있기 때문일 가능성이 크다. 자기 자신이 힘든 사춘기를 겪은 부모는 자기 아이가 자라서 사춘기가 됐을 때 아이가 겪고 있는 변화를 이해하지 못하고 현실적인 한계를 정하는 것도 힘들어할 수 있다.

엄마나 아빠로서 각기 다른 단계를 밟고 있는 부모들은 아이의 발달 단계에 맞는 기대치를 정하기 전에 자신의 내면을 먼저 돌아볼 필요가 있다. 그래야 자신 있게 합리적인 한계를 제시할 수 있으며 아이도 거부감 없이 받아들인다.

아이가 발달 상 어느 단계에 와 있는지 잘 알고 있는 부모는 아이에게 기대할 수 있는 것들을 효율적으로 결정할 수 있다. 잘못된 행동은 아이의 발달 단계를 알려주는 신호이며 중요한 의미가 담겨 있는 행위다. 잘못을 한 아이는 '나쁜' 아이가 아니라 어떤 문제를 겪고 있는 것이며 그런 행동을 하게 된 동기와 의도를 분명히 파악하도록 도와야 한다. 규칙과 한계 그리고 아이에게 바라는 기대치는 아이의 발달 단계에 맞게 정해져야 한다. 그러면 아이도 부모가 정한 한계를 이해하고, 좌절을 견디고, 다른 사람의 마음을 공감할 수 있다. 그리고 부모는 물론 또래 친구들과도 탄탄하고 지속적인 관계를 형성할 수 있다.

## 5단계 문제 해결하기

앞의 네 단계를 꾸준히 따르면서 점점 자연스럽고 효과적으로 할 수 있게 됐다면 이제 마지막 단계, 즉 문제를 해결할 준비가 된 것이다. 흥미로운 점은 이제는 처음에 드러난 아이의 문제나 특정한 잘못이 시간을 두고 해결해야 할 더 큰 문제의 일부가 되어 있다는 사실이다. 처음에는 아이가 한 잘못에 대해서만 심각하게 생각했는데 이제는 그 뒤에 더욱 중요한 문제가 있을 수 있다는 것을 알게 됐다. 이런 것들이야말로 부모 지능을 활용해서 아이와 함께 궁극적으로 해결해야 할 문제들이다.

문제 해결까지 이어져 있는 부모 지능 5단계는 아이와 탄탄하고, 건강하고, 즐거운 관계를 맺길 원하는 부모들의 바람에 바탕을 둔다. 과거 여러 차례 갈등을 겪으며 나빠진 관계도 회복될 수는 있다. 중요한 것은 다시 노력해서 안정적이고 신뢰할 수 있는 관계를 만드는 것이다. 좋은 관계를 형성하지 않으면 아이가 갖고 있는 문제들도 해결하기 힘들다.

　한 걸음 물러나는 단계부터 문제 해결 단계까지는 순차적으로 나뉘어 있는 것 같지만 필요에 따라 이 단계 저 단계를 오가도 된다. 전 단계에서 부족한 부분이 있으면 문제를 해결하는 과정에 직접적인 영향을 미치기 때문에 그렇게 하는 것이 더 바람직하다. 예를 들어 문제를 해결하는 단계에 와서 부모와 아이가 서로를 탓하며 비난하는 상황이 됐다면 당신이든 아이든 앞 단계로 돌아가 다시 시작해야 한다. 또 다른 예로, 당신이나 아이가 문제 해결 과정에서 한 행동이 의도적인 공격 행위인지, 권위적인 행동인지, 힘겨루기인지 고려해야 할 상황이라면 역시 앞 단계로 돌아가 시작해야 한다. 당신이나 아이가 비꼬는 말을 했을 때도 뒤로 돌아가야 한다. 비꼬는 말을 했다는 것은 다른 문제가 있을 가능성이 크기 때문이다. 그 문제를 먼저 짚어낸 다음 새로 익힌 기술(아이의 마음 헤아리기 등)을 이용해서 왜 그런 말을 하게 됐는지 밝혀내자. 당신이 자꾸 빈정거리게 되거나 화가 나거나 평소보다 더 초조하거나 불안하다면 한 걸음 물러나 잠재돼 있는 문제가 무엇인지 잘 생각해보자. 이런 경우들이 생기면 문제를 해결하는 단계에 왔다 해도 잠시 멈추고 당신과 아이가 한 행동들을 먼저 파악하는 것이 바람직하다.

문제를 해결하는 단계에서는 현실에 대한 당신과 아이의 관점을 더욱 깊이 생각해야 한다. 서로의 입장에서 문제를 볼 수 있게 됐다면 이제 함께 해결할 준비가 된 것이다.

관점에 대해 좀 더 생각해보자. 이 시점에서는 자신의 내면을 다시 들여다봐야 할 필요가 있다. 어쩌면 당신은 어릴 때 당신이 가졌던 것과 아이의 관점이 비슷하다는 것을 갑자기 깨닫게 될 수도 있다. 정말로 깨달았다면 잠시 멈춰서 당신 자신과 아이에 대해 더욱 잘 이해할 수 있게 된다. 또 처음에는 무조건 아이를 이해하고 싶지 않았을 수도 있다. 이전에도 같은 문제 때문에 당신을 화나게 해서 떠올리고 싶지 않기 때문이다. 과거의 사건과 감정을 다시 돌이켜보면 현재의 사건을 다시 생각해볼 수 있다. 그러면 아이가 왜 그런 행동을 했는지 이해할 수 있고 함께 문제를 해결할 수 있게 된다.

때로는 해결해야 할 문제가 어떤 사건이나 잘못이 아니라, 당신과 아이가 대화를 나누는 방식일 수도 있다. 과거의 일 때문에 그렇다는 것을 두 사람 모두 깨닫게 되면 점차 서로의 입장을 공감할 수 있을 것이다.

다시 말하지만, 문제를 효과적으로 해결하려면 당신과 아이의 마음을 모두 파악하도록 노력해야 한다. 당신뿐만 아니라 아이의 관점에서도 상황을 바라볼 수 있어야 한다는 뜻이다. 아이가 어떤 마음으로 그랬는지 이해하고 공감했다는 것을 알려주면 아이도 즉시 화답할 것이다. 아이의 입장에서 생각하고 충분히 이해하지 못하면 함께 문제를 해결할 수 없다.

아이 역시 부모의 시각을 이해하도록 노력하는 자세가 필요하다.

부모와 아이가 서로의 시각을 포용하지 못했다면 일단 그 문제부터 정리한 다음 문제 해결 단계로 넘어가야 한다.

문제를 해결하는 단계에서도 아이의 발달 단계를 고려하는 일은 중요하다. 그래야 문제와 관련해서 아이가 어떤 능력과 기술을 갖고 있는지 파악할 수 있기 때문이다.

말과 행동, 표정을 통한 의사소통은 기분과 기질에 영향을 받는다. 알다시피 사람의 기분은 하루하루 또 매순간 바뀔 수 있다. 문제를 해결하는 단계에 와서도 늘 순조로운 대화가 오가는 것은 아니며 때로는 어색하고 불편해질 수도 있다. 당신과 아이 모두 불편한 상황이 많을 거란 생각이 들어도 단념하지 말고 계속 노력해야 한다.

문제를 해결하는 목적은 서로의 행동에 담긴 의미를 알기 위함이다. 나중에 결과를 보면, 서로가 상대방의 의도를 전혀 몰랐음을 깨닫게 될 때가 많다. 문제에 대한 오해를 풀기 위해 각자의 생각을 차례로 교환하다 보면 서로가 어떤 마음이었는지 알 수 있다.

오해가 풀리면 여러 이점들이 생긴다. 부모와 아이는 훨씬 효율적으로 생각의 차이를 바로잡고 긍정적인 관계로 발전시킬 수 있다. 또 새롭게 익힌 대처 기술 덕분에 앞으로도 순조로운 의사소통이 이루어질 거라고 기대할 수 있게 된다.

문제를 해결하는 데는 시간이 걸린다. 인내심을 갖고 꾸준히 노력하기란 사실 힘든 일이다. 어떤 계획이든 다 그렇지만 계획은 실천할 때 비로소 의미가 있다. 실질적인 문제를 찾아내는 데만도 오랜 시간이 걸렸음을 잊지 말자. 문제를 바로잡는 데도 시간이 걸린다. 힘들더라도, 문제는 반드시 해결될 것이며 아이와의 관계도 회복될 거라는 믿음을 갖자. 이런 노력 없이는 모든 것이 한순간에 무너져버릴 수도 있다. 진심으로 노력하면서 얼마나 사랑하는지 보여주자. 그러면 아이도 그 마음을 느끼고 끈기 있게 따라올 것이다. 당신과 아이가 문제를 잘 해결하겠다는 의지가 있다면 모두에게 이로운 방향으로 해결될 가능성은 더욱 높아진다.

가족의 구조는 최근 몇십 년 사이 계속 바뀌고 있다. 요즘은 엄마든 아빠든 가족과 떨어져 지내는 시간에 회의를 느끼고 직장에서 보내는 시간과 아이들과 보내는 시간의 균형을 맞추려고 노력하는 추세다. 부모가 모두 일하든 한 사람만 일하든 상관없이, 어쨌든 과거의 부모들보다는 아이들과 더 많은 시간을 보내고 있다. 그래서 아이와 함께 문제를 해결하는 단계에 전념할 수 있는 기회도 더 많다.

아이들에게는 문제를 해결하는 것도 발달하는 과정이고 중요한 기술을 습득하는 것이다. 상대방과의 상호작용은 대인관계에 필요한 기술을 발달시킨다. 부모로서 이 과정을 아이와 함께하다 보면 서로 협력적인 관계가 마련되는 것을 실감할 수 있을 것이다. 이렇게 되기 위해서는 결국 부모 지능의 모든 단계를 바르게 실천하면서 아이와 긍정적인 관계가 되도록 노력해야 한다.

문제를 해결하는 단계는 서로 주고받는 과정이다. 사실 이 단계에서는 관계가 중심을 이룬다. 처음 한 잘못에 어떤 문제가 감춰져 있는지 부모가 알아주는 모습을 보이면 아이는 자신이 이해받고 있다는 생각에 마음을 열고 부모가 하는 말에 더욱 귀를 기울이게 된다. 또 부모가 자신의 입장에서 생각하고, 자신의 기분을 알고 싶어 하고, 어떤 문제를 겪고 있는지 알고 있다는 느낌이 들면 아이들은 마음을 놓는다. 한편 부모도 아이와 솔직한 대화를 주고받는 기분이 들면 서서히 긴장을 풀고 서로를 공감하는 정직한 의사소통이 이루어지고 있음을 믿게 된다.

가장 이상적인 경우는 엄마와 아빠 모두 부모 지능을 활용해서 열린 태도로 아이와 소통하는 것이다. 그렇지 않으면 부모 중 5단계를 완벽히 따른 사람만 문제 해결에 성공할 수 있다.

**정리**

어떻게 보면 이 5단계 중 문제를 해결하는 단계가 가장 중요해 보일 수 있다. 하지만 문제를 잘 해결하기 위해서는 앞 단계들도 똑같이 중요하게 여겨야 한다. 앞 단계들을 거치지 않으면 본질적인 문제가 무엇인지 알 수 없기 때문이다.

부모 지능은 별로 문제를 해결하는 대신 관계에 중심을 두고 아이를 키우는 방식에 꼭 필요하다. 부모 지능을 발휘하면 아이의 행동에 대한 발언권을 잃는 것이 아니라 오히려 행동 뒤에 담긴 여러 가지 이유와 맥락, 실천 가능한 방법들을 파악해서 아이 스스로 행동을 바꾸게 하거나 관점을 고치도록 도울 수 있다.

부모 지능이 발휘되면 부모와 아이 모두 당면한 상황만 해결하기 위해서가 아니라 서로를 진심으로 이해해주길 바라는 마음에서 각자의 문제를 편안하게 말할 수 있게 된다. 이럴 때 부모의 목표는 아이의 행동에 담긴 의미를 파악하는 것은 물론 아이가 자신의 감정을 제대로 파악하고, 논리적인 사고를 하고, 발달 단계에 따른 문제를 극복하고, 사람들과 토론하는 기술을 익히도록 돕는 것이다. 부모가 한 걸음 물러나 자신을 돌아보고, 아이의 마음을 헤아리고, 아이의 발달 수준이 어느 정도인지 올바로 파악하면 잘못된 행동 뒤에 감춰진 의미가 더욱 명확해지며 실질적인 문제도 해결될 수 있다. 부모와 아이의 상호 작용이 원활하고 서로의 걱정거리가 공유되는 안정적인 관계에서는 문제가 생겨도 이내 해결할 수 있다.

반면 유대가 약하고 애착이 부족한 관계는 문제 해결이 훨씬 어려워진다. 부모와 아이가 서로 협력하지도 믿지도 않기 때문이다. 아이는 자신이 보내는 신호나 감정들을 부모가 알거라고 기대하지 않는다. 그래서 뭔가를 의논하고 싶어 하지도 않는다. 부모 역시 아이가 자신의 말을 귀담아 듣지 않고 의논하고 싶어 하지도 않을 거라고 생각한다. 이런 불신 상태를 바로잡고 좀 더 안정적인 관계로 나아가기 위해서는 전문적인 치료가 필요할 수도 있다.

본격적으로 문제를 해결해야 할 때에 회피 전략을 쓰는 부모와 아이도 있다. 화제를 돌리거나, 이곳저곳을 돌아다니거나, 입을 다물어버리거나, 감정을 숨기거나, 대화가 차단될 방법을 찾는 것이다. 이럴 때 감정이입이 필요하다. 부모는 아이가 상황을 회피하고 있음을 명확히 지적하고 그 이유를 알아내기 위해 노력해야 한다.

잘못된 행동이 되풀이되는 것은 부모가 그 행동에 담긴 근본적인 문제를 무심코 회피했기 때문일 수 있다. 또 어린 아이들은 어른만큼 생각이 빠르거나 조리 있게 말하지 못한다는 것도 염두에 두어야 한다. 그러므로 잠시 멈추고 침묵에 잠기는 것을 허용해야 하는 경우도 있다. 아이가 토론 중인 문제를 받아들이고 자기 의견을 말하기 전에 부모가 훈계하거나 가르치려고 들어서는 안 된다. 사춘기 아이들 역시 부모의 설교를 피하기 위해, 논의를 벗어나거나 '인생철학' 같은 주제로 화제를 돌리면 안 된다.

부모와 아이가 서로 협력하고, 긍정적인 관계에 초점을 맞추고, 서로의 입장을 이해하면 특히 부모가 아이의 행동에 담긴 의미를 가장 우선시하며 찾으려 노력하면 차원이 다른 소통이 이루질 수 있다. 그리고 서로가 만족할 수 있는 방법으로 문제를 해결할 수 있다.

## 부모 지능 깨우기

부모들은 부모 지능을 깨우는 과정을 거치며 자신은 물론 아이에 대해서도 많은 것을 알게 된다. 즉 아이의 내부에서 벌어지는 일들을 파악하기 위해 자신의 내면을 들여다보는 힘든 일도 마다하지 않는다는 뜻이다. 경우에 따라 관계가 무너지는 것은 피할 수 없지만 바로잡기 위해 꾸준히 노력하다 보면 안정적이고 탄탄한 관계로 회복될 수 있다. 아이는 자신의 다채로운 감정들을 헤아리기 위해 노력하는 모습을 보면서 부모를 믿게 된다. 기쁨을 공유하며 문제가 해결되면 존경과 신뢰도 얻을 수 있다.

부모마다 더 쉽거나 어렵게 느끼는 단계가 있을 것이다. 이 과정을 시작하기 전에 형성된 공감 정도가 다 다르기 때문이다. 이 여정을 따르며 아이의 행동에 담긴 의미를 해독하는 법을 배우면 그 뒤에 감춰진 훨씬 중요한 문제를 찾을 수 있다.

의미를 찾는 것은 무척 심오한 일이다. 아기 때부터 십대에 이르기까지 부모로서 아이를 보는 시각이 바뀔 수 있고 가장 근본적으로는 자신에 대한 시각도 바뀔 수 있기 때문이다. 부모 지능을 깨우면 자신을 깊이 성찰하는 사람이 될 수 있다. 아이의 참모습을 이해하고 어떤 식으로 생각하는지 알기 위해 자기 자신부터 들여다보는 것이다. 그러면서 부모는 자신과 아이가 생각하는 것들 그리고 그런 사고가 일어나는 과정에 대해 알게 된다.

부모 지능을 깨우는 것은 부모로서 새로운 삶을 시작하는 것과 같다. 그렇게 되면 가족들이 서로 관심을 갖고 돕게 되며, 오랜 시간과 노력이 필요한 문제도 바르게 보고 해결할 수 있다.

이제 다양한 배경을 가진 용감한 엄마와 아빠들이 겪은 사례 여덟 편을 살펴보자. 이 사례들을 읽으면 이들이 아이의 잘못을 기회로 삼아 부모 지능의 5단계를 거치며 어떻게 아이를 이해하게 됐는지 알 수 있을 것이다.

PARENTAL INTELLIGENCE

# 제4장

# 아이의 행동을
# 오해하는
# 부모

엄마가 불안해하면 아기들도 다 느낀답니다.
그래서 아기도 불안해하죠.
그렇게 서로를 느끼는 거예요.

## 갓 태어난 라라

열아홉 살 클라우디아와 콜은 클라우디아가 임신한 사실을 알고 곧바로 결혼했다. 꼬박 3년 째 만나온 그들은 고등학교를 졸업한 지 1년밖에 되지 않았다. 두 사람은 일을 하고 있었고 클라우디아는 지역에 있는 전문대학도 다녔다. 언젠가 결혼을 할 수도 있다는 생각을 안 해본 건 아니지만 임신 사실을 알기 전까진 한 번도 얘기해보지 않았다. 솔직히 두 사람은 아이를 가질 생각이 없었다. 양쪽 부모들에게 정서적인 문제가 있었기 때문에 자신들은 아이를 잘 키우지 못할 거라 생각했기 때문이다. 하지만 정작 아기가 생기자 두 사람은 놀란 와중에도 지금껏 만나온 중 가장 진심 어린 대화를 나눴고 결국 아기를 낳기로 결정했다. 그리고 허름한 동네에 방 두 칸짜리 아파트를 얻어 가정을 꾸렸다.

클라우디아의 엄마는 늘 걱정을 달고 살았고 공황 발작도 자주 일으켰다. 감정 기복이 심했던 아빠는 클라우디아가 열세 살 되던 해집을 나가서 아무 때나 한번씩 찾아오는 게 전부였다. 클라우디아는 초등학생 때부터 집안일을 했다. 집안에 한번씩 폭풍이 몰아칠 때마다 가사 일을 봐주던 아주머니들이 그만둬버렸기 때문이다. 클라우디아는 재잘거리며 말하는 것을 좋아했고 엄마가 원하는 모습의 딸이 되기 위해 늘 노력했다. 열여섯 살 때부터는 커피 전문점에서 아르바이트를 하면서 고등학교를 다녔고 성적은 평균 정도였다. 원래 똑똑해서 더 잘할 수 있었지만 일을 하고 엄마를 돕느라 공부할 시간이 별로 없었다. 체계적이진 못해도 책임감이 강했고, 하도 신경써야 할 데가 많아 하루하루를 겨우 살아갔다. 엄마는 딸을 사랑했지만 자기 안으로 침잠해버리거나 변덕을 부릴 때가 많았다. 콜을 만난 것은 고등학교 2학년 때였다. 콜은 클라우디아의 허한 마음을 따뜻하게 채워줬고 졸업할 때까지 서로에게 헌신했다. 여성 사업가가 꿈이었던 클라우디아는 계속 커피 전문점에서 일하며 언젠가는 매니저가 될 수 있을 거라는 희망을 갖고 있었다. 졸업 후에는 정식 직원이 되어 일했고 지역 대학의 경영학 과정도 등록했다. 그녀는 몹시 열정적이고 부지런한 사람이었다. 그러나 임신한 사실을 알았을 때 받은 충격은 엄청났다.

콜의 부모는 겨우 열다섯 살 때 콜을 가졌고 그가 태어나기 전에 헤어졌다. 그래서 콜은 엄마와 함께 외가에서 살았다. 아빠는 고등학교를 졸업한 뒤 어디론가 떠나버렸기 때문에 아빠 노릇을 한 적이 한번도 없었다. 콜은 할머니와 할아버지를 무척 사랑했고, 열아홉 살이 되면서부터는 엄마를 이해하기 시작했다. 서른 네 살인 엄마는 이제야 서서히 자신의 삶을 회복하는 중이었다. 클라우디아를 만난 콜은 꿈을 꾸듯 달콤하고 낭만적인 기분을 느끼며 그녀가 자신의 진정한 연인이라 생각했다. 그는 클라우디아가 자신을 깊이 사랑한다는 것을 알았다. 그리고 열심히 일하면 결혼해도 잘 살 수 있을 거라고 믿었다. 할머니와 할아버지가 많은 일을 겪으면서도 서로 의지하며 사는 것을 보고 자신도 그렇게 살고 싶었다.

클라우디아는 임신 기간 내내 건강했다. 큰 키와 탄탄한 체격 덕분에 견디기가 수월했고 역시 180센티미터가 넘는 키에 근육으로 단련된 콜도 어느 때보다 그녀를 애지중지 아껴줬다. 산부인과 상담을 통해 임신 기간 동안 어떻게 지내야 하는지 배웠고 3개월이 지나면서부터는 임신에 관한 공부를 많이 하라는 조언도 들었다. 하지만 클라우디아는 점점 정신적인 스트레스를 받았다.

임신 3개월쯤 되자 초음파 사진으로 아기가 확실하게 보였고 임신했다는 것이 실감나기 시작했다. 7개월째 접어들 무렵에는 클라우디아의 엄마가 아기 옷들과 가구를 선물해 이들 부부를 놀라게 했다. 고마운 일이었지만 이제 곧 부모가 된다는 현실은 더 이상 부인할 수 없게 됐다. 아기 방은 말 그대로 엉망이었다. 아기 침대에는 옷상자들과 장난감들이 산더미처럼 쌓였고 방구석에는 기저귀 바구니들이 팽개쳐져 있었으며 바닥에는 세탁할 옷들이 흩어져 있었다. 클라우디아와 콜은 임신 내내 잘 견뎠지만 아기를 키울 계획은 좀처럼 세우지 못했다. 마침 그 학기 수업은 다 끝나서 여름에는 학교에 가지 않게 됐다. 커피 전문점에서는 8주간의 출산 휴가를 줬고 콜이 일하는 곳에서도 그에게 2주간의 휴가를 주기로 했다. 이것이 그들이 세운 계획의 전부였다.

어느 날 밤, 갑자기 엄청난 불안과 두려움이 밀려온 클라우디아는 콜과 내린 결정을 바꾸진 않겠지만 자신이 아기를 원하지 않는 것 같다고 말했다. 울음이 좀 잦아들자 그녀는 아기 이름을 '라라'라고 지어도 될지 힘없이 물었다. 그 이름을 가진 예쁜 여배우를 좋아하기 때문이라고 했다. 그런 식으로 이름을 짓는 것은 좋지 않다는 것을 알았지만 더 이상 생각하고 싶지 않았다. 콜은 곧바로 동의했다. 사실 콜은 아기 이름을 생각해보지도 않았고 그저 아내를 위로해주고 싶을 뿐이었다. 라라가 태어난 첫 주는 콜의 할머니가 도와주기로 했지만 잘 곳이 마땅치 않았다. 할머니가 와준다는 것에 두 사람은 다소나마 안도를 느꼈다. 사실 이들은 여전히 부모의 보살핌이 필요한 나이에 아기를 가진 것이다.

한밤중에 진통이 와 서둘러 병원에 간지 두 시간 만에 클라우디아는 4.3킬로그램의 건강한 딸을 출산했다. 분만실에서 아기를 안았을 때 그녀는 방향 감각을 잃은 사람처럼 멍해 보였다. 그러자 간호사가 조금 더 침착해 보이는 콜에게 아기를 넘겨줬다. 콜은 조심스럽게 아기를 안아들었지만 간호사가 다시 아기를 데려가자 그제야 마음을 놓는 것 같았다. 두 사람은 아기에게 분유를 먹이기로 했다. 그들의 의사를 확인한 간호사는 라라를 신생아실에 데리고 갔다가 분유를 먹이고 기저귀를 갈 때만 클라우디아가 있는 방으로 데려왔다.

클라우디아와 콜은 의식하지 못했지만, 민감한 간호사는 아직 십대인 아기 엄마가 무심한 표정을 짓거나 멍해 있을 때가 많다는 것을 알아차렸다. 그래서 클라우디아가 퇴원하기 전에 준비시켜야 할 것이 많을 것 같다고 수간호사에게 말했다. 또 이들 부부와 함께 아기

돌볼 일을 상의할 사회복지사와도 이야기를 나눴다.

클라우디아와 콜, 라라는 드디어 집으로 돌아왔다. 이 부부가 다시 일을 시작하면 은퇴한 조산원이 저렴한 비용으로 라라를 봐주기로 했다. 아파트에서 그들을 기다리고 있던 콜의 할머니는 아기 방을 정리하고 분유를 먹일 젖병도 몇 개 준비해줬다.

## 1단계  한 걸음 물러나기

라라가 병원 신생아실에 있을 때 간호사들은 아기가 순하다며 무척 예뻐했다. 라라는 다른 아기에 비해 크고 토실토실했으며 분유도 한번에 충분히 먹었다. 신생아들은 대부분 태어난 직후 몸무게가 줄어드는데 라라는 잠도 잘 자서 약간 늘었다. 하지만 집에 온 라라는 다른 아기 같았다. 젖병을 물려주지 않으면 끊임없이 울었다. 클라우디아는 늘 방전된 기분을 느꼈고 잠이 부족했으며 아기를 달래지도 못했다. 콜은 교대로 젖을 먹여주는 것 외에 다른 도움은 주지 못했다. 콜의 할머니는 쉽게 지치는 편이어서 처음 며칠만 와서 도와줬을 뿐 조산원에게 연락하라고 했다. 클라우디아의 엄마는 딸의 집을 찾아와서 앞으로 넉 달 동안 조산원 비용을 대주겠다고 했다.

클라우디아와 아기는 서로에게 악영향을 미쳤다. 아기가 울어댈수록 아기 엄마의 불안증은 커져갔다. 라라를 재울 때 클라우디아는 미친 사람처럼 아기를 흔들었고 젖을 먹일 때는 젖병 꼭지를 거칠게 밀어 넣었다. 그리고 계속 조용히 하라고 명령하듯 말했다. 라라는 한

번 잘 때 두 시간 정도 밖에 안 잤지만 6주 후 정기 검진 때 몸무게는 늘어 있었다. 콜은 다시 일을 시작했고 그의 할머니는 이 핑계 저 핑계를 대며 더 이상 집에 오지 않았다. 클라우디아는 혼자였고 겁이 났다. 몇 달 전만 해도 그녀는 자신감이 넘쳤다. 막 부지배인으로 승진했고 학교 성적도 좋았다. 그토록 자신만만하던 여성은 이제 간곳없이 사라져버렸다. 그녀는 무기력했고 엄마로서도 부족했다. 자신이 끔찍한 엄마라고 생각하면서도 도와줄 만한 사람에게 전화하는 것은 미루고 있었다. 그런 훌륭한 자격증을 갖고 있는 사람이 자신을 혹독하게 비난할까 봐 두려웠던 것이다. 결국 클라우디아는 직장에 복귀할 날을 2주 앞두고 전화를 걸었다. 짜증스럽게 울어대는 라라를 달래지 못할 때마다 그녀는 매번 위기에 빠진 기분이 들었다. 육아전문가인 리디아는 바로 다음 날 와주기로 했다. 아기가 너무 까다로워 하루 종일 울어댄다고 말하는 클라우디아의 목소리에서 위급함을 느꼈기 때문이다.

다음 날 아침 활기찬 모습으로 나타난 리디아는 아기 엄마의 부스스한 모습과 잔뜩 어질러진 집안에는 눈길도 주지 않았다. 빨래가 수북이 쌓여 있고, 쓰레기통은 넘쳐나고, 싱크대에는 씻어야 할 그릇이 가득하고, 여기저기 아기 장난감들이 떨어져 있었지만 그녀는 조금도 당황하지 않았다. 리디아가 본 것은 아직 엄마 될 준비가 안 된, 피곤에 찌들고 지친 한 십대 소녀였다. 그녀는 클라우디아가 젖을 먹일 때 아기 눈을 바라보지 않는다는 것 그리고 라라를 갓 태어난 아기가 아니라 서너 살은 된 아이처럼 대한다는 것을 즉시 알아차렸다. 그녀는 돌봐야 할 아이가 둘이라는 것을 직감했고 그 둘의 불안한 유대도 눈치챘다. 집안 어디든 거의 늘 라라를 안고 다니는 클라우디아를 보며, 사실은 그 둘이 포근히 안기는 기분을 얼마나 절실히 원하는지도 알아차렸다.

클라우디아의 자신감을 해치고 싶지 않았던 리디아는 자신이 육아를 도맡아서 '더 좋은 엄마'가 되려는 생각은 하지 않았다. 하지만 라라와 단 둘이 있게 되자 조용하고 다정한 목소리를 들려주면 라라가 쉽게 진정된다는 것을 알 수 있었다. 클라우디아는 아기를 달랠 수 없을 것 같을 때마다 장난감을 줬고 젖병이나 고무젖꼭지를 물리기도 했다. 클라우디아가 방으로 돌아오자 라라가 다시 칭얼거리기 시작했지만 리디아는 침착하게 이렇게 말했다.

"클라우디아, 무조건 젖병을 주기 전에 잠시 생각해보는 건 어때요? 그냥 가만히 아기를 보면서 아기가 원하는 게 뭔지 생각해보는 거예요."

"바로 젖병을 물리지 않으면 더 크게 울어요. 점점 더 크게, 절대 안 그칠 것처럼 운단 말이에요!"

조금 여유를 가져보라는 말이 힘겹게 느껴진 클라우디아는 불안하고 괴로워 보였다.

"처음에는 그렇게 보일 수 있어요."

리디아는 클라우디아를 안심시키려는 듯 따스하게 말했다.

"그런데 내가 보니까 클라우디아가 말을 하면 라라가 당신을 보더군요. 눈으로 엄마의 목소리를 따라다니는 거죠. 라라에게 말을 해보면 무슨 뜻인지 알거예요."

클라우디아는 망설였다.

"좋아요, 음… 라라, 요즘 어떠니? 왜 그렇게 많이 우는 거니?"

"당신을 보고 있어요."

리디아가 가리켰다.

"뱃속에 있을 때부터 계속 당신 목소리를 들었잖아요. 그래서 지금 알아보는 거예요."

"정말요? 너무 놀라워요!"

클라우디아는 이렇게 외치며 자신이 걱정하던 것을 잠시 잊는 듯했다.

"계속 말해봐요. 이번에는 높낮이를 좀 다르게 해서."

클라우디아는 얼굴을 찡그렸다.

"당신이 라라에게 하는 것처럼 그렇게 웃기게요?"

"맞아요. 웃기게 들릴 수도 있죠. 그런데 아기들은 그런 말투를 좋아해요. 자, 한번 해봐요."

클라우디아는 부끄러워하면서 리디아가 하는 것처럼 노래를 부르듯 말을 해봤다. 그랬더니 라라가 구구 소리를 내며 조금씩 좋아하기 시작했다. 클라우디아는 보일 듯 말 듯한 미소를 지으며 아기를 바라봤다. 정말 신기했다. 두근거리는 가슴으로 라라를 안아들자 칭얼거리던 아기가 잠잠해졌다. 이런 평화로운 모습은 몇 주 만에 처음이었다. 리디아는 클라우디아가 한 걸음 물러나 여유를 가진 덕분에 라라를 제대로 보게 됐다고 생각하며 둘만 남겨두고 방을 나갔다. 그리고 시간이 좀 더 지나면, 라라가 꼭 젖병을 물고 싶어서 우는 것이 아니라 관심을 받고 싶거나 엄마를 가깝게 느끼고 싶거나 대화를 하고 싶을 때도 운다는 것을 배우게 될 거라고 확신했다. 리디아가 보기에 클라우디아는 기꺼이 배울 뜻이 있는 것 같았고, 자신을 괴롭히는 걱정들만 사라지면 따스한 엄마가 될 가능성이 충분해 보였다. 클라우디아는 아기들과도 대화를 할 수 있으며, 엄마의 목소리에 따라 아기가 받아들이는 내용이 달라진다는 것도 알게 될 터였다. 하지만 이렇게 되려면 자신이 먼저 클라우디아를 편하게 만들어줘야 한다고 생각했다. 클라우디아가 여유를 갖고 아기를 따스하게 대할 수 있을 때 이 모든 일이 가능한 것이다.

## 2단계 자기 내면 돌아보기

2주 뒤 라라는 태어난 지 3개월이 됐다. 클라우디아는 아기와 함께 있는 시간이 조금씩 평화로워졌고 어쩌면 라라가 자신을 좋아할지 모른다는 느낌도 들었다. 이런 상태에서 그녀는 직장에 복귀했고 대학은 한 학기 쉬기로 했다. 태어난 지 얼마 안 된 라라와 조금이라도 더 시간을 보내고 싶었기 때문이다. 클라우디아는 아침 8시부터 오후 3시까지 점심시간도 없이 일했다. 그러면 하루 근무 시간을 채우고 오후에는 라라와 지낼 수 있었다. 리디아는 오후 6시에 돌아갔고 그 뒤부터는 클라우디와 콜 둘이서만 라라를 돌봤다.

이 몇 달 동안 클라우디아는 정서적으로 몹시 예민해졌다. 언젠가 길고 길었던 한 주가 끝나갈 무렵 그녀는 자신의 기분을 리디아에게 마음껏 쏟아냈다.

"리디아, 라라가 내 목소리를 따라다닌다고 했죠? 하지만 라라는 저보다 당신을 더 좋아하는 것 같아요. 당신 목소리가 들리면 구구 소리도 내고 까르륵 웃기도 하지만 나랑 있을 때는 울기만 해요. 그럴 때 바로 젖병을 물려주면 울음을 그치지만, 이젠 라라가 원하는 것이 젖병만은 아니라는 걸 알게 됐죠. 당신이 없는 한밤중에 가끔 고개를 돌리고 젖병을 밀어내기도 해요."

이런 반응은 사실 많은 엄마들의 전형적인 모습이다. 유모처럼 아기를 봐주는 사람이 있으면 아이가 그 사람을 더 좋아할까 봐 불안해하는 것이다. 하지만 리디아는 클라우디아에게 또 다른 문제가 있는지 알고 싶었다.

"오, 그럼 라라가 고개를 돌리는 것을 알아봤군요? 잘했어요. 라라는 엄마에게 뭔가를 말하는 거예요. 당신도 무슨 뜻인지 알고 싶어하고요. 자, 그럴 때 라라가 원하는 것이 뭐라고 생각해요?"

리디아는 클라우디아가 아기에 대해 생각하는 폭을 넓혀주기 위해 이렇게 물었다.

"저는 아닌 것 같아요!"

갑자기 클라우디아가 버럭 소리를 질렀다.

"그래서 콜을 불러요. 콜은 아기를 안고 낮은 소리로 콧노래를 불러주죠. 그러면 라라가 잠잠해져요. 그런 다음 제가 안으면 울음을 그치긴 하지만 배가 고픈 것 같지는 않아요. 분명 지쳐 보이는데 왜 그렇게 잠을 못 자는 걸까요? 저한테는 너무나 어려운 문제에요. 뭘 어떻게 해야 할지 도저히 모르겠어요."

감정에 복받친 클라우디아는 한숨을 쉬며 울기 시작했다. 그때 아기 침대에서 자고 있던 라라가 깼는지 구구 소리를 내기 시작했다.

두 사람은 함께 아기 방으로 갔고, 리디아는 클라우디아에게 아기를 잠시 지켜보라고 했다. 클라우디아는 골똘한 표정으로 라라를 바라봤다.

"자기 손을 갖고 노는 게 재미있나 봐요. 보세요, 잠에서 깼는데도 나를 찾지 않잖아요."

"음, 먼저 당신이 말했던 것부터 생각해보죠."

리디아가 말했다.

"콜이 낮게 콧노래를 불러주면 라라가 잠잠해지고 그러다 당신이 안아들면 더 조용해진다고 했죠. 그 말은 라라가 아빠의 콧노래를 듣고 진정이 되면 엄마가 안아주기를 바라는 것처럼 들리네요. 젖을 달라거나 기저귀를 갈아 달라는 게 아니라 당신과 가깝게 붙어 있고 싶은 거예요. 엄마 품에 안기는 것이 어떤 느낌인지 알기 때문에 그걸 느끼고 싶어서 깨는 거죠."

"하지만 내가 안아준다고 늘 울음을 그치는 건 아니에요. 울음은 그쳐도 얼굴은 계속 찡그리고 있어요."

클라우디아는 리디아의 논리를 받아들이기 위해 애쓰며 이렇게 말했다.

"가끔 라라를 안고 있으면 불안한 기분이 들면서 몸이 떨릴 때가 있어요. 그러면 라라가 울어요. 낯선 사람처럼 느끼는 것 같아요."

"오, 이건 정말 확실한 발전이네요. 맞아요. 엄마가 불안해하면 아기들도 다 느낀답니다. 그래서 아기도 불안해하죠. 그렇게 서로를 느끼는 거예요."

리디아는 엄마가 불안해하면 아기도 힘들어한다는 말을 클라우디아가 어떻게 받아들일지 잠시 말을 멈추고 기다렸다.

클라우디아는 두려움으로 얼굴이 하얗게 질렸다.

"그렇다면, 내가 불안해하면 라라도 그걸 느낀다는 건가요? 내 몸의 떨림으로?"

리디아가 보기에 클라우디아는 자신의 불안을 조절하는 법을 배우고, 아기도 진정시킬 수 있다는 자신감을 가져야 할 것 같았다.

"맞아요. 하지만 그런 기분이 들 때 숨을 천천히 쉬면서 아기와 함께 조용히 앉아 있으면 당신과 아기 모두 마음이 가라앉고 편안해지는 기분이 들 거예요."

그 말에 다시 얼굴색을 찾은 클라우디아는 깊은 생각에 잠겼다. 다행히 그녀는 말을 잘 알아듣고 마음도 닫혀 있지 않아서 리디아의 말과 따스한 배려를 아무 거부감 없이 받아들이고 의지했다.

"와, 그런 기분 알아요. 내가 어릴 때, 그러니까 한 다섯, 여섯 살쯤 됐을 때 엄마는 공황 발작을 겪고 있었죠. 그럴 때 저는 너무나 불안해서 울음을 터뜨리곤 했어요. 그때 집안일을 해주던 아주머니 몇 분이 나를 가엾게 여기고 안아줬어요. 하지만 내가 그런 상황에 익숙해지고 마음이 안정되기 시작하면 그분들은 떠나버렸어요. 변덕스러운 엄마를 참아내기가 힘들었을 거예요. 저는 엄마처럼 되고 싶지 않아요. 라라는 내가 곁에 있어야 편안해해요. 맞죠?"

"그럼요. 라라가 내는 소리나 동작이 무슨 뜻인지 알기 힘들면 불안해질 때도 있을 거예요. 어려운 일 맞아요. 지금처럼 아기가 손발을 갖고 놀거나 모빌을 보며 즐거워하면 당신은 아기가 당신을 원하지 않는다고 생각할 수도 있겠죠. 하지만 사실은 잠에서 깼을 때 기분이 좋아서 자신을 둘러싼 세상을 탐험하는 거예요. 배우고 있는 거죠. 당신을 원하지 않아서 그러는 게 아니라 주변에 보이는 것, 들리는 것 또 자기 몸을 알아가면서 혼자 노는 거예요. 호기심이 많은 아기죠. 이건 참 좋은 점이에요. 라라를 자랑스러워해도 되겠어요.”

“정말 놀랍네요. 잘했어, 라라!”

클라우디아는 라라가 똑똑하다는 뜻으로 알아듣고 활짝 웃었다.

“그럼 이제 왜 자꾸 아기가 당신을 원하지 않는 것 같은 기분이 드는지 생각해볼까요?”

클라우디아는 이마를 찡그리고 눈을 가늘게 뜨면서 다시 골똘한 표정이 됐다.

“음, 어릴 때 가사 도우미 아주머니들이 전부 날 싫어한다고 생각했어요. 그분들이 자꾸 떠나는 걸 보면서 내가 내릴 수 있는 유일한 결론이었죠. 발작이 일어날 때면 엄마는 늘 방에서 나가거나 나한테 나가라고 소리를 질렀어요. 그런데 저는 이해할 수가 없었어요. 이 세상에는 날 돌봐줘야 한다고 생각하는 사람이 아무도 없는 것 같았거든요. 저는 늘 내가 뭘 잘못했을 거라고 생각했지만 그게 뭔지도 몰랐어요. 어린 소녀에게는 너무나 혼란스러운 상황이었고 누구하나 물어볼 사람도 없었죠. 그저 모든 것이 빠르게 바뀌는 느낌이었어요. 그때 저는 지독하게 외로웠고 잔뜩 겁을 먹었던 것 같아요. 우리 집이 너무 부끄러워서 누굴 집에 오라고 불러본 적이 없어요.”

리디아는 그렇게 힘들었던 상황을 다른 관점에서 볼 수 있겠느냐고 물었다. 클라우디아는 잠시 머뭇거리며 자신 없어 했다. 하지만 그녀는 영리했고 통찰력도 있었다.

"과거를 떠올려보면, 모두가 자신만의 걱정거리들이 있었던 것 같아요. 나 때문은 절대 아니었지만 그때는 그렇게 느껴졌죠. 그런 부분과 어떤 관련이 있지 않을까요?"

"잘 들어요, 클라우디아."

리디아가 말했다.

"엄마와 도우미 분들이 당신을 돌봐주지 않으면 당신은 그들이 당신을 싫어한다고 생각했던 것 같군요. 그래서 라라가 세상을 탐험하면서 혼자 놀고 있으면 당신을 원하지 않는다고 생각하게 되고요. 엄마와 살았던 과거와, 라라와 살고 있는 현재를 혼동하고 있는 거예요. 이해할 수 있겠어요?"

그러자 클라우디아가 고개를 숙이며 말했다.

"생각을 좀 많이 해봐야 할 것 같아요. 말은 알아듣겠는데 여전히 혼란스러워요."

리디아의 도움으로 클라우디아는 자신의 내면을 들여다보게 됐고, 과거의 삶이 현재 라라와의 관계를 해석하는 방식에 어떤 영향을 미치는지 곰곰이 생각하기 시작했다. 그녀는 자신이 어릴 때 엄마와 도우미들이 한 행동을 해석하던 대로 라라의 행동을 해석하고 있었다. 또 늘 자신의 관점에서만 다른 사람들의 행동을 이해했었다. 다 자라서는 다른 사람의 입장에서 생각하는 법도 알게 됐지만, 엄마라는 새로운 책임을 갖게 된 것이 너무 힘들고 불안해서 잠시 그 능력을 잃어버린 것이었다. 리디아의 조언 덕분에, 클라우디아는 자신이 알아갈 수 있는 진정한 사람으로 라라를 인식하기 시작했다. 라라는 자신만의 욕구와 관점을 가진 세상에 하나밖에 없는 아기였다.

## 3단계 아이의 마음 헤아리기

아기들은 엄마들이 생각하는 것보다 훨씬 잘 보고 잘 이해한다. 미리엄 세제르(Myriam Szejer) 박사는 자신의 책《아기에게 말하기(Talking to Babies)》에서, 아기들이 엄마의 미소나 활짝 웃는 표정을 얼마나 잘 따라하는지 언급하고 있다. 엄마와 아기는 서로의 표정과 목소리를 기억하면서 서로에 대해 알아간다.

클라우디아는 라라를 걸핏하면 울고, 배고프거나 힘들면 칭얼거리고, 작은 얼굴을 늘 잔뜩 찡그리고 있는 아기로만 인식하고 있는 것이 분명해 보였다. 하지만 그녀는 리디아의 말을 듣고 자신의 아기를 새롭게 보기 시작했다. 그러자 라라는 점점 특별한 아기가 됐다. 때로는 도통 알 수 없는 낯선 존재 같을 때도 있지만, 클라우디아는 점차 라라를 있는 그대로 인정할 수 있게 됐다.

리디아는 라라도 때마다 다른 욕구를 갖는 자기만의 정신세계가 있다는 것을 클라우디아에게 알려주려고 노력했다. 처음에 클라우디아는 아기들은 배불리 먹이기만 하면 된다고 생각했기 때문에 계속 젖병만 물려줬다. 젖병이 소용이 없으면 뭔가 빨고 싶은 거라 생각하고 고무젖꼭지를 집어줬다. 라라의 행동을 어떻게 읽어야 할지는 잘 몰랐지만, 의미가 있는 행동이라는 것은 알고 있었다.

그동안 라라를 달래는 것은 클라우디아에게 가장 어려운 일이었다. 그러나 이제는 그냥 아기를 꼭 안아주거나 상냥하게 말을 걸어주는 것만으로 충분할 때가 있다는 것을 깨달았다. 이것은 엄마 역할에 서툴렀던 클라우디아에게 있어서 대단히 놀라운 발전이었다. 라라는 그 작은 코로 냄새를 맡으며 누가 엄마인지 알았던 것이다.

리디아가 이 집에 와서 처음 본 것처럼, 클라우디아는 젖을 먹일 때 아기를 바라보지 않았다. 그래서 아기의 마음을 읽을 수 있는 중요한 방법을 놓치고 있었다. 응시하는 것. 엄마와 아기는 서로 눈을 맞추며 소통한다.

리디아는 클라우디아가 이 사실을 깨닫도록 도와줬다. 우선 분유를 먹이느라 라라를 안고 있을 때 등 뒤에 베개를 받쳐줬다.

"편안해요?"

"네, 고마워요. 정말 잘 보살펴주시는 것 같아요."

클라우디아는 약간 쑥스러워하면서 미소를 지어보였다.

"음, 엄마가 그렇게 보살핌을 받는 기분을 느끼면 아기도 그런 느낌을 받게 할 수 있어요. 젖을 먹이면서 가만히 아기의 눈을 들여다보세요. 그리고 뭐가 보이는지 말해봐요."

"라라도 저를 봐요! 조금 이상한 말이긴 한데, 음… 꼭 눈으로 나를 빨아들이는 것 같아요."

"그래요?"

리디아가 말을 이었다.

"아기는 이렇게 간절히 엄마의 일부가 되고 싶어 해요. 놀랍죠? 눈으로 당신에게 매달리고 있는 거예요. 그 바람이 너무 강렬해서 당신이 눈길을 돌리는 걸 수도 있어요."

클라우디아는 안도하듯 숨을 내쉬었다.

"그런 건지 정말 몰랐어요. 물론 아기는 너무 작고 혼자서 할 수 있는 것도 거의 없어요. 그래서 날 필요로 하는 일이 너무 많다는 게 힘들었어요. 어쩌면 그래서 콜의 할머니도 우리 집에 오래 있지 못하고 당신에게 빨리 전화하라고 하셨나봐요. 말은 안했지만 사실 그때 저는 아기 때문에 힘들어서 거의 미칠 지경이었거든요. 할머니가 그랬대요. 자신은 벌써 두 사람의 엄마 노릇을 했다고. 콜과 콜의 엄마였죠. 그래서 세 번째는 더 이상 자신이 없다고요."

"엄마가 된다는 것은 대단히 큰일이에요. 감정도 복잡해지죠. 콜의 할머니가 가셨을 때 당신이 얼마나 실망했을지 짐작이 가요. 하지만 당신은 빨리 배우는 사람이고 이제는 라라에 대해서도 알아가고 있어요. 라라에게도 자신만의 정신세계가 있다는 것을 잊지 마세요. 아기가 뭘 바라고 원하는지 알아갈수록 돌보는 것도 더 쉬워질 거예요. 보세요! 젖병을 밀어내며 주변을 보기 시작했어요. 지금 라라는 어떤 상태일까요?"

리디아는 의도적으로 아기의 사소한 행동 하나하나에 클라우디아가 관심을 갖도록 유도했다. 덕분에 클라우디아는 아기를 자세히 관찰하게 됐고 각각의 동작이 의미하는 것들을 창의적으로 생각하기 시작했다.

"이제 배가 부르니 다른 것에 관심이 간다고 말하는 것 같아요."

클라우디아는 젖먹이는 자세를 풀고 라라를 소파에 뉘였다. 그랬더니 라라는 엄마가 흔들어주는 딸랑이를 보고 까르륵 웃었다.

"아기가 웃어줄 때만큼 좋은 건 없어요. 이번 달 들어서는 라라가 좀 더 자주 웃어요. 행복한가봐요. 정말 고마운 일이죠. 어젯밤만 해도 나는 라라가 행복해하는 것을 절대 못 볼 거라고 콜에게 말했는데…."

그날 콜은 이 시간을 함께하지 못했지만, 집에 온 뒤 클라우디아에게 오후에 있었던 일을 모두 전해 들었다. 최근에는 아기와 즐거웠던 순간을 점점 더 자주 이야기하는 클라우디아를 보며 걱정을 덜게 됐다. 그리고 여전히 할 수 있을 때마다 아내를 대신해 라라에게 분유를 먹이고 자주 안아줬다.

## **4단계** 아이의 발달 정도 파악하기

아기는 젖을 빨고, 삼키고, 냄새를 맡고, 안기고, 엄마의 목소리를 듣는 친밀한 행동을 통해 자신을 알아간다. 소아과 의사이자 정신분석학자인 도널드 위니코트(Donald Winnicott)는 그의 책 《종합 보고서: 소아과에서 심리 분석까지(Collected Papers: Through Pediatrics to Psycho-Analysis)》에서, 엄마 없이는 아기도 없다고 언급했다. 그래서 아기 곁에는 늘 엄마가 있으며 그 둘은 서로의 일부다. 유아의 발달을 이해하는 데 있어서 가장 중요한 개념이 바로 이것이다. 클라우디아는 말로 표현하진 못했지만, 자신이 아기에게 얼마나 중요한 존재인지 알았고 이 개념도 이해하고 있었던 것 같다. 그래서 그렇게 불안했던 것일 수도 있다. 그녀가 생각하는 엄마의 자리는 실로 엄청난 것이었다. 그녀에게는 좋은 엄마의 본보기가 되어줄 사람이 없었기 때문에 배워야 할 것이 많았다.

리디아는 클라우디아가 엄마가 되어가는 과정에 아주 중요한 역할을 해줬다. 생후 3개월째 접어들자 라라는 더 자주 미소를 지었고 소리내서 웃기도 했다. 그때마다 리디아는 클라우디아의 곁에 있어줬다. 라라는 엄마를 바라보며 "오오"나 "아~" 같은 소리를 내서 클라우디아를 기쁘게 했다. 라라가 밤에 여섯 시간이나 깨지 않고 잤다고 하자, 리디아는 앞으로 자는 시간이 점점 규칙적으로 바뀌면서 엄마가 쉴 시간도 많아질 거라고 했다. 라라는 엎어서 눕혀놓으면 고개를 들고 주위를 두리번거리길 좋아했고 바로 눕혀놓으면 얼굴 위로 보이는 불빛과 모빌들을 보며 즐거워했다. 또 리디아는 라라가 눈으로 사람들을 좇고 물건을 향해 손을 뻗는 것을 보여줬다. 놀라운 발전이었다.

라라가 태어난 지 100일 쯤 됐을 때, 클라우디아와 콜은 라라가 신이 나서 "꺄악"거리며 눈으로 물체들을 따라다니고 자기 손을 맞잡는 것을 봤다. 어느 날 밤에는 아기 혼자 몸을 뒤집는 것을 보고 깜짝 놀랐다. 리디아는 라라가 보이는 세세한 변화들을 클라우디아가 다 느끼게 해줬고, 클라우디아는 콜에게 그대로 전해줬다. 이들 부부는 딸의 성장에 무척 관심이 많았고 즐거워했다. 라라 역시 부모가 자신에게 몰두하는 것을 느끼고 기뻐하는 듯 했다. 이렇게 되면 아기는 자신이 사랑받고 있음을 느끼며 긍정적인 자아상을 갖게 된다. 지금껏 이런 기분을 못 느끼고 살았던 클라우디아도 점차 자신에 대해 알아가기 시작했다. 자신을 사랑하는 남편과 라라를 보며, 그녀는 생애 처음으로 사랑받는다는 확신을 갖게 됐다.

## 5단계  문제 해결하기

4개월째가 되자 라라는 혼자 앉아 있고 장난감도 움켜잡을 수 있게 됐다. 분유를 먹거나 자야 될 시간이 돼서 다른 방으로 가야할 때 라라는 가끔 장난감을 놓지 않으려고 고집을 부렸다. 클라우디아와 콜은 이 행동을 놓고 의견이 엇갈렸다. 콜은 대수롭지 않게 여기며 장난감도 같이 가져오면 된다는 생각이었다. 한편 클라우디아는 지금부터 부모 말을 듣도록 가르치지 않으면 버릇을 망치게 될 거라고 했다.

그녀는 리디아가 처음 왔을 때를 기억했다. 그때는 라라가 계속 울기만 했기 때문에 '까다로운 아기'라고 생각했었다. 하지만 그 뒤로는 자신이 라라가 우는 이유를 이해하지 못했다는 것을 알게 됐다. 사실 라라는 조금도 까다로운 편이 아니었다. 아기의 울음에는 여러 가지 의미가 있다는 것을 알게 되고 그에 따라 라라의 불만을 조금씩 해결하게 되자, 클라우디아는 아기가 칭얼거리고 우는 것은 의사를 전달하는 방법이라는 것을 알게 됐다. 라라가 장난감을 놓지 않으려는 문제를 당장 해결하지 않으면 '말썽꾸러기'로 자랄 수 있다는 생각이 들긴 했지만, 전과 같은 실수를 반복하고 싶지 않았다.

문제를 해결하는 단계에 왔다 해도 상황에 따라서는 앞 단계들로 돌아가야 할 때가 있다. 그래야 문제가 된 행동을 완전히 이해할 수 있기 때문이다. 클라우디아는 라라가 끊임없이 울 때 한 걸음 물러나 바라보는 법을 배웠다. 그래서 자연스럽게 다시 그렇게 해보기로 했다. 물론 완전히 내면화시키기 위해서는 이 과정을 수도 없이 반복해야겠지만 말이다. 뒤로 물러나 가만히 지켜보자 라라는 물건을 집어서 잠시 갖고 있다가 내려놓고 다른 물건을 집어드는 행동을 되풀이했다. 일종의 놀이인 것 같았다. 그럴 때 라라는 몹시 열중하는 것처럼 보였고 아주 잘하기도 했다. 아내와 이 문제를 의논하던 콜은 라라가 뭔가를 붙잡고 있으면 다른 장난감으로 바꿔주고 그것으로 놀게 하면 어떨까 하는 생각이 들었다. 그래서 어느 날 밤, 잘 시간이 됐는데 라라가 딱딱한 딸랑이를 들고 있자 그는 딸랑이 대신 곁에 두고 자도 안전한 헝겊 인형을 안겨줬다. 라라도 불만스러워하지 않는 것 같았다. 콜은 무척 만족했지만 클라우디아는 여전히 개운치 않았다. 콜의 생각이 기발하단 것은 인정하지만 다음 날 리디아와 다시 의논해봐야겠다고 생각했다.

라라가 '놀이'를 하고 있다는 클리우디아의 통찰력은 매우 큰 의미가 있었다. 놀이는 발달 단계에서 아주 중요한 활동이다. 아기는 혼자 놀면서 자신에 대해 알아가고 창의력을 기른다. 다른 사람과 놀 때는 대인관계와 관련된 기술이 발달한다. 다시 말해서 아기는 놀이라는 풍부한 활동을 통해 복잡한 사고력을 키우고 다른 사람과 관련된 기술을 익힌다. 콜은 라라가 들고 있던 물건을 바꿔주면서 자연스럽게 놀이를 시작하게 했다. 그는 새로운 물건들을 통해 라라의 호기심과 탐험 영역을 넓혀줬고 즐겁게 접촉할 수 있는 경험을 만들어줬다. 한편 클라우디아는 앞으로 문제가 될까 걱정되는 부분이 아이의 발달에 꼭 필요한 건강한 과정인지 확인하고 싶었다.

다음 날 그녀는 리디아에게 라라의 행동을 의논했다. 물건을 잡고 놓는 법을 배우려는 욕구 때문에 라라가 그런 행동을 한 것이라고 영리하게 분석하면서도, 엄마가 조심스럽게 빼앗거나 놓으라고 말하면 라라가 그 말을 들어야 한다고 했다. 그렇지 않으면 자라면서 늘 자기 의견만 고집하는 아이가 될 수도 있기 때문이었다.

리디아는 일단 라라의 행동에 대한 클라우디아의 해석에 동의한 뒤 커갈수록 행동에 담긴 의미들이 바뀔 거라고 했다. 또 라라의 욕구를 충족시켜준 부분을 칭찬하고, 아기가 노는 것을 엄마가 지켜보지만 말고 함께 놀아주면 훨씬 가까워질 거라고 강조했다. 그렇게 하면 딸에게 해줄 수 있는 긍정적인 것들에 기쁨과 재미도 더할 수 있기 때문이다.

리디아는 콜이 라라와 놀아줄 때도 마찬가지라고 했다. 그런 활동들은 서로에 대한 이해를 넓히고 더욱 가깝게 해줄 수 있다. 또 그녀는 아이가 자라서 말을 더 잘 알아듣게 되면 부모의 말을 듣고 지시를 따라야 한다는 것도 배우게 되겠지만 라라는 아직 그만큼 자라지 않았다고 했다. 그리고 클라우디아가 걱정한 부분은 라라를 아기가 아니라 큰 아이처럼 생각하기 때문이라고 지적했다.

"당신에게는 이게 왜 그렇게 중요하죠? 라라는 착한 아기에요. 알잖아요. 왜 자라서 당신 말을 안 들을까 봐 걱정해요? 지금은 아무 말썽도 피우지 않잖아요."

클라우디아는 한동안 생각에 잠긴 뒤 입을 열었다.

"그렇게 물으시니 전에 우리가 했던 얘기로 다시 거슬러 올라가네요. 어릴 때 저는 엄마가 불안해하는 것도 도와주는 분들이 자꾸 떠나는 것도 다 저 때문이라고 생각했어요. 엄마는 발작을 일으킬 때마다 저더러 '당장 나가'라고 소리를 질렀죠. 그러면 나는 뭘 하고 있든 상관없이 나쁜 아이가 된 것 같은 기분이 들었어요. 지금도 엄마가 짜증을 내면 내가 뭔가를 잘못했기 때문이라는 생각이 들어요. 어른이 된 지금도요."

그러자 리디아가 말했다.

"그렇다면 그게 라라와 무슨 관계가 있죠? 이건 정말 잘 생각해야 돼요. 앞으로도 몇 번이고 다시 불거질 수 있는 문제니까요."

클라우디아는 깊은 숨을 내쉬며 눈물을 흘렸다.

"어렵네요. 아마도 내 자신에 대한 생각과 라라에게서 보이는 것을 혼동하고 있나봐요. 라라가 어릴 적 나처럼 되는 게 싫어요."

"당신은 지금 라라가 당신처럼 되는 게 싫다고 했어요."

리디아가 부드러운 어조로 대답했다.

"실제로 당신은 전혀 나쁜 아이가 아니었어요. 그저 어린 소녀였을 뿐 생각이 흐리고 걸핏하면 짜증을 내며 나가라고 소리를 지른 사람은 엄마였죠. 그런 상황을 너무 자주 겪어서 당신 마음속 깊이 각인됐고 그럴 때 잘못하고 있는 사람은 엄마라는 사실을 기억하지 못한 거예요."

클라우디아가 흐느꼈다. 그렇게 한참을 울고 난 뒤 그녀는 눈물을 닦고 리디아를 꼭 껴안았다.

"엄마가 되고나서 어린 시절을 다시 겪게 됐네요."

리디아가 말했다.

"당신은 말썽을 부리는 아이가 아니었고 라라가 그렇게 될까 봐 걱정할 이유도 전혀 없어요. 당신이 말한 대로, 라라는 그냥 놀이를 하는 것이고 아주 잘하고 있어요. 아무 문제 없이 잘 자라고 있는 거죠.

지금처럼 라라의 행동이 어떤 의미인지 이해하려고 늘 노력하세요. 그러면 마음껏 탐험하고 배우도록 도울 수 있어요."

방안에 감돌던 무거운 분위기는 사라졌고 클라우디아는 정신적으로 몹시 지친 기분이었다. 그녀는 자신을 제대로 보게 해주고 라라도 더 잘 알 수 있게 도와준 리디아가 무척 고마웠다. 라라는 이제 막 깨서 까르륵거리며 웃고 있었다. 요즘 라라는 잠에서 깰 때마다 건강하고 행복해 보였다.

'지금 나는 좋은 엄마가 되기 위해 배우고 있는 거야.'

클라우디아는 이렇게 생각했다.

다음 날 그녀는 라라가 장난감 하나를 들고 있는 것을 봤다. 끝의 둥근 부분에 들어 있는 볼이 안에서 부딪칠 때마다 짤랑짤랑 소리를 내는 노랗고 긴 딸랑이였다. 소리가 날 때마다 라라는 신이 난 듯 꺄악꺄악 소리를 질렀다. 클라우디아는 아기 옆에 앉아 같이 놀아주며 라라가 얼마나 재미있어 보이는지 밝은 목소리로 말해줬다. 자신이 놀이를 지배하지 않고 아이가 이끄는 대로 자연스럽게 따르는 모습이었다. 라라가 딸랑이를 내려놓자 이번에는 클라우디아가 집어들고 열심히 흔들며 짤랑짤랑 소리를 냈다. 라라가 마구 소리내며 웃었고 클라우디아도 웃었다. 그녀는 라라의 기분을 헤아리고 호응해줬다. 엄마와 딸은 이렇게 서로를 기쁘게 해주는 법을 배우며 서로의 모습을 만들어가고 있었다. 라라는 자유롭게 자신의 모든 것을 표현했고, 자신을 사랑하는 법을 배우기 시작한 엄마는 그런 딸을 진심으로 이해해줬다.

# 당신이 무시해야 할
# 육아 조언 7가지

부모
지능
TIP

## 1. 아이의 잘못된 행동에 즉각 반응하라

그런 행동이 일어난 실제 이유를 알기 전에 곧바로 벌을 주거나 반응하는 것은 자녀와의 소통을 가로막는 행위다. 조금 뒤로 물러나서 생각하고 반응해도 늦지 않다.

## 2. 이상한 행동은 시작하기 전에 제지하라

이해할 수 없다고 통제하는 것은 아이에게 억압받는 느낌만 줄 뿐이다. 이런 행동을 하는 일정한 패턴이 있는지 한번 생각해보자.

## 3. 잘못된 행동에 대한 대가를 가르쳐라

아이는 말이나 감정을 제대로 표현할 수 없을 때 종종 부모를 화나게 하는 행동을 한다. 근본적인 원인이 무엇인지 이해하려고 노력하자. 이해하지 못하는 일에 처벌을 내리는 것이 합당한 일인지 자문해보자.

## 4. 성공할 때까지 반복해서 끝까지 시켜라

아이에게는 장점과 약점이 있다. 적성과 재능에 알맞은 일인지 고려해보라. 포기하지 않는 끈기를 배우는 것과 현명한 선택을 배우는 것, 둘 다 중요하다. 가능성 있는 일에는 도전하는 용기를 북돋워주고, 아이에게 맞지 않는 일에는 실패로 자존감이 낮아지기 전에 중단할 수 있는 선택을 해야 한다.

## 5. 음식을 남기지 말고 먹게 하라

아이는 아직 자신의 몸을 충분히 알지 못한다. 천천히 식사를 하면 자신에게 충분한 양이 얼마인지 조금씩 알게 된다.

## 6. 성적이 높아지면 보상을 해라

잘한 일에 대한 칭찬은 필요하지만 물질적인 보상은 위험하다. 학습은 아이의 일이 아니다. 즐겁게 누릴 수 있는 기쁨을 빼앗지 마라. 또한 결과에 대한 보상보다는 그 활동에 투입된 노력에 대한 보상을 주도록 하자.

## 7. 집안일을 하면 용돈을 줘라

가족은 모두가 서로 돕고 공유하는 공동체라는 것을 알게 하자. 가족을 위해 무엇인가 할 수 있는 기쁨을 느끼게 하자.

# 제5장

# 심한 짜증은 힘들어하는 표현

엄마가 자기만 남겨두고 회사에 가려 할 때마다
더욱 거칠게 굴면서 자신을 더 사랑하고 보살펴달라고
힘들게 노력한 것이었다.

# 두 살 테드

두 살인 테드 데이버는 지금 부모에게 입양돼 오리건 주 포틀랜드의 한 강변에 지어진 호화로운 단층 주택에서 살고 있었다. 튼튼한 몸에 활달한 성격인 테드는 한번 놀 때면 몇 시간씩 신나게 놀곤 했다. 테드의 놀이방은 각종 동화책과 장난감 자동차, 트럭, 커다란 기차놀이 세트 그리고 공으로 가득 찬 바구니 등으로 정성껏 꾸며져 있었다. 하지만 길고 짙은 앞머리 밑에서 빛나는 깊고 푸른 눈동자는 어두워 보일 때가 많았다. 엄마는 가끔 테드가 거실 소파에 누워 천장에 나 있는 채광창을 통해 하얀 겨울 하늘을 하염없이 바라보고 있는 것을 발견했다. 어떤 때는 자기 방 침대 위에서 몸을 잔뜩 웅크린 채 앉아 있기도 했다. 그 방은 파스텔 톤의 푸른색 벽지에 여러 가지 동물 인형들, 할머니가 손수 만들어준 따뜻한 담요가 있는 아늑한 방이었다. 그 방에서 테드는 슬픔을 가누지 못하는 아이처럼 흐느껴 울었다. 테드는 이제 겨우 두 살이었지만 태어나면서부터 복잡한 일들을 겪어서인지 부모도 어쩌지 못하는 행동을 보일 때가 많았다. 부모는 테드가 왜 그런 행동들을 하는지 알아내기 위해 노력했지만 지쳐버렸고 결국 엄마는 부모 지능을 소개하는 주말 세미나를 찾았다.

최고 학부를 나온 테드의 양부모는 결혼 후 9년이 되도록 아기를 갖지 못하자 아이를 키울 생각을 포기하고 있었다. 그러다 데이버 부인은 서른아홉 살 때 문득 자신이 잘못하고 있는 게 아닌가 싶은 생각이 들기 시작했다. 임신을 할 수 없다면 입양하는 방법도 있기 때문이었다. 그녀는 세련된 패션 감각을 가진 아름다운 여성이었고 성공한 재정 분석가였다. 사교 생활도 폭넓게 누리고 있었고 남편과 세계 곳곳으로 여행도 자주 다녔다. 당당하고 우아한 겉모습 속에는 따뜻하고 부드러운 모성의 본능이 자라고 있었다. 그녀의 남편은 큰 키와 올리브색 피부를 가진 멋진 남자였고 첨단 기술 회사를 경영하는 성공한 사업가였다. 그는 자신이 친부가 될 수 없는 한 다른 식으로 아이를 갖는 것은 별로 내켜하지 않았다. 그는 아이 없이 사는 삶이 좋았고 바꾸고 싶지도 않았다. 하지만 끊임없이 자신을 설득하는 아내에게서 그동안 보지 못한 부드러운 면을 보기 시작했다. 그는 삶의 우선순위까지 바꾼 아내의 의지를 존경했고, 아내의 새로운 모습을 더 많이 알고 싶어졌다. 아내는 그가 오랫동안 비밀로 간직했던 내면의 무언가를 일깨워줬다. 그는 아내를 무척 사랑했기 때문에 결국 입양에 동의했다.

여러 달 동안 입양 절차에 관해 알아보고 입양 기관들과 수많은 인터뷰를 가진 끝에 데이버 부부는 드디어 입양 허가를 받았다. 그리고 8개월 후 그들은 갓 태어난 테드를 입양했다. 사회복지사는 테드의 친모가 별다른 문제가 없었음에도 아기와 떨어질 때 몹시 흥분해서 제정신이 아니었다는 말을 전해줬다. 출산 후 그녀는 아기를 안아보지 못하게 되어 있었지만 끈질기게 부탁해서 결국 두 시간 동안 아기를 안고 있었고 젖도 두 번이나 물렸다.

테드의 생모는 이름을 밝히고 싶어 하지 않았기 때문에 데이버 부부는 그녀에 대해 몇 가지 밖에 몰랐다. 그녀는 20대 중반의 건강하고 지적인 여성이었고 미국 정부에서 근무하며 위기가 고조되고 있는 세계 곳곳의 위험 지역을 돌아다녔다. 임신한 것을 알았을 때 그녀는 자신의 생활이 아기를 키우기에 적합하지 않다고 판단했다. 그래서 자기보다 아기를 더 잘 키워줄 집을 찾아야겠다고 생각했고 정기적으로 산부인과를 다니며 건강도 꾸준히 관리했다. 변호사와 입양 기관은 생모와 데이버 부부가 만나지 않는 것으로 정했고 아기는 신생아실에서 하루를 지낸 뒤 이들 부부에게 보내는 것으로 했다. 생모가 예상치 못한 태도를 보이고 아기와 함께 시간을 보냈다는 말을 듣자 데이버 부부는 불안했지만 테드는 무사히 데이버 부인의 품에 안겼다. 그들은 무척 흥분하고 기뻤으며 아무 탈 없이 집에 올 수 있었다.

테드의 엄마는 4개월 동안 아기를 지극한 사랑으로 보살핀 뒤 유모를 고용하고 직장에 복귀했다. 처음에 테드는 엄마가 곁에 없는 것에 좀처럼 적응하지 못했다. 경험이 풍부하고 교육도 철저히 받은 유모는 테드가 평범한 아기처럼 울긴 하지만 가끔씩 흐느껴 우는 것 같은 소리가 들린다고 했다. 또 체중이 적당히 늘고 있긴 했지만 마치 만족하지 못하는 아기처럼 발작적으로 젖을 빨 때가 있다고 했다. 부모는 어떻게 해야 아기가 적응할 수 있을지 소아과 의사에게 조언을 구했고, 아기를 달래는 유모의 노련함 덕분에 다행히 테드는 안정될 수 있었다. 테드는 부모의 부재를 견디는 법을 배웠고 장난기 많고 세심한 유모도 사랑하게 됐다.

하지만 테드가 태어난 지 8개월쯤 됐을 때, 아빠는 테드를 입양한 것이 조금씩 후회되기 시작했다. 회사에 있는 시간이 길어졌고 평소보다 일찍 잠자리에 들 때도 많았다. 육아는 오로지 아내의 몫이었다. 그동안 즐겼던 사교 생활에도 제약이 생겼다. 아이가 없는 부부들과 어울리는 횟수가 줄었고 늘 가던 휴가도 더 이상 못 가게 됐다. 자신의 삶이 너무나 많이 바뀐 것 같았다. 아들을 사랑하지 않는다는 것은 생각도 하기 싫었지만 테드와 같이 있어도 그렇게 행복하지 않았다. 그 무렵 아내는 자신들의 고급스러운 집을 장난감과 기저귀 가방, 실내 그네 등 각종 아기 물건들로 채우며 아이에게 안전한 집으로 바꾸느라 여념이 없었고 그가 예상했던 것보다 훨씬 많이 변하고 있는 것 같았다. 남편과 아내는 그렇게 조금씩 멀어져갔다.

테드가 한 살 반이 됐을 때 아빠는 이혼 이야기를 꺼냈다. 이런 삶은 그가 바라던 것이 아니었다. 그동안 큰소리를 낸 적은 없었지만 아내도 자신이 원하던 사람이 아닌 것 같았다. 테드의 엄마는 이혼이라는 말에 이성을 잃었고 몇 시간씩 대화가 계속됐다. 그렇게 6개월의 시간을 보내며 부부는 별거는 할 수 있지만 그 이상의 행동은 하지 않기로 했다.

그때 또 다른 위기가 닥쳤다. 테드가 갓 두 살이 됐을 때 갑자기 유모가 일을 그만두겠다고 선언한 것이다. 유모는 20개월 동안 테드를 돌보며 깊은 유대관계를 맺고 있었기 때문에 큰 충격이 아닐 수 없었다. 다행히 데이버 부인은 평판이 좋은 작은 어린이집을 급히 찾아냈다. 근처에 있는 일반 주택 1층에서 어른 두 명이 아이 네 명을 돌보는 식이었다. 완벽해 보였다.

엄마는 자신의 일정을 조절했고 유모와 같이 쓰던 수첩을 어린이집 선생님과도 계속 공유하기로 했다. 테드가 어린이집에 가기 전 아침 시간을 어떻게 보냈는지 엄마가 적어서 보내면, 선생님은 테드가 어떤 하루를 보냈는지 자세히 적어줬다. 그러면 엄마는 아이를 집에 데리고 와서 찬찬히 읽어봤다. 수첩을 사용하는 일은 대단히 유용했다. 엄마는 일하는 시간에도 아이가 어떤 일상을 보내고 있는지 알 수 있었고, 선생님들 역시 아이를 위해 미리 준비할 수 있었다.

어린이집에 다니기 시작한 첫 주 내내 테드는 짜증을 부렸다. 사건은 첫날부터 일어났다. 아이를 맡기고 엄마가 떠나려고 하자, 테드는 마구 소리를 지르며 울어댔고, 발을 쾅쾅 구르며 장난감을 집어던졌고, 선생님 중 한 사람을 쳤다. 30분 뒤 데이버 부인은 아이가 계속 울면서 바닥에 뒹굴 거라는 것을 알았지만 어쩔 수 없이 수심이 가득한 얼굴로 그곳을 떠났다. 그 주 마지막 날, 선생님은 테드가 하루에 서너 번 정도 짜증을 낸다고 했다. 수첩에는 테드가 한 거친 행동들이 가득 적혀 있었다. 대부분 어떤 활동을 하다가 다른 활동으로 바뀔 때 그러는 것 같았다. 놀이를 하다가 낮잠을 자야할 때 또 잠을 자다 일어나서 간식을 먹을 때 그랬다. 그러다 아무 때고 짜증을 부리는 일이 잦아졌고 시간도 더 길어졌다. 처음에는 15분 정도면 제풀에 그쳤지만 이제는 30분이 넘을 때도 있었다. 선생님은 안아주려고 해도 소용없다고 했다. 몸에 힘을 잔뜩 주고 두 팔로 자기 몸을 꼭 감싸 안은 채 움직이지 않는다는 것이었다. 짜증 정도도 너무 심해서 테드가 마구 소리를 지르면 다른 아이들까지 울음을 터뜨린다고 했다.

엄마가 데리러 오면 테드는 못 본 척 무시했다. 선생님은 아침에 자기만 남겨두고 떠난 것 때문에 화가 나서 그러는 것이라고 했다. 엄마는 아이의 마음을 이해하려고 애썼지만 거절당한 기분이 드는 것은 어쩔 수 없었다.

곧 집에서도 짜증을 내는 경우가 생겼다. 아빠는 벌을 받아야 한다며 10분 동안 혼자 방에 들어가 있게 하고 문을 닫아버렸다. 엄마가 슬며시 들여다보니, 테드는 충격과 겁에 질린 표정으로 침대 위에 꼼짝 않고 앉아 있었다. 아이는 자기가 왜 이런 벌을 받아야 하는지 모르는 것 같았다. 아빠는 '소란'을 일으킨 '나쁜' 아이라서 벌을 주는 것이라고 했지만 그래도 아이는 받아들이지 않았다. 테드는 무너져내렸고 짜증은 애절한 흐느낌으로 바뀌었다.

그래도 아빠는 테드가 성질을 부릴 때마다 아이를 10분씩 방에 가뒀다. 하지만 그런 식은 아무 도움도 되지 못했고 테드의 행동은 악화되기만 했다. 소용돌이치는 감정을 주체하지 못한 테드는 마구 소리를 질렀고, 엉엉 대며 울었고, 방문을 쿵쿵 쳐댔다. 아이가 걱정이 된 엄마는 벌 받는 시간을 2분으로 줄여달라고 부탁했지만 그래도 달라지는 것은 없었다. 테드와 부모 모두 어떻게 해야 할지 알 수가 없었다.

바로 이 무렵, 데이버 부인은 부모 지능에 관한 세미나가 토요일에 열린다는 소식을 신문에서 읽었다. 세미나는 5주 연속으로 토요일마다 개최될 예정이었다. 기사에는, 그렇게 다섯 번 모이는 동안 5단계에 걸쳐서 아이의 행동에 담긴 뜻을 파악하는 법을 배우게 된다고 쓰여 있었다. 절실했던 데이버 부인은 힘들게 남편을 설득해서 같이 참석하기로 했다. 어떤 일이 벌어질지 불안했지만 자신들이 집을 비우는 동안은 할머니가 와서 테드를 봐주기로 했다. 세미나에 참석하는 부모는 여덟 명으로 제한되어 있었기 때문에 그들은 테드에 대해 이야기할 기회가 생길지 모른다는 기대를 가졌다.

## 1단계 한 걸음 물러나기

데이버 부부는 무너질 위기에 놓인 복잡한 결혼 생활을 하고 있었고 두 살인 테드 역시 문제가 심각해 보였다. 그렇다면 테드는 어떤 감춰진 이유 때문에 그토록 짜증을 부리는 것일까?

테드의 부모는 이미 다른 여러 가지 일을 겪으면서, 가끔은 한 걸음 물러나 상황을 가만히 주시하는 것이 최선일 수 있다는 것을 알고 있었다. 그래서 그들은 부모 지능의 첫 단계를 기꺼이 따랐다. 세미나에서는 비단 최근의 사건뿐 아니라, 비디오테이프를 감듯 시간을 거꾸로 돌려서 지난 몇 년간의 기억을 떠올려보라고 했다.

세미나 중 점심시간에 그들 부부는 진지하게 대화를 나누며 처음 테드를 만나러 병원에 갔던 일부터 떠올렸다. 데이버 부인은 테드가 생모와 접촉한 것이 영향을 미친 것은 아닐까 의심했다. 테드가 엄마의 자궁 속에 있던 태아 때 어떤 상황들을 겪었는지 걱정하는 것 같았다. 테드의 아빠는 태아가 환경에 반응한다거나 신생아에게 감정이 있다는 생각에 동의하지 않았다. 그에게 갓 태어난 아기는 여러 감정의 복잡한 정신세계를 갖춘 살아있는 존재가 아니라 채우고 비우기를 반복하는 그릇 같은 존재일 뿐이었다.

걱정 때문에 마음이 급해진 그들은 병원에서 집에 와 지냈던 처음 몇 주로 곧장 기억을 뛰어넘겼다. 아기 맞을 준비를 완벽히 한다고 했지만 테드는 그들이 생각했던 것 이상으로 하루 종일 힘들게 했다. 젖을 먹이고, 기저귀를 갈고, 달래는 일 모두 데이버 부인이 도맡다시피 했고 남편은 구경만 하는 정도였다. 그에게는 아기 자체가 너무나 낯설었기 때문에 아내와 테드 주변에 가는 것이 망설여지고 조심스러웠다. 2주 뒤 아내에게 모든 것을 맡기고 다시 회사에 나가기 시작했을 때 비로소 안심이 됐다고 그는 고백했다. 반면 데이버 부인은 그 몇 주 사이에 엄마로서 자신감을 얻기 시작했다. 그녀는 마음의 준비가 되어 있었고 열심히 참여했지만 남편은 그렇지 않았다.

여기까지 대화를 나눈 그들은 밤에 테드를 재우고 나서야 다시 이야기를 시작할 수 있었다. 테드는 할머니와 있으면서 짜증 한번 내지 않고 즐겁게 지냈다고 했다. 세미나에서 아이의 행동에 담긴 뜻을 찾으라는 말이 가슴에 남았던 아빠는 그 사실이 무척 흥미로웠다. '어머니는 대체 우리 부부가 하지 못한 어떤 일을 하신 것일까?' 하는 생각이 들었다.

그 주 내내 부부는 계속 한 걸음 물러나 생각하면서 저녁마다 대화를 나눴다. 그러면서 세미나에서 들은 것들을 마음에 새기고 실천하려고 노력했다. 그들은 유모를 자신들의 삶에서 매우 중요한 사람으로 기억했다. 그녀는 부부의 삶이 매끄럽게 나아가게 도와주고 테드와도 긴밀한 애착을 맺은 사람이었다. 데이버 부인은 다시 일을 시작했을 때도 아무 걱정을 안 했다고 남편에게 말했다. 유모는 지금껏 자신이 본 사람 중 가장 훌륭한 엄마였고 그래서 전적으로 믿을 수 있었다. 테드가 아주 운 좋은 아기라는 생각도 들었다고 했다.

그러다 갑자기 유모가 떠나버렸다. 데이버 부인은 그 소식에 안절부절 못했던 때를 떠올리며 몹시 불안정해졌다. 그녀는 남편에게 당시 미칠 것 같았던 자신의 기분을 알았느냐고 물었고 또 자신의 불안한 마음이 테드에게 어떤 영향을 미쳤다고 생각하는지 물었다. 남편은 아무것도 몰랐다고 대답했다. 그저 흐릿하게만 기억될 뿐 사실 그는 힘든 일들은 모두 아내에게 미루고 모든 일에 무관심했었다.

그들은 수첩에 대해서도 생각해봤다. 그러자 유모가 떠난 직후의 나날들이 다시 떠올랐다. 그리고 처음으로 테드가 소파에 아주 오래 누워있었던 일을 기억하며 그것은 무슨 의미였을까 궁금해했다. 당시 부부는 잠이 부족했던 거라고 결론내고 별다른 의미를 두지 않았다. 유모와 같이 살 때 테드는 늘 푹 자는 아이였다. 지금 생각해보니, 실제로 유모가 떠난 뒤 테드가 잠을 못자는 것이었다면 그녀가 그립고 슬퍼서 그랬던 게 아닌가 하는 마음이 들었다. 한 걸음 물러나 이 모든 일들을 떠올려 보니, 유모가 떠난 뒤 벌어진 상황들 때문에 너무 힘들었던 부부는 아이를 서둘러 어린이집에 보낼 궁리만 했지 '테드가 왜 이런 행동을 할까' 하는 생각은 해보지 못했다는 것을 깨달았다.

첫 세미나에 다녀온 뒤 데이버 부인은 남편이 그 수첩을 읽고 있는 것을 보고 깜짝 놀랐다. 심상치 않아 보였지만 일단은 지켜볼 수밖에 없었다. 그는 아내가 자신을 보고 있다는 것도 깨닫지 못했다. 데이버 부인은 뭔가 비밀이 드러나고 침범당한 기분이 들었지만 손으로 주름잡힌 이마를 받친 채 열중하는 모습을 보니 그냥 지나칠 수가 없었다. 정말 의외였고 남편의 심경에 어떤 변화가 생긴 것이 틀림없었다. 그 수첩은 이제 쓰지 않고 있었다.

수첩에 관한 이야기를 다시 꺼내면서 부부는 유모가 떠난 뒤 테드가 보인 행동들을 순서대로 나열해봤다. 처음 어린이집에 간 날 테드는 엄마가 자기만 놔두고 떠나려고 했을 때 격렬히 항의했다. 지금도 그러기는 마찬가지여서 데이버 부인은 너무 걱정된다고 남편에게 말했다.

"지각하지 않으려면 억지로 떨어뜨려놓고 나와야 하죠. 아이와 어떻게 해야 잘 헤어질 수 있을지 생각하느라 일도 잘 안돼요. 나중에 데리러 가면 테드는 나에게 달려와 안기지도 않고 피하려고 해요. 그럼 나는 또 상처를 받죠. 그럴 때는 정말 내 감정에만 휩싸여서 아이 기분까지 살필 여력이 없어요."

그러자 남편이 아내를 위로하려 애쓰며 이렇게 말했다.

"얼마나 힘들지 나는 짐작도 못하겠어. 당신은 정말 좋은 엄마야. 테드도 당신을 사랑하잖아. 그 다음은? 차에는 어떻게 태우지?"

"아이를 잡으러 따라다니지 말고 테드가 나한테 올 때까지 기다리라고 어린이집 선생님이 그러더군요. 테드에게도 감정을 정리할 시간이 필요하다면서요. 아이 스스로 준비가 될 때까지 기다려 주는 게 도움이 될 거랬어요. 시간이 걸리긴 하지만 결국 테드는 천천히 나에게 와요. 사흘 전에 이랬는데 오늘은 나한테 다가와서 한참을 안아주더라고요. 아이와 그렇게 껴안고 있으면 우리 둘 다 긴장이 풀리고 편안한 기분이 들어요."

아내에게 그동안 있었던 일들을 들으며, 테드의 아빠는 수첩을 읽을 때처럼 걱정스러운 표정이 됐다. 그리고 눈물을 흘리는 아내를 꼭 안아줬다. 두 사람은 이렇게 감정을 나누며 오랜만에 가까워진 기분을 느꼈다.

'아내가 겪고 있는 일들을 나는 너무 모르고 있었어. 아내와 테드는 뭔가를 공유하고 있는데 나는 아니야. 나도 두 사람과 같은 것을 공유하고 싶은 걸까?'

데이버 부인은 테드를 남편에게 맡기고 어린이집 선생님들과 만날 약속을 했다. 데드는 자기가 제일 좋아하는 장난감 기차를 갖고 혼자 조용히 놀았고 아빠는 불안한 마음으로 그 모습을 지켜봤다. 사실 그는 이 상황이 꿈처럼 느껴졌다. 그동안 아이의 감정 세계를 철저히 배제하고 있었다는 생각에 두려움마저 엄습해 왔다. 한 걸음 떨어져 바라본 덕분에 그는 2년 만에 처음으로 어리고 약한 자신의 아이를 명확한 시선으로 보게 됐다.

한 걸음 물러나는 것은 테드의 엄마에게도 도움이 됐다. 선생님의 도움을 받긴 했지만, 테드가 겪었을지도 모를 폭넓은 영역의 감정들을 인식하고 이해할 수 있게 된 것이다. 전에는 아이가 성질을 부리며 거칠게 구는 것이 버릇없고 나쁜 짓이라고 생각했었는데 사실 잘못한 사람은 아이를 올바로 훈육하는 법을 몰랐던 자신이었다. 지금까지 그녀는 아이가 내는 짜증이 깊은 의미가 담긴 복합적인 표현이라는 것을 생각하지 못했다.

　이렇게 아이의 행동을 한 걸음 떨어져 생각해보던 부부는 어느 날 테드가 부부 침실의 방문 옆에 서 있었던 것이 떠올랐다. 그때 그들은 테드의 아빠가 집을 나가는 문제를 놓고 심각한 언쟁 중이었는데 아이가 보고 있는데도 그만둘 생각을 못했다. 솔직히 테드가 알아들을 거란 생각도 하지 않았다. 테드는 두 살밖에 안 됐는데도 특출날 만큼 말을 잘했고 이해력도 또래들보다 훨씬 뛰어났다. 그런데도 부부는 자기들이 이혼할지도 모른다는 것을 테드가 모를 거라고 생각했다. 그러나 한 걸음 떨어져 바라보니, 테드는 자신들이 짐작하는 것보다 훨씬 많은 것을 알고 있을지도 모른다는 생각이 들었다. 저녁에 유모가 퇴근하고 나면 테드는 혼자 있으면서 몇 달 동안 계속 엄마와 아빠가 뭔가를 의논하거나 언쟁하는 소리를 들었다. 유모가 있었다면 아이를 다른 방으로 데리고 가서 부모가 말하는 것을 듣지 못하게 했을 것이다. 내용을 정확히 이해하진 못했지만 적어도 테드는 부모의 사이가 좋지 않다는 것을 감지했고 그것 때문에 불안해했다. 아빠는 늘 집을 '떠난다'는 말을 했는데 그 말이 아이에게 중대한 영향을 미친 것이 틀림없었다.

　데이버 부부는 테드를 불행하게 만든 원인을 찾기 위해 마음을 열고 과거를 돌아봤다. 부모로서의 마음가짐이 달라진 것이다. 부부는 테드의 삶에 일어난 변화들이 아이의 불행에 어떤 영향을 미쳤을지 곰곰이 생각해봤다. 시간을 거슬러 생각하니 아이가 평소 왜 그렇게 슬퍼 보였는지 진심으로 이해할 수 있게 됐다.

## 2단계 자기 내면 돌아보기

어느 새 두 번째 세미나가 있는 토요일이 다가왔다. 데이버 부부는, 아이의 마음을 이해하려면 자신의 마음부터 이해해야 한다는 강연자의 설명을 금방 알아들었다. 아이의 행동에 대해 부모가 왜 그런 반응을 하게 되는지 자신의 내면을 먼저 들여다봐야 한다는 것이었다.

부모들만 모인 안전한 장소에서 그들은 각자 개별적으로, 또 함께 자신을 돌아보기 시작했다. 다른 사람들의 이야기를 듣는 동안 데이버 부인은 이런 생각을 했다.

'우리 부부의 결혼 생활이 힘들어졌을 때 우리는 왜 테드의 삶에 일어난 변화들을 외면하게 됐을까?'

그녀는 머뭇거리며 지난 2년 동안 자신이 보지 못한 것들에 대해 말하기 시작했다.

"결혼 생활에 문제가 생기니까 테드가 겪을 일까지는 신경을 못 썼던 것 같아요. 힘든 입양 과정을 거치는 동안 아기에 대해 꿈꿨던 것들이 떠오르네요. 아기를 얼마나 바랐는지 모릅니다. 그만큼 아기가 최우선이었는데 저는 왜 계속 그렇게 일을 많이 했을까요. 혼자 아기를 키우는 제 파트너는 집에서 일하는 방법을 생각해보자고 하더군요. 하지만 저는 오랜 고객들에게 최선을 다해야 한다고 생각했기 때문에 그 제안을 거절했어요."

테드의 아빠는 말없이 생각에 잠겼다. 그는 아내를 사랑하는 마음에 아빠가 되겠다는 결심까지 했으면서 왜 아내와 멀어지게 됐는지 그 이유를 찾고 있었다.

'왜 나는 아기를 원하지 않는 사람이 됐을까?'

모임의 다른 부모들도 자신을 먼저 알아야 아이가 겪는 일들을 알수 있다는 말에 고개를 끄덕였다. 데이버 부부 역시 동의했다. 자신들의 삶에 일어난 변화를 감당하느라 그 변화들이 아이에게 미치는 영향은 간과했다는 사실도 깨달았다.

강연자는 부모가 자랄 때 겪은 변화와 상실감들이 아이가 견디고 있는 변화를 보지 못하게 막고 있는 것일 수도 있다고 했다. 데이버 부인은 남편의 손을 잡고 자신이 열세 살 때 엄마가 돌아가셨는데 너무나 갑작스럽게 생긴 일이라 충격이 엄청났다고 했다. 아버지는 혼자만의 슬픔에 빠져 있었고, 엄마를 잃어 슬픔에 잠긴 열세 살짜리를 돌봐야 한다고 생각하는 사람은 아무도 없는 것 같았다. 불현듯 그 시절의 일들이 세세한 부분까지 떠올랐다.

"평소처럼 계속 학교에 다녔지만 저는 점점 말이 없어졌어요. 나만의 껍질 속으로 들어가버렸죠. 선생님이 어느 정도 위로를 해주셨지만 부족한 아빠의 손길을 메우기에는 충분하지 않았어요. 아빠는 자기 생각밖에 못하는 분이셨거든요."

강연자는 이것이 부모를 두 번째로 잃은 것이라고 했다. 그리고 해결되지 못한 고통이 데이버 부인의 마음속에 자리하고 있어서 테드의 고통을 보지 못한 것일 수 있다고 조심스럽게 추측했다. 아이가 원하는 것을 찾으려면 자신의 경험을 되살려야 했기 때문이다. 그 말에 데이버 부인은 이제야 알겠다는 듯 이렇게 말했다.

"하루 종일 아이 생각을 하다가 데리러 갔는데 아이가 절 피하면

126

어머니가 돌아가신 뒤에 나를 피하는 아버지를 보면서 들었던 기분이 느껴졌어요."

그 시절에 겪은 비참한 기분을 떠올려보니 다시 고통스러울 만큼 우울해지는 것 같았다. 데이버 부인은 테드가 자신을 피했을 때 왜 그렇게 거부당하는 기분이 심하게 들었는지 이제야 이해됐다. 그 기분에 빠져서, 아이가 짜증을 부리며 자신을 봐달라고 신호를 보내도 알아차리지 못한 것이었다. 그녀는 테드가 자신에게 손을 내미는 것이 아니라 상처를 주는 것이라고 생각했다. 테드는 엄마가 자기만 남겨두고 회사에 가려 할 때마다 더욱 거칠게 굴면서 자신을 더 사랑하고 보살펴달라고 힘들게 노력한 것이었다.

테드의 아빠는 다른 아빠들이 자신들과 부친의 관계에 대해 이야기하는 것을 조용히 듣고 있었다. 그리고 왜 자신은 가까운 사람들과의 관계를 소홀히 한 채 늘 강하고 야심적인 사람으로 살아왔는지 생각해봤다. 아내를 만나기 전부터 그랬다. 그가 아버지와 함께 했던 것은 일과 운동이 전부였고 감정을 공유한 기억은 없었다. 그의 아버지 역시 경쟁을 즐기는 성공한 사업가였는데 노년에도 스포츠에 대한 관심은 여전했다. 테드의 아빠는 그런 아버지의 모습을 그대로 닮아 있었다. 그와 아버지가 나눈 대화는 대부분 TV에서 중계되는 야구 시합이나 농구에 관한 것이었다. 그들에게 감정은 낯선 것이었고 두 사람 다 늘 피하는 것이었다.

테드의 아빠는 아내가 사람들 앞에서 자기 이야기를 하는 것에 별로 놀라지 않았다. 그녀는 엄마가 된 이후로 훨씬 감성적인 사람으로 바뀌어 있었다. 그전까지 그는 어떤 활동을 함께하고 일을 오래 같이

해야 누군가와 가까워질 수 있다고 생각했다. 그런데 아내는 엄마가 되면서부터 새로운 사람이 된 것 같았다. 그도 입양에 동의하고 참여도 했지만 사실 그런 변화를 받아들일 준비는 되어 있지 않았다. 그는 자신이 아이를 원하지 않았던 것 그리고 테드를 아내만의 아들로 생각하며 거리를 뒀다는 것을 사람들 앞에서 밝히지 못했다. 나중에 아내에게조차 말하지 못했다. 그는 어른이든 아이든 사람들과 가까워지는 법을 몰랐고 아이들의 욕구는 자신과 다를 수 있다는 것도 알지 못했다.

자신의 이런 면을 되돌아본 아빠는 아들을 어떻게 도울 수 있을지 생각했다. 자신의 문제를 들여다보고 나니 아내와 아들에 대한 책임감이 느껴졌다. 또 테드를 아내만의 아이로 바라보던 태도를 버리고 아내와 함께 보살피고 도와야 한다는 생각이 들었다. 그러면서 처음으로 자신의 어머니 생각이 났다. 아버지에게서 거리감을 느낄 때, 어머니는 늘 곁에서 힘이 되어준 분이셨다. 그런 어머니가 떠오르자 그동안 아빠의 역할을 두려워하고 외면했던 것을 인정할 용기가 생겼다. 그리고 이제는 아내에게 모든 것을 맡기지 말고 자신이 아버지가 되어야겠다고 생각했다.

테드의 아빠에게 일어난 이런 변화는 매우 중요한 의미가 있다. 지적이고 세련된 외모의 이 멋진 남성은 그동안 가려져 있었던 자아의 일부를 찾고 세심한 아빠로 바뀌고 있었다. 사실 입양 과정을 거친다고 해서 진정한 부모가 되는 것은 아니다. 테드의 아빠를 진짜 부모로 만들어준 것은 늘 자기에게 귀를 기울여달라던 테드였다. 한 걸음 떨어져서 자신의 내면을 들여다보니 아빠의 귀에 테드의 활기찬 목소리가 들리는 것 같았다.

　그날 밤, 테드의 아빠는 아버지와 가깝게 지내지 못했던 기억을 아내에게 털어놓으며 그 때문에 테드와도 좋지 못한 관계가 될까 봐 걱정이었다고 했다. 자신도 어릴 때 벌을 받고 억울해했으면서 테드가 짜증을 부린다고 벌을 준 것은 아무 생각 없이 아버지의 훈육 방식을 따른 것뿐이라고 했다. 벌 때문에 아버지와 다투기까지 한 어머니와는 그래도 유대 관계가 돈독했음을 인정했다. 그리고 지금 자신들이 겪는 부부 사이의 문제가 부모님의 문제와 비슷한 것 같다고 했다.

　"당신은 우리 어머니를 많이 닮았어. 우리 집을 진짜 집처럼 만들어줬지."

　그가 조용한 목소리로 말했다.

　"이세 나도 아이를 이해하는 아빠가 되어볼 생각이야. 사랑과 배려로 당신과 테드를 지지해줄 거야."

　그는 어머니와 아내가 전해준 따스한 힘 덕분에 세심한 마음이 무엇인지 깨달았다. 또 부모는 적당하다고 생각해서 준 벌도 겁먹은 아이에게는 가혹한 것이 될 수 있다는 것을 이해하기 시작했다. 자신을 돌아보는 단계는 그에게 새로운 감정을 알려줬고 테드와 탄탄한 관계를 맺도록 약속하게 해줬다.

　테드의 부모는 자신들의 부부 문제가 아이를 키우는 데 어떤 영향을 미칠지 의논했다. 결혼 생활에 대한 책임이 희미해지자 아이 문제를 놓고 같이 의논하는 일도 많이 줄었었다. 하지만 과거를 돌아보는 성찰의 시간을 갖고 난 뒤 두 사람은 서로를 더욱 잘 알게 되고 상대방이 느끼는 감정도 배려하게 됐다. 그리고 자신들의 결혼 생활이 새로운 국면에 접어들었음을 느끼며, 어릴 적 자신들의 감정과 욕구가 존중되지 않은 가정에서 힘들게 자란 서로를 토닥여줬다.

그들은 가족으로 더욱 가깝게 지낼 수 있도록 테드의 할머니를 초대하기로 했다. 평소 할머니는 테드와 같이 지내고 싶다는 말을 자주 했었다. 그런데도 부부는 테드의 행동에 당황하고 각자 일까지 하느라 바빠서 그 말에 귀를 기울이지 못했었다. 이제 부부는 테드의 할머니야말로 아무 비판 없이 자신들을 도와줄 사랑의 원천임을 깨달았다.


### 3단계 아이의 마음 헤아리기

자신들의 어린 시절을 돌아보기 전까지, 테드의 부모는 두 살 난 아이에게도 감정이 있으며 2년 동안 매우 힘든 상황을 겪고 있었음을 깨닫지 못했다. 세미나에서 아이의 마음 헤아리기란 주제가 나오자, 부부는 테드의 어린 마음에 상처를 준 많은 것들을 몰랐다는 생각에 주체할 수 없는 죄책감이 몰려들었다.

데이버 부부는 테드의 친모 이야기부터 데이버 부인이 직장에 복귀한 일, 유모가 같이 살다 떠난 일, 어린이집에 아이를 맡긴 일 등 그동안 있었던 일들을 사람들에게 쏟아냈다. 중간 중간 진행자가 끼어들어 격한 감정을 자제시키려 했지만 테드의 아빠는 집을 나가겠다고 위협한 일을 털어놓으며 자책감을 억누르지 못했다. 처음에 부부는 다른 부부들이 눈물을 흘리는 것을 보고 자신들을 비난하는 것이라고 생각했지만, 자기들의 이야기를 듣고 그들도 아이들을 힘들게 했던 것들에 죄책감을 느낀 것임을 곧 알게 됐다. 그들의 눈물은 공감의 표현이었다. 여덟 명의 부모는 서로 사연을 나누며 깊은 유대를 느끼고 있었다.

세미나 진행자는 완벽하지 못한 삶에 대해 죄책감을 느끼는 것은 자연스러운 일이라고 위로한 뒤, 그런 감정을 잘 활용해서 아이의 정신세계, 즉 아이의 생각과 감정, 의도, 욕구를 이해하기 위해 노력해보라고 했다.

둘만 있을 때 데이버 부부는 테드의 내면에 관해 이야기를 나눴다. 데이버 부인은 엄마의 자궁에 있는 태아에 관해 읽은 적이 있었다. 그래서 테드가 태어나자마자 생모와 시간을 보냈다면 태아 때부터 익숙했던 엄마의 목소리와 기질을 알아봤을 거라고 생각했다. 얼마 안 된 시간이지만 생모와 있다가 갑작스럽게 데이버 부인의 품에 안겨 생모와 영원히 이별한 것이 아이의 마음에 상처를 냈을지도 몰랐다. 아기는 자기 목소리를 생소하게 느꼈음이 틀림없었다. 그러자 남편은 그 뒤로 엄마가 계속 목소리를 들려주고 안아주고 했으니 괜찮았을 거라며 아내를 위로했다.

테드가 짜증을 내기 시작했을 때, 데이버는 이 작은 아기의 마음이 슬픔과 상실감으로 가득 차 있다는 것을 깨닫지 못했다. 왜 그런지는 모르겠지만 그냥 아이가 고집을 피우는 것이라고만 생각했다. 많은 생각 끝에 테드의 아빠는 아이가 짜증을 부리는 것은 자신의 마음 상태를 알리는 신호라는 것을 알았고 아이의 얼굴에 서린 두려움과 고통도 알아보기 시작했다. 벌을 주겠다며 아이 혼자 방에 가두는 것은 잘못된 선택이라는 것도 알았다. 유모 그리고 어쩌면 생모와 이별했을 때처럼 부모와 떨어진 느낌을 받았을 수도 있기 때문이다. 그런 테드의 마음을 읽고 벌 받는 시간을 줄여달라고 부탁한 아내에게 그는 갈채를 보냈다. 아내는 테드가 얼마나 견딜 수 있을지 생각했던 것이다.

그는 한동안 아내를 바라보다 조용히 말했다.

"이제야 알 것 같아. 방에 들어가 있으라고 했을 때 어쩌면 테드는 매일 아침 내가 출근할 때와 같은 기분을 느꼈을 지도 모르지. 나는 '안녕, 이따 만나자'라는 말도 않고 나가버렸으니까. 출근 준비하는 소리를 그 아이는 다 듣고 있었을 텐데. 어떻게 용서를 받아야 할지…."

그는 몸을 부르르 떨며 말을 이어갔다.

"아이에게 상처를 주고 있다는 생각은 한 번도 해본 적이 없어. 아예 관심도 없었으니까. 나는 누군가에게 의지하는 기분이 드는 게 무척 싫었어. 그래서 아이가 나에게 의지한다는 것을 이해하지 못했지. 나는 그런 아이를 실망시켰고, 사랑하는 당신까지도 실망시켰어. 진심으로 미안해."

그가 눈물을 흘렸다.

아내와 이런 대화를 나눈 뒤, 테드의 아빠는 열심히 뭔가를 찾아봤다. 그리고 아내에게 애니 머피 폴(Annie Murphy Paul)의 《오리진》이란 책에서 읽었다며 임산부가 받는 스트레스는 태아에게도 영향을 미친다고 했다.

"생모가 임신한 채로 세계 곳곳의 위험 지역을 돌아다닐 때 테드가 심한 스트레스를 받았을 거라는 걸 알고 정말 놀랐어. 그녀는 힘들고 위험한 상황 속에서 늘 극도로 경계하고 조심했을 거야. 폴에 따르면, 엄마의 그런 상태가 아기에게 전달될 수 있고 태어난 뒤에도 그런 기분을 겪을 수 있대. 즉 테드는 변화를 유난히 경계하고 예민하게 받아들일 수 있다는 거지. 앞으로는 아이가 지나치게 조심하거나 신경을 쓰며 지내지는 않는지 잘 살펴봐야겠어."

테드가 변화를 어떻게 받아들일지 알게 되자, 테드의 아빠는 자신이 조금은 좋은 부모가 된 것 같은 기분을 느꼈다.

이제 그들은 테드가 왜 그렇게 짜증을 내는지 확실히 알았다. 그동안 쌓인 상실감 때문에 나온 일종의 신경증 같은 것이었다. 또 힘든 감정들을 참을 수 있게 도와달라는 표현이기도 했다. 아이의 마음을 헤아리고 사랑을 담아 지혜롭게 대치할 수 있게 되자, 데이버 부부는 부모로서 새로운 자격을 얻은 것 같은 기분을 느꼈다.


## 4단계 아이의 발달 정도 파악하기

데이버 부부는 다음 세미나에 대비해 초기 아동 발달에 관한 책을 구입했다. 두 살인 테드는 현재 중요한 단계에 와 있었다. 우선 아이는 인형과 장난감들로 자기 생활 중 중요한 부분을 드러내고 이야기를 꾸며가는 상징적인 놀이를 하고 있었다. 그 이야기들은 아이의 마음 상태를 알 수 있는 단서가 될 수 있기 때문에 부부는 더욱 관심을 갖고 지켜보기로 했다. 또 테드는 아침을 먹으러 계단을 내려오고,

이를 닦고, 옷을 입는 정도의 운동 기능이 발달돼 있었고 인과 관계에 대한 개념도 있어 보였다. 자신이 웃으며 엄마를 반기면 엄마도 웃어준다는 것을 알았다. 블록 쌓기 같은 소근육 조절 능력과 달리기나 점프 같은 대근육 조절 능력도 발달 중이었다.

테드의 어휘력은 비교적 풍부했다. 또 일상에서 원하는 것을 말로 분명히 설명할 수 있었고 부모가 안 된다고 하면 받아들였다. 옳고 그름에 관한 도덕적인 개념이 생기기 시작했고 다른 아이들과 같이 놀기도 했다. 유모가 있을 때는 밤새 잘 잤고 중간에 깨도 혼자 다시 잠들곤 했다.

세미나 진행자는 그런 상실의 경험들이 있는데도 테드의 인지 능력과 운동 능력이 전혀 손상되지 않은 것은 올바른 양육을 받았기 때문이라고 언급했다. 데이버 부인의 따스한 품, 목소리, 몸짓, 젖을 먹이고 달래주는 애정 어린 태도가 자라는 데 필요한 정서적 유대를 느끼게 해준 것이다.

트레바덴(Trevarthen)과 콘돈(Condon)의 《말하기 전: 상호 소통의 시작(Before Speech: The Beginning of Interpersonal Communication)》에 따르면, 유아들은 생후 4개월쯤 되면 엄마가 아기의 팔다리를 만지며 입에서 내는 소리들을 따라할 수 있고 그런 말들의 리듬감도 익히게 된다고 한다. 테드도 생후 4개월 무렵 엄마와 교대로 소리를 내서 소통할 줄 알았고 그 뒤로는 유모를 통해 더욱 폭넓게 발달됐다. 낮에 자신을 돌봐주던 사람이 엄마에서 유모로 갑자기 바뀌었을 때 테드는 우는 소리를 내거나 젖을 짧게 먹고 밀어내는 것으로 자신의 기분을 전달했다. 하지만 결국은 자신에게 잘 맞춰주는 유모에게 적응했고 낮에 유모가 있을 때는 잘 지내는 것 같았다. 부모는 몰랐지만 테드는 그때부터 밤에 부모가 다투는 모습을 보곤 했다.

한 살 반 무렵 테드가 쓸 수 있는 단어는 얼마 되지 않았다. 하지만 듣는 능력은 월등했기 때문에 아빠가 집을 나가겠다는 하는 말을 하기 시작하자 그 말을 알아듣고 더욱 힘들어했다. 테드는 주의력이 워낙 뛰어나서 아빠가 심각하게 말하거나 목소리가 높아졌을 때 엄마가 쏘아보는 것을 지켜봤을 수도 있다. 몇 개월 뒤에는 별거에 대해 이야기하면서 괴로워하는 부모의 표정도 봤을 것이다. 이런 상황 역시 테드를 불안하게 만들었을 것임에 틀림없다.

세미나에서 토론한 뒤 데이버 부부는 지금까지 2년 동안 테드가 겪었을 여러 가지 상황들을 정리해봤다. 유모가 떠났을 때 테드가 정서적으로 왜 그렇게 힘들어했는지도 알 것 같았다. 유모가 떠난 것은 테드에게 절대 이해할 수 없는 일이었고, 생모와 떨어져야 했던 기억이 본능적으로 떠올랐을 수도 있다. 태어나자마자 애착 대상을 잃은 경험은 앞으로의 애착 관계를 알려주는 견본처럼 아이의 마음에 단단히 박혔을 것이다. 그리고 안타깝게도, 아이가 아무런 준비도 되어 있지 않을 때 예기치 못한 상실은 계속 되풀이됐다.

어린이집에 다니게 됐을 때 아이의 슬픔은 최고조에 달했다. 엄마가 자기를 남겨두고 떠나자 분리불안은 더욱 커졌고 결국 거칠게 떼를 쓰는 것으로 그런 상태를 표현했다. 부모는 이런 일련의 사건들 때문에 아이가 깊은 상실감을 느끼고 있다는 것을 전혀 몰랐다. 그래서 돌봐주는 사람이 바뀔 때는 적응할 수 있는 기간을 가져야 아이의 정서 발달에 도움이 된다는 것도 알지 못했다. 유모가 처음 왔을 때 아이가 새로운 사람에게 익숙해질 때까지 엄마가 몇 주 동안 같이 지냈다면 좋았을 것이다. 어린이집에 보낼 때도 엄마가 몇 시간 정도 같이 있어 줬다면 적응하기가 더 수월했을 것이다. 부부는 앞으로 또 이런 경우가 생기면 신중히 계획해서 아이의 정서 발달을 도와야 한다는 것을 알게 됐다.

두 살인 테드가 감정을 자제하지 못하는 것은 누적된 괴로움 때문에 힘들어하고 있다는 증거였다. 좌절과 실망 그리고 말로 설명할 수 없는 상실감은 두 살짜리 아이가 감당하기에 버거운 것이었고 절대 간과해서는 안 되는 중요한 것이었다.

잉지 브레설튼(Inge Bretherton)의 《마음 이론: 정신 상태와 사회적 이해(Theories of Mind: Mental States and Social Understanding)》에 따르면, 언어는 사람들과 의사소통을 하고 생각을 교환하는 데 매우 중요한 역할을 하는 것으로 보인다. 하지만 유모가 떠난 뒤 테드가 하염없이 소파에 누워 있고, 밤에 잠을 못자고, 어린이집에 들어갈 때 떼를 썼던 것처럼, 전달하고 싶은 의미는 의도적인 행동과 몸짓을 통해서도 표현된다. 브레설튼은 이렇게 말한다.

"생후 9개월쯤 된 유아들은 상대방을 이해하고 자신도 이해받고 싶어 한다."

자신이 입으로 낸 소리와 몸짓에 담긴 의미를 상대방이 알아주길 바란다는 뜻이다. 어린 테드는 떼를 쓰면서까지 자기 기분을 알리려고 노력했었다. 하지만 아무도 자기 마음을 읽지 못한다는 것을 알았을 때 이런 기대는 일찌감치 깨져버렸다.

## 5단계 문제 해결하기

테드의 부모는 수없이 자신을 성찰했다. 아이의 마음을 헤아리고 얼마나 성장했는지 알고 있으면 부모 지능을 일깨우는 데 도움이 된다는 것도 알게 됐다. 오랜 시간에 걸쳐 아이의 마음을 읽고 발달 정도를 파악하고 나자 문제는 자연스럽게 해결됐다. 이제 데이버 부부는 테드의 복잡한 심리 상태를 완전히 이해했고 발달 상태도 고르지 못하다는 것을 깨달았다. 테드는 인지력·언어·운동 능력은 우수했지만 정서적인 부분은 또래에 비해 훨씬 뒤처져 있었다. 그래서 되도록 많은 시간을 아이와 함께 보내기로 결정했다.

테드는 언어 능력이 뛰어났기 때문에 엄마는 여러 가지 감정들에 대해 대화를 해보는 것이 어떨까 싶었다. 처음부터 바로 싱실감이나 분리불안 같은 감정을 꺼내지는 않고, 아이가 노는 것을 보며 감정을 뜻하는 어휘들을 표현해보기로 했다. 엄마는 이야기를 지어내 들려주는 방식으로 아이가 어떤 걸 보고 "행복하다" 또는 "슬프다"고 하는지 알아봤다. 일단은 여자 인형을 보여주고 지금 아빠가 안아주고 있기 때문에 "행복해한다"고 말했다. 그러자 테드는 자신에 대해 "행복하다", "슬프다"는 말을 사용하기 시작했다. 어린이집에서도 그런 말을 쓰기 시작한 모양이었다. 한번은 교사가 전화를 해서 다른 아이가 우는 것을 보고 테드가 "슬프다, 슬프다"는 말을 했다고 알려줬다. 그림을 그리며 재미있어 할 때는 "이 그림 속에 있는 아이는 행복해요"라고 말했다고 한다. 교사는 이렇게 감정을 드러내는 대화를 어린이집에서도 하게 할 생각이라면서 집에서도 계속 해달라고 했다.

그러던 어느 날 아침, 어린이집에 데려다 준 뒤 회사에 가려는 엄마를 보고 테드가 울자 엄마는 아이를 안아주며 이렇게 말했다.

"테드, 엄마가 일하러 가서 슬픈 거야?"

그러자 테드는 엄마를 힘줘 꼭 끌어안더니 다른 아이들이 있는 곳으로 가서 놀기 시작했다. 아이가 원했던 것은 자기 마음을 느끼고 알아주는 것이 전부였다. 엄마가 그렇게 하자 아이는 곧 엄마를 놔주고 다른 아이들과 어울렸다. 엄마는 안심이 됐고 아이와 마음이 통한 것 같아 희망도 갖게 됐다. 테드는 자기가 왜 우는지 엄마가 이해했다는 걸 알았던 것이다.

한편 테드의 아빠는 감정을 표현하는 언어를 쓰는 것이 훨씬 힘들었다. 그런 단어들을 써본 경험이 거의 없기 때문이었다. 하지만 아이와 함께 있는 아내를 보며 그 역시 아들을 위해 새로운 감정의 문을 열게 됐다. 어느 날 회사에서 돌아온 아빠는 테드에게 놀고 싶은지 물었다. 퇴근 후 집에 오자마자 곧바로 아이에게 관심을 보인 것은 이날이 처음이었다. 테드는 곧장 장난감 기차를 가지고 와서 기차가 트랙을 도는 모습을 보여줬다. 아빠는 자신을 바라보고 있는 아들의 얼굴이 기쁨과 기대로 가득 차 있는 것을 봤다. 사실 그는 기차놀이를 어떻게 하는지 잘 몰랐다. 그때 마침 공으로 가득 찬 바구니가 눈에 들어왔다. 공놀이는 어느 정도 할 수 있겠다고 생각한 아빠는 미소를 지으며 테드에게 말했다.

"두 손을 그릇 모양처럼 만들어서 그 안에 공을 담을 수 있겠니?"

처음에 테드는 공을 떨어뜨렸지만 몇 번 시도한 끝에 결국 성공했다.

"아빠, 했어요!"

테드가 외쳤다. 그렇게 아빠와 아들은 즐겁게 놀았고 방안은 두 사람의 흥분으로 가득 찼다. 테드의 아빠는 자기가 잘하는 것을 아이와 함께하기로 했다. 스포츠였다. 지금까지 그는 두 살짜리와 놀 수 있다는 생각을 한 번도 해본 적이 없었다. 그런데 지금은 놀랍게도 그 자신이 원하고 있었고 이것은 그에게 새로운 성취감을 안겨줬다.

아빠는 인터넷을 뒤져 유아용 체육관을 찾았다. 그러다 소프트 짐이라는 곳을 알게 됐는데 다양한 높이의 미끄럼틀과 터널들이 있었다. 그물망은 수백 개의 소프트볼로 채워져 아이가 뛰어내려도 안전했고 바닥 역시 푹신한 쿠션이 깔려 있었다. 광고에는 두 살부터 네 살까지 이용할 수 있다고 쓰여 있었다. 데이버 부인은 남편이 이렇게 관심을 갖고 노력하는 것에 놀랐다. 그리고 어느 토요일 온 가족이 함께 그 체육관을 찾았다.

엄마가 지켜보고 있는 가운데 테드와 아빠는 그물망에 뛰어내리기도 하고 긴 미끄럼틀을 타기도 하며 신나게 놀았다. 바닥은 푹신하고 탱탱해서 다칠 염려도 없었다. 테드는 자연스럽게 네 살짜리 여자 아이를 따라다니며 아주 용감해졌다. 그리고 그 여자아이가 뭘 하든 다 따라했다. 테드는 마음껏 웃으며 즐거워했고 아빠 역시 마찬가지였다. 그의 어린 아들은 처음 하는 이 놀이를 조금도 두려워하지 않았다. 오히려 무척 좋아했다. 아빠는 그런 아들이 자랑스러웠다. 네 살짜리 소녀를 졸졸 따라다니는 모습도 재미있었다. 심지어 테드는 느닷없이 그 소녀를 끌어안아 깜짝 놀라게 만들었고 아빠에게 간지럼을 태우기도 했다. 그렇게 두 시간을 실컷 놀고 난 테드는 지쳐버렸다. 아이가 노는 모습을 보며 행복해진 엄마는 간식을 먹었고 테드는 유모차에서 잠이 들었다. 데이버 부인은 이런 기발한 생각을 해서 아이를 즐겁게 해준 남편에게 무척 고마워했다. 그러자 테드의 아빠는 아이의 짜증을 겪고 부모 지능을 일깨워 아이를 이해하지 않았다면 이런 일들을 하지 못했을 거라고 솔직히 인정했다. 그는 눈물을 글썽이는 아내를 보며 자신이 테드와 아내를 얼마나 깊이 사랑하는지 모른다고 했다.

테드의 부모는 그들 사이에 해결해야 할 문제도 많았지만 일단은 테드가 참여할 수 있는 수준에서 문제를 해결하기 시작했다. 그들은 테드에게 연민을 느끼고 사랑을 보여줬다. 그러자 떼를 쓰는 일이 점차 줄었고 드디어 스스로 멈추게 됐다. 마음이 힘들어서 떼를 쓴 것이라는 걸 알게 되자 부부는 일관성 있는 태도로 아이가 원하는 것을 들어주기 위해 노력했다. 데이버 부부는 서로를 더욱 깊이 사랑하고 존중하게 됐고 별거 이야기도 하지 않게 됐다. 그들은 서로의 배우자로, 그리고 테드의 부모로 함께 성장했다.

데이버 부인은 자신이 테드를 좀 더 지속적으로 돌봐야 할 필요를 느끼고 집에서 일하자고 했던 직장 동료의 제안을 따르기로 했다. 과거를 돌이켜보니 엄마로서 어떤 일을 겪을지 아무것도 모르면서 그 제안을 단번에 거절했던 자기 모습이 어리석게 느껴졌다. 직장에서 어느 정도의 위치에 있던 그녀는 새로운 결정을 내릴 수 있었다. 그래서 그토록 엄마의 손길을 원하는 아들을 위해 좀 더 오랜 시간을 아이와 보내기로 했다. 그녀의 회사는 십여 년 동안 꾸준한 고객층을 확보한 채 성공 가도를 달리고 있었다. 그래서 두 여성이 회사에 교대로 출근하면서 일주일 중 이틀은 집에서, 나머지는 회사에서 반나

절만 일해도 차질이 없었다. 그러면 남은 시간은 아이들과 보낼 수 있었다. 자기 일에 열정적이었던 데이버 부인은 아침에 테드보다 두 시간 먼저 일어나 일하고 아이가 낮잠 자는 동안에도 두 시간씩 일하기로 했다. 그녀는 주말부터 화요일까지 집에 있기로 했기 때문에 테드는 언제 엄마와 집에 있고 언제 어린이집에 가는지 알게 됐다. 데이버 부인은 저녁마다 미리 다음 날을 준비했다. 어린이집에 가는 날에는 아이가 적응해서 자신이 간 뒤에도 즐겁게 지낼 수 있다는 확신이 들 때까지 기다려줬다. 일을 마치고 데리러 오면 테드는 엄마를 향해 달려와 손을 붙잡고 여기저기 끌고 다니며 그날 자기가 한 것들을 보여줬다. 아이는 정서적으로 안정됐고 많이 좋아졌다.

데이버 부부는 높은 수준의 부모 지능을 깨우쳤다. 부부는 테드와 함께 성장하면서 계속 부모 지능을 발달시키게 될 것이다. 드디어 사랑과 애정이 가득한 집의 문이 열렸다. 하지만 이제 시작이다. 부모는 테드를 키우면서 앞으로도 꾸준히 자신들의 모습을 돌아보고 어떤 부모가 되어야 할지 생각해야 할 것이다.

# 작은 자극도
# 견디기
# 어려운 아이

너무 혼란스러워요.
내가 예상한 대로 되지 않아서 무서워요.
내가 이것을 계속하는 것은
다음에 일어날 일을 알 수 있기 때문이에요.

## 네 살 리

칼과 디어드리 울프는 오하이오 주 콜럼비아 중심가에 있는 안락한 2층 집에서 세 아들과 함께 살고 있었다. 열 살인 빅은 크고 건장한 체격에 활달한 성격이었고 아빠를 닮아 짙은 색 눈동자와 숱 많은 눈썹을 갖고 있었다. 여덟 살인 웨이드는 엄마를 닮아 금발 머리였고 기골이 장대할 만큼 몸집이 좋았다. 그리고 형에 비해 좀 더 진지한 편이었다. 웨이드는 무슨 일이든 열심히 했고 꼼꼼했으며 끝까지 다 마쳤다. 막내인 리는 네 살이었는데 명랑한 성격에 조잘조잘 떠들길 잘했다. 리는 엄마처럼 가느다란 금발에 이목구비가 오밀조밀했으며 혼자 있는 것을 좋아했다. 네 살이 되자 리는 쑥쑥 자랐지만 다른 두 형에 비해 체격은 그리 건장하지 못했다. 어휘력이 눈에 띄게 늘었으며 자신이 좋아하는 것은 뭐든 줄줄 외우는 놀랄 만한 기억력을 발휘했다. 리는 칼과 디어드리가 계획한 가족사진을 완성해준 아이였다.

칼은 따스하고 섬세한 사회복지사였지만 아이를 셋 갖기로 결심한 뒤에는 일을 그만두고 집에서 아이들을 돌보기로 했다. 한편 재능이 많은 디어드리는 건축가로서의 경력을 계속 쌓기로 했다. 그들은 서로를 보완하고 존중하고 사랑하면서 열정적인 결혼 생활을 했다.

칼은 개인적인 생활을 즐기는 사람이었다. 집에 있으면서 아이들을 돌보고 작업실에서 나무로 새들을 조각하는 것을 좋아했다. 그럴 때 아이들은 아빠 옆에서 자신들이 좋아하는 놀이를 했다. 가끔은 아빠에게 연장 사용법을 배우기도 했다. 아이들이 태어나기 전부터 칼은 집 꾸미기를 좋아했고 요리나 세탁 같은 집안일도 척척 해냈다. 그래서 가사를 전담하는 다른 아빠들과 달리 육아와 집안일 때문에 힘들어하는 일이 없었다. 그는 전국 남성 주부 연합(At-Home Dad Network)의 후원을 받고 있는 모임에서 활발히 활동했고 자신과 비슷한 뜻을 가진 다른 아빠들도 알게 됐다.

첫째인 빅을 키우던 2년 동안 칼은 부모 지능에 관한 세미나에 참석했고 그곳에서 알려준 양육 방식을 자연스럽게 따랐다. 웨이드가 태어나자 그는 과거에 배웠던 내용을 복습하면서 계속 같은 방식을 고수했다. 아이들은 각자 독특한 욕구와 정체성을 가진 한 인간이므로 존중받아 마땅하다는 것이 그의 개인 철학이었다. 빅이 막 세 살이 됐을 때 이웃에 사는 어떤 사람이 빅에게 엄마와 아빠 중 누구를 닮았는지 물었던 적이 있다. 그때 빅은 곧바로 "나는 나예요. 빅"이라고 대답했다. 그 모습을 보고 칼은 자신이 잘하고 있다고 생각했다.

아이들이 자라는 동안 칼은 의식이 있는 아빠로서 중요한 결정을 내렸다. 지역 사회의 중산층 부모들에게서 유행하고 있는 '계획적인 사회화'의 물살에 휩쓸리지 않기로 한 것이다. 이것은 아이들을 수많은 활동에 참여하게 해서 공부와 운동 모두 경쟁력 있는 사람으로 키우자는 생각으로 번진 유행이었다. 그는 헬리콥터 부모들 때문에 아이들이 과중한 부담을 갖게 될 것이며, 간혹 그런 삶에 적응하는 아이들이 있더라도, 자신이 좋아하고 재능이 있는 분야를 찾아 마음껏 탐험할 수 있는 기회를 놓치는 것이라고 생각했다. 사회화란 정해진 틀 없이 자연스럽게 일어나야 한다는 것이 그의 소신이었다. 그는 주변 사람들이 하는 대로 따랐다가는 아이들이 스스로 시간을 계획하는 법을 익히지 못하고 혼자 또는 다른 사람과 더불어 기쁨을 찾는 법을 모르게 될까 봐 걱정이었다.

빅과 웨이드가 특정 분야에 관심을 보이자, 칼은 관련된 수업을 예약하고 아이들이 선택한 활동도 찾아서 할 수 있게 해줬다. 그는 두 아이가 완선히 다르기 때문에 각각의 속도와 방식대로 사라게 될 것이라고 굳게 믿었다. 웨이드는 스즈키 바이올린 수업을 받겠다고 했다. 음악에 문외한이었던 칼은 아이가 가진 재능에 경외심을 느끼고 그 일부가 되는 것에 기뻐했다. 그는 레슨을 받기 전에 연습하라고 절대 다그치지 않았다. 이것이 그가 원하는 방식이었다. 빅은 뛰어난 아이스하키 선수였다. 강인하고 우아한 동작에 공격적인 전술에도 뛰어났는데 감독이 원정팀에 합류하라고 부담을 주면 거절하고 집에서 주말을 보내는 것을 좋아했다. 칼은 기쁨과 자랑스러움을 느끼며 늘 두 아이가 타고난 재능을 지지해줬다.

칼은 특히 아이들이 아주 어렸을 때 더욱 좋은 아빠였다. 사회복지 교육을 받았기 때문일 수도 있지만 그는 아이들의 눈과 손, 발, 동작 등을 세심하게 관찰했고 작은 변화라도 생기면 무척 기뻐했다. 리가 태어난 지 8개월쯤 됐을 무렵, 칼은 자기가 기억하는 두 아이에 비해 리의 얼굴에 표정이 부족하다는 것을 알아차렸다. 아기였을 때 빅과 웨이드는 아빠가 활짝 웃고 있다가 험상궂은 표정을 지으면 고개를 다른 쪽으로 돌리곤 했다. 그런데 리는 고개를 돌리는 횟수가 더 많은 것 같았다. 그리고 거의 늘 기분이 좋지도 나쁘지도 않은 것 같은 표정을 짓고 있었고 사람에 대해서도 무관심한 듯 보였다. 늘 아이들과 어울려 웃고 떠들며 지냈던 칼은 가끔 아빠로서 모욕당한 기분까지 들었다. 그래도 그는 혼자 있는 것을 더 좋아하는 아이의 성향을 존중했다.

리가 한 살이 됐을 때 칼은 리가 자기 몸에 손대는 것을 싫어한다는 것을 알았다. 그래서 평소 하던 애정 표현도 자제하고 몸으로 신나게 노는 것도 참아야 했다. 리는 적당한 때에 기기 시작했지만 걷는 것은 14개월에 시작해 또래보다 조금 늦었다. 칼은 리가 걸음마를 시작했을 때부터 걸음걸이가 좀 이상하다고 느꼈다. 그렇다고 걱정하지는 않았다. 아이마다 각자의 특징이 있다고 믿었기 때문이다. 가끔 칼은 리가 아빠인 자기에게 너무 관심이 없는 것처럼 느꼈지만 그 역시 '아이의 특징'이라고 생각했다.

칼은 리의 개성을 존중하고 자기식대로 자랄 수 있게 해주기로 했다. 14개월이 되도록 리는 말 한 마디 못했지만 걷기 시작하면서부터는 여러 가지 물건들의 이름을 말하기 시작했다. 자신이 속한 환경이 확대되자 말하는 능력도 발달하는 것 같았다. 두 살 때는 짧은 구절들을 말할 수 있었고, 세 살 때는 수다쟁이가 됐다. 특히 자신이 좋아하는 것에 대해서는 더욱 그랬다. 이런 점 역시 칼은 그대로 받아들였다.

리가 세 살 반쯤 됐을 때 빅과 웨이드가 불평을 하기 시작했다. 리는 자기 말만 하지 들으려고 하지 않는다고 했다. 사실 리는 대화를 하려고 하지 않았고 상대방을 제대로 쳐다보지도 않았다. 칼은 리가 자기 말만 너무 계속해서 아무도 듣고 싶어 하지 않고, 누가 반응을 보여도 신경 쓰지 않으며, 장난감 자동차처럼 자기가 좋아하는 것과 관련된 어휘만 느는 것 같다고 아내에게 털어놓았지만 아이들에게는 동생에게 좀 더 시간을 주라고 했다. 리는 계속 같은 방식으로 자동차들을 줄지어 세워놓고 그 수를 세고 또 셌다. 또 각 자동차의 세부적인 특징을 다 알고 있었고 그것에 대해 끝없이 이야기하는 것도 좋아했다.

웨이드가 동생과 같이 놀고 싶어서 자동차를 만지거나 나른 방향으로 움직이기라도 하면 리는 그 자리에서 펄쩍펄쩍 뛰고 두 팔을 퍼덕이며 격하게 반응했다. 그 모습을 보면 웨이드는 깜짝 놀라서 얼른 자동차를 제자리에 돌려놓았다. 그러면 리는 금방 진정이 돼서 다시 자기가 원하는 방식대로 차들을 줄지어 세워놓았다. 큰 형인 빅은 웨이드에 비해 참을성이 부족했다. 빅은 자동차들로 경주 놀이를 하며 막내 동생이 어디까지 참을 수 있나 시험하고 놀렸다. 그럴 때 리는 멍해진 얼굴로 바닥에 주저앉아 몸을 앞뒤로 세차게 흔들었다. 빅은 동생의 이런 행동이 '기이해' 보이고 불만스러웠지만 심술궂은 형은 되고 싶지 않았기 때문에 동생을 위해 다시 차들을 정리해줬다. 그러면 리는 곧바로 자신이 정해놓은 순서에 따라 자동차들의 위치를 바꿔 세웠다.

이런 놀이 방식 때문에 리는 다른 아이들과 같이 놀지 못했고 리의 유치원 선생님은 정식으로 검사를 받아볼 것을 권했다. 칼과 디어드리는 속으로 주저했지만 결국 선생님의 권유를 따랐다. 평가 결과는 놀랍게도 아스퍼거 증후군이었다. 진단을 내린 전문가에 따르면 리는 다른 사람과 어떤 물건을 공유하는 것을 힘들어할 거라고 했다. 또 뭔가를 자기 방식대로 하려는 욕구와 혼자 있고 싶어 하는 성향은 시간이 지나도 변하지 않을 것이라고 했다. 칼과 디어드리는 아스퍼거 증후군이 사회성과 의사소통 능력에 문제가 있는 전반적 발달 장애라는 것을 알게 됐다. 부부는 유치원에서 검사를 받아보라고 권해준 것이 다행이라고 여겼다. 아스퍼거 증후군은 조기에 발견되지 않는 경우가 너무 많기 때문이었다. 전문가는 리의 상태가 자폐증의 상위 끝 범주라서 언어나 지적 장애는 없겠지만 사회적 신호를 알아듣는 것은 힘들 거라고 했다. 리는 끊임없이 사람들에게 말하고, 그것도 아주 정확한 말들만 하는데도 말이다.

리가 자라는 것을 바로 곁에서 지켜본 칼은 이런 진단을 받아들이기가 쉽지 않았다. 그는 자기 아이가 어떤 유형으로 분류되는 것을 원치 않았지만 그동안 리의 행동을 합리화하려고 했던 것은 인정하지 않을 수 없었다. 반면 디어드리는 몹시 당황했다. 어떤 때 리는 아주 멀쩡해 보였지만 또 어떤 때는 부부가 생각하는 것보다 더 많이 그들에게 의존하는 것처럼 보였다. 부부는 서서히, 아이를 키울 새로운 방법을 찾아야 한다는 것을 깨달았다.

어느 날 저녁, 세 형제가 같이 재미있는 음악 영화를 보고 있는데 리는 특히 더 신이 난 것 같았다. 놀랍게도 리는 주제곡을 그 자리에

148

서 바로 외워 부르기 시작했다. 영화가 끝나고 자야 될 시간이 되어도 리는 그 노래를 부르고 또 불렀다. 형들은 듣기 싫다며 방문을 닫아버렸다. 처음에 칼과 디어드리는 리가 그렇게 빨리 외운 것이 자랑스럽고 기뻐서 아들에게도 그렇게 말해줬다. 이제 엄마는 아이를 살살 달래듯 "이를 닦고 샤워하고 자자"고 말했다. 그 두 가지는 리가 싫어하는 것들이었다. 몸을 깨끗이 하는 것은 리에게 조금도 중요하지 않았기 때문이다. 많은 아이들이 자기 전에 씻는 것을 싫어하지만, 리는 특히 사회화와 관련된 문제 때문에 씻는 것을 전혀 중요하게 생각하지 않았다. 결국 침대에 누워 계속 노래만 부르는 아들에게 지친 엄마는 소리를 지르고 말았다.

"그만해, 리! 넌 간식 못 먹을 줄 알아!"

엄마가 이렇게 폭발하는 모습에 리는 깜짝 놀랐다. 사실 놀라기는 엄마도 마찬가지였다.

일 때문에 낮에 아이들을 못 보게 된 후, 디어드리는 더욱 인내심을 갖고 아이들에게 귀를 기울였다. 하지만 리의 검사 결과가 나온 다음에는 심한 스트레스를 받았다. 리는 엄마의 반응에 놀라 미친 듯이 울어댔다. 소리를 지르는 것은 리가 생각하던 엄마의 모습이 아니었다. 그리고 리는 특히 소리에 민감하게 반응했다. 사실 칼은 여러 달 동안 리의 그런 면을 숨기고 회피해 왔다. 간식을 못 먹는다는 말에 리는 어쩔 줄 몰라 했다. 배가 고파서가 아니라 자신이 예상하는 규칙적인 일상이 깨지는 것이기 때문이었다.

순간적으로 큰소리를 내긴 했지만 엄마는 바로 생각을 바꿔서 리에게 간식을 먹였고 계속 미안하다고 말했다. 디어드리와 칼 모두 이번 일은 빙산의 일각에 불과하다는 것을 알고 있었다. 그들에게는 넘어야 할 산이 많았다.


## 1단계 한 걸음 물러나기

칼과 디어드리는 늘 한 걸음 떨어져 생각하는 것을 실천해왔다. 그런데 이제 막 알게 된 충격적인 소식은 받아들이기 힘들었고 죄책감 때문에 생각하는 것조차 두려웠다. 알고 싶은 것도 많았다.

'우리가 뭘 잘못했을까? 우리 탓일까? 더 일찍 알았어야 했나?'

처음에 부부는 리가 노래를 부르는 것이 재미있고 놀라웠다. 목소리도 좋았고 그렇게 빨리 외우는 것이 신기하기도 했다. 그들은 아이가 자신들을 위해 불러주는 것이라는 생각으로 즐거워했다. 하지만 노래가 끝나지 않고 계속 되풀이되자 점점 거슬리기 시작했다. 아이는 그런 부모를 전혀 개의치 않는 것 같았다. 부모가 어떤 반응을 보이는지 쳐다보지도 않고 끝도 없이 노래만 불렀다. 듣고 있기가 점점 거북해졌지만 부부는 아이가 계속 되풀이하며 노래를 부르고 눈도 마주치지 않는 것이 아스퍼거 증후군 때문인지 몰랐다.

디어드리는 부끄러웠다.

"순간 너무 짜증이 나고 답답했어요. 하루 종일 일하고 와서 피곤했지만 관심을 보여주고 싶었는데… 부당해 보일 수도 있지만, 아이에게 무시당하는 기분이 드니까 엄마로서 인정받지 못하는 것 같은 기분도 들고… 그래서 그렇게 소리를 질렀던 거예요. 그러지 말았어야 했는데. 그래서 미친 사람처럼 계속 미안하다고 말했죠. 리처럼 나도 그 말을 멈출 수가 없더라고요. 문제는 아이도 멈출 수 없어서 그랬던 건데 나는 그럴 수 있는 아이로 대한 거죠."

칼은 아내를 따뜻하게 안아주며 후회하는 마음을 털어놓았다.

"나는 늘 아이들이 자기식대로 자라야 한다고 생각했어. 그래서 리의 특이한 행동을 보고도 문제가 있거나 도움이 필요하다고 생각하지 않고 나 혼자 계속 합리화를 했던 거지. 돌이켜보면 세 살 때부터 뭔가 좀 이상했었는데… 나한테 정말 화가 나. 아이를 위해 뭘 해야 할지 알아보지도 않고 그 아이의 인생을 1년이나 낭비해버렸어. 아이가 딱히 원하는 표정을 짓고 있지 않아도 더 많이 놀아줄 수 있었는데. 리를 진단한 의사는 리가 사람들이 보내는 신호를 이해하지 못할 거라고 했지만 나는 믿지 않아. 리가 그런 유형으로 분류되지 않을 방법을 찾을 거고, 사람들과 어울리는 능력도 키워줄 거야. 불가능하다는 생각은 절대 하지 않을래."

그 말을 듣고 디어드리가 다정하게 말했다.

"칼, 우리 둘 다 자신을 비난해서는 안 돼요. 그런 생각을 갖고 있으면 아무것도 못하게 될 거예요. 진심으로 리를 돕고 싶다면 우리의 마음부터 다시 돌아보기로 해요. 당신은 우리 아이들의 대장이고, 지도자고, 훌륭한 아버지잖아요. 부디 잊지 말아요. 리를 도울 방법을 꼭 찾게 될 거예요."

칼과 디어드리는 부모로서 매우 행복했고, 아이들의 소질과 개성을 알아가는 것이 몹시 즐거웠다. 지금 그들은 절망감을 숨긴 채 서로를 격려했지만 두 사람 다 확신하지는 못했다.

## 2단계 자기 내면 돌아보기

칼과 디어드리는 대인 관계 기술이 발달할 수 있는 방법을 알아보기 위해, 각자의 어린 시절 어떻게 친구를 사귀고 사람들과 어울리는 법을 배웠는지 이야기를 나눴다. 그들의 부모는 사교 활동이 그리 활발한 편이 아니었고 그들도 마찬가지였다. 그래도 각자 친구들이 있었고 부부끼리 만나는 모임도 있었다. 빅과 웨이드는 부모의 자연스러운 친화력을 물려받아 별다른 도움 없이도 알아서 친구를 사귀었다. 그런데 리는 왜 사회적 상호 작용이 어려운지 부부는 함께 생각해봤다.

디어드리는 어릴 때 친구들 무리에 끼기가 얼마나 어려웠는지 떠올렸다. 그녀는 초등학교 때부터 뭔가를 쌓고 집의 복잡한 설계도를 그리는 것에 흥미를 보였다. 어린 나이에도 집중력이 좋았던 그녀는 언젠가 자신이 살고 싶은 집을 몇 시간씩 구상하고 모형으로 만들기도 했다. 다른 소녀들은 이런 것에 조금도 관심을 보이지 않았다. 그래서 그녀는 서로 비밀을 공유하고 때로는 심술궂게 굴기도 하는 소녀들과 가깝게 지내지 못했다. 자신이 아이들과 맞지 않다는 생각에 혼자 있을 때가 많았다. 하지만 2학년 때 좋은 친구를 만났고 어른이 된 지금까지도 가깝게 지내고 있다.

칼은 운동을 좋아해서 사람들과 쉽게 어울렸고 팀 스포츠를 통해 친구들도 사귀었다. 하지만 그에게도 좋지 못한 기억이 있었다. 공부를 잘했던 그는 수업 시간에 늘 정답만 말했기 때문에 선생님의 사랑을 독차지한다고 곱지 않은 시선을 받은 것이다. 하지만 그는 여전히 지식이 느는 것을 즐기고 뛰어난 암기력을 숨기려고 하지도 않으며 느긋하게 대처했다. 그는 자신이 뽐내기를 좋아하는 아이였던 것 같다고 아내에게 멋쩍은 듯 털어놓았다. 칼은 닥치는 대로 책을 읽었고 모든 종류의 지식을 수집하는 것을 좋아했다. 그 시절을 떠올리자 자신이 지금의 리와 비슷했다는 생각이 들었다. 다른 점이 있다면, 그는 다른 사람들의 기분을 파악할 줄 알았지만 리는 그러지 못한다는 것이었다. 거친 아이들이 괴롭히면 칼은 뒤로 물러나 그 아이들을 화나게 만든 부분을 자제할 줄 알았다. 그는 자신의 특이한 성격을 통제하지 못하는 리를 다른 아이들이 어떻게 대할지가 걱정이었다.

사람들과 어울리는 것이 서툴렀던 디어드리는 모임이 있을 때마다 남편에게 의지했다. 칼은 아주 사교적인 성격은 아니었지만 그래도 붙임성이 좋은 편이었다. 부부는 서로가 뭘 원하는지 알았고 큰 모임에 가서도 늘 서로에게 신경을 쓰는 등 유대가 돈독했다. 그들은 둘 다 외동으로 자랐지만 자기 아이들은 그렇게 크게 하고 싶지 않았다. 사회화는 형제들과의 관계에서부터 시작한다고 믿었기 때문이다. 부부는 자신들이 내린 결정에 만족해했지만 빅과 웨이드가 리의 독특한 부분 때문에 혼란스러워한다는 것을 알았다. 그들은 두 형들이 리가 자신들을 싫어한다고 느끼거나 또는 두 형들이 리를 싫어하지는 않는지 걱정이 됐다.

디어드리와 칼은 리의 문제가 유전적인 요인 탓은 아닌지도 궁금했다. 칼도 리처럼 지식을 수집하려는 욕구가 강했기 때문이다. 그런데 리의 관심은 특정 부분에 국한돼 있었다. 칼은 혼자 조용히 있는 것을 좋아했지만 상황에 따라 다른 사람들에게 맞출 줄도 알았다. 그에 비해 리는 은둔하는 스타일이었고 사회적 상황을 인식하는 능력이 부족했으며 정서적인 유대도 최소 수준이었다. 무미건조 자체였다.

디어드리는 리처럼 혼잣말을 길게 하지는 않았지만 아무 감정이 담기지 않은 단조로운 목소리로 말할 때가 많았다. 두 사람 모두 다른 사람들이 자신을 어떻게 생각하는지는 별로 신경을 쓰지 않는 것 같았다. 그러나 실제로 그 둘은 쉽게 상처를 받을 수 있는 사람들이었다. 가끔 디어드리는 자신이 느끼는 기분과 전혀 다른 무표정한 얼굴을 하고 있곤 했다. 그래서 칼은 아내의 기분이 어떤지, 자신이 잘못 읽은 것은 아닌지 물어봐야 한다는 것을 알고 있었다.

디어드리는 필요 이상으로 격식을 차린 단어들을 자주 사용했고 사람들에게 지적을 받기도 했다. 그녀는 일상적인 대화중에도 "앞서 언급한", "… 하지 말거라", "… 이후로" 같은 단어들을 썼고 리는 그런 말들을 따라했다. 네 살짜리 아이에게 이런 말들은 훨씬 기이하게 들렸을 것이다. 진단 전문의를 다시 찾아갔을 때 그는 아스퍼거 증후군이 있는 아이들은 또래보다 어른들의 말투를 따라하는 경향이 있다고 했다.

"우리 엄마도 그런 식으로 말했던 것 같아요. 그래서 나도 그런 말을 쓰게 된 거고요."

디어드리가 말했다. 그녀는 리의 문제가 더 나빠지지 않도록 평소 하는 말에 더욱 신경을 쓰기로 했다. 그리고 자신들의 부모가 아주 옛날 사람처럼 말할 때가 많았다는 것을 깨달았다.

"어쩌면 아스퍼거 증후군은 우리 친가로부터 이어진 것일 수도 있어요."

디어드리가 죄책감이 가득한 얼굴로 말했다.

"제 할아버지 형제 중에 은둔 생활을 하면서 하루 종일 아시아 역사에 대한 글만 썼던 것으로 유명한 분이 있었거든요. 문학적인 차원에서 글을 잘 썼는지 어떤지는 모르지만 역사적 사실들을 수집하는 것을 좋아하셨던 것 같아요. 다른 사람들에게는 아무 관심도 없었죠. 누구와도 이야기하지 않고 혼자 살았기 때문에 그런 자료들을 어디에서 얻는지 아무도 몰랐어요. 지금도 그분의 책들이 있어요."

자신들의 사회화 성향을 돌아보자 부부는 리의 문제를 좀 더 깊이 이해하게 됐다. 리의 사회화 능력을 높이기 위해서는 놀이나 대화를 할 때 순서를 지키지 못하는 것을 해결하는 것이 급선무였다. 부부는 세 아이 모두를 위해 아스퍼거 증후군에 대해 더 많은 것을 알아보기로 했다.

### 3단계 아이의 마음 헤아리기

리의 정신세계는 자신이 속한 세상을 이해하는 방식에 영향을 미쳤다. 부모는 아이의 관점으로 세상을 보기 위해 스스로도 자료를 찾아보고 전문가들의 조언도 들었다. 칼과 디어드리는 상대방이 자신을 알아준다는 기분이 리와의 생활에 힘이 되는 것을 알았기 때문에 아이의 감정을 헤아리려고 노력했다.

일단 아이가 눈을 잘 맞추지 않는 것부터 시작했다. 디어드리는 리가 다른 사람들을 보지 않기 때문에 표정을 못 배우는 것이 아닌가 하는 생각이 들었다. 자신은 감정을 읽기 힘든 얼굴이었지만 칼은 표정이 매우 풍부하고 인상적이었다. 칼을 처음 만났을 때 그녀가 매료된 것도 바로 이점 때문이었다. 칼이 지켜본 결과 리는 아빠보다 엄마를 보는 것을 더 편안해했다. 엄마의 얼굴이 별다른 자극을 주지 않기 때문인 것 같았다. 부부는 리가 한 번에 받아들일 수 있는 자극의 양이 적다는 잠정적인 결론을 내렸고 이에 따라 칼은 노골적인 표정은 되도록 짓지 않으려고 했다. 리는 온몸으로 의사를 표현하고 웃음소리도 걸걸한 빅보다 다소 진지한 성격의 웨이드를 더 편해했다. 칼과 디어드리는 리의 정신세계를 조금씩 이해할 수 있을 것 같았다. 리에게는 아주 작은 자극도 엄청나게 큰 것이 될 수 있었다.

칼이 보기에 리는 혼자 계속 떠들거나 노래를 하면서도 소리에 무척 민감한 아이였다. 자기가 내는 소리와 주변에서 들리는 소리를 다르게 받아들이는 것 같았다. 리에게 다른 사람들의 목소리는 울림이 강한 하나의 소음일 뿐이었고 아이를 몹시 불안하게 만들었다. 디어드리는 저녁을 먹을 때 갑자기 여럿이 말을 하기 시작하면 리가 귀를 막는다는 것을 알아차렸다. 자신이 소리를 지른 날 밤에도 리는 귀부터 막았었다.

"오후에 식품점에 갔을 때 리가 귀를 막았어."

칼이 아내에게 말했다.

"사람이 많은 곳과 소음을 못 견뎌 하더라고. 혼돈 속에 있는 것 같은 기분이 들었을 거야. 혼자 계속 투덜거리면서 카트 속으로 몸을 숙이고 귀를 막았지."

리는 주변의 소리들을 잘 거르지 못하는 것 같았다. 세상이 내는 온갖 불협화음 속에서 자신을 달래는 아빠의 음성에 집중하지 못했다. 리는 "끼익 끽" 하는 쇼핑 카트의 바퀴 소리나 금전등록기의 벨소리 등 자신과 무관한 소리들을 걸러내지 못했다. 마치 모든 소리들이, 아빠의 다정한 음성까지도, 한꺼번에 몰려들어 경쟁하듯 아이를 자극하는 것 같았다.

"식품점에서 나는 소리들은 리에게 혼란스럽고 고통스러운 소음이었을 거야. 그곳을 빠져나와 조용하고 친숙한 차에 태워 안전벨트를 매줄 때 얼마나 기쁘던지… 마음속으로 엄청난 혼란을 겪었을 텐데도 별다른 말썽을 피우지 않아 많이 칭찬했어."

칼과 디어드리는 리가 밝은 빛에 민감해서 눈을 잘 못 맞출 수도 있다는 것을 알게 됐다. 어린 남자 아이들은 대부분 장난감 자동차를 무척 좋아한다. 그런데 리는 사동차도 늘 같은 방식으로만 갖고 놀았다. 각각의 차에 꼼꼼하게 이름을 붙여주고 늘 같은 순서로 줄을 세우고 또 세웠다. 리가 이처럼 줄 세우는 것에만 집착하자 형들은 자신들이 하고 싶은 것에는 아무 관심도 없다고 불평하면서 동생을 멀리하기 시작했다.

빅은 어릴 때 혼자 놀고 싶어도 자기가 뭘 할 때마다 웨이드가 따라 해서 귀찮아했던 적을 떠올렸다. 빅이 말했다.

"그런데 이건 더 안 좋아요. 내가 뭘 하든 아무 관심이 없어요. 늘 로봇처럼 말하고 방안에 자기 혼자 있는 것처럼 행동한다고요!"

리의 대응 기제가 감당하기에 세상은 너무 시끄럽고, 너무 밝고, 너무 사회적이란 것을 알고 나자 부부는 일상적인 사회적 신호들을 익히는 것이 리에게 얼마나 어려운 일인지 이해할 수 있었다. 사회적 상호작용이 부족해서인지 리는 또래보다 많이 뒤처져 있었다. 다른 아이들은 스트레스를 받을 때마다 팔을 퍼덕이고 몸을 흔들고 이상한 말투를 쓰는 리를 멀리했다. 그 때문에 아이들과 어울려 사회적인 경험을 할 시간은 더욱 줄었다.

"리는 행동으로 말을 하는 것 같아."

칼이 말했다.

"같은 행동을 계속 되풀이하는 것을 말로 바꿔 본다면 아마 이런 말이 될 거야. '너무 혼란스러워요. 내가 예상한 대로 되지 않아서 무서워요. 내가 이것을 계속하는 것은 다음에 일어날 일을 알 수 있기 때문이에요. 나를 방해하거나 그만두라고 하지 말아주세요' 같이."

부부는 세상을 탐험하는 것보다 자신에게 몰입해서 진정하고 싶은 아이의 정신세계를 이해할 수 있었다. 노래를 부르며 즐거워했던 밤, 잠시나마 아이의 세상은 풍요로웠다. 리는 무척 재미있어했고 다른 가족들과 함께 행복해했다. 너무나 멋진 경험이었고 매우 드문 일이었다. 그런데 가족이 아닌 노래에 몰입하게 되면서 행복했던 시간은 작은 재앙으로 끝나고 말았다. 리는 스스로를 통제하지 못하고 끝없이 노래를 불렀다. 리는 이렇게 같은 것을 되풀이하는 것이 즐거웠다. 그러면서 주변 자극에 쉽게 압도되는 자신의 감각 세계를 스스로 통제하고 질서를 부여하는 기분을 느끼는 것 같았다. 리에게는 자신을 사랑하는 사람들보다 노래를 부르는 것이 더 의미가 있었다. 사람들은 자신이 예측하지 못하기 때문이다. 사람들은 리가 하는 대로, 같은 일을 같은 규칙에 따라 늘 같은 방식으로 하지 않는다. 리는 사람들의 몸짓과 말투를 해석하지 못하기 때문에 그들이 따르는 무언의 사회적인 규칙들을 받아들일 수 없었다.

아이를 깊이 이해하게 된 칼과 디어드리는 빅과 웨이드에게 동생의 세상을 말해줄 때가 됐다고 느꼈다.


## 4단계 아이의 발달 정도 파악하기

부부는 리가 잠든 조용한 밤에 빅과 웨이드에게 리가 받은 진단을 말해주기로 했다. 그들은 모두 거실에 모였다.

"엄마와 내가 리에 대해 할 말이 있단다."

칼이 시작했다.

"리는 같이 의논하기엔 너무 어려서 잠들 때까지 기다린 거야. 좀 더 자라면 리에게도 이야기해줄 거야."

"우리 모두는 리를 너무나 사랑하고 이해하고 싶어 해."

디어드리가 말을 이었다.

"리에게 좀 특이한 면이 있다는 것은 너희들도 알 거야. 엄마, 아빠는 리가 아스퍼거 증후군이라는 것을 알게 됐어. 그래서 사람들과 어울리는 방식이 많이 다른 거였어. 리는 대화하는 법을 모르고 사람들이 말할 때 자기 차례를 기다려야 한다는 것도 몰라. 그래서 너희들에게 말할 기회를 주지 않고 혼자서만 오래 떠드는 거야. 하던 말이 중단되면 잠깐 기다렸다가 멈춘 부분에서 정확히 다시 시작하지."

부모의 말을 듣고 강한 관심이 생긴 빅이 이마에 주름을 잡으며 물었다.

"병이에요? 치료는 된대요? 약을 먹으면 돼요?"

칼은 예상치 못한 질문이라 잠시 생각한 뒤 대답했다.

"푹 쉬면서 약을 먹으면 낫는 감기 같은 것이 아니야. 리는 평생 이것 때문에 힘들게 살지도 몰라. 이 증후군은 세상을 경험하는 뇌의 방식과 연관돼 있어. 좀 자란 아이들은 같은 행동을 계속 되풀이하는 것을 줄이기 위해 약을 먹기도 한다지만 리는 너무 어려서 안 돼. 대신 우리가 도와줄 수 있는 방법들이 많아."

"돕기도 해야 하지만 그보다 더 중요한 것은 리를 이해해주는 거야. 의도치 않게 너희들의 기분을 상하게 할 수도 있거든."

디어드리가 말했다.

"다른 사람들의 관심거리는 이해하지 못해. 그래서 자기 이야기만 하는 거야. 그러면 리가 너희들을 좋아하지 않는다고 생각할 수도 있는데 그런 건 아니란다. 그냥 좋아하는 마음을 어떻게 보여줘야 할지를 모르는 거지. 차를 계속 줄 세우는 것은 우리가 보기엔 지루할 수도 있어. 그런데 리는 그렇게 하면서 안정감을 느낀단다. 우리가 순서를 바꾸려고 하면 화를 내지. 리는 변화를 두려워하기 때문이야. 보통 아이들과 노는 방식이 완전히 다르지. 우리가 도와주면 좀 더 다양한 방식으로 놀게 할 수 있을 거야. 단 아주 천천히 해야 해. 그래야 리가 겁을 먹지 않으니까. 그리고 너희들도 알고 있겠지만 리는 우리를 똑바로 쳐다보지 않을 때가 많아. 그것도 두려워서 그러는 거야. 리는 사람들을 불안해해. 가족인 우리조차도. 그래서 자꾸 얼굴을 딴 데로 돌리는 거야."

"리한테 문제가 있다는 거 알고 있었어요."

160

웨이드가 끼어들었다.

"왜 그렇게 다른지 늘 궁금했어요. 하지만 저는 리가 진짜 똑똑하다고 생각해요."

"맞아, 웨이드."

칼이 미소를 지으며 말했다.

"리가 가진 능력 중에 정말 흥미로운 부분은 누구도 따라올 수 없을 만큼 놀라운 암기력이야."

"맞아요. 리가 노래를 불렀던 날 밤에 알았어요."

웨이드가 대답했다.

"그때까지 우리 가족 중 음악가는 나밖에 없다고 생각했었어요. 그런데 리는 순식간에 가사와 곡을 외워버렸어요. 리는 음악을 좋아해요. 그건 분명히 멋진 일이에요."

하지만 리 때문에 괴로운 부분도 있었다.

"이런 말을 해서 미안하지만, 리는 목욕을 잘 안 하고 날마다 샤워도 안 해요. 그리고 저는 엄마가 왜 그냥 내버려두는지 모르겠어요. 이것도 리의 그 문제 때문인가요?"

"그래, 맞아."

칼이 대답했다.

"리는 이제 겨우 네 살이고 그 나이 아이들은 지저분한 것에 별로 신경을 쓰지 않아. 하지만 리는 그런 경우가 아니지. 그냥 다른 사람들이 자신을 어떻게 볼지 관심이 없는 거야. 사람들과 어울리는 것을 잘 모르니까 샤워나 외모 같은 것에 신경을 안 쓰는 거지. 하지만 나는 그 부분을 변화시킬 방법을 찾을 수 있을 거라고 생각해."

칼은 리가 네 살짜리들이 한 수 있을 만큼 혼자 옷을 입지 못한다는 것을 알고 있었다. 한번 외출을 하려면 칼이 억지로 셔츠를 입히고 양말을 신겨야 했다. 그럴 때 리는 자기만의 단조로운 독백에 빠져 있었다.

웨이드는 그것 역시 단번에 알아차렸다.

"음, 아빠 그게 문제일 수도 있지만 아까 말한 것처럼 리는 절대 멍청하지 않아요. 네 살짜리치곤 아주 영리하다고 생각해요. 여러 가지 사실들을 많이 알고 있거든요. 매일 아침 속옷과 셔츠, 바지, 양말, 신발이 필요하다는 것도 리는 알고 있어요. 아빠가 계속 해주시면 리는 절대 혼자 못할 거예요. 리의 뇌가 나와 어떤 식으로 다르게 작용하는지 더 알고 싶긴 하지만 바보 같은 취급을 받아서는 안 된다고 생각해요."

"리가 다른 취급을 받는 게 불공평하다고 생각하니?"

칼이 물었다.

"어느 정도는요."

웨이드가 솔직히 말했다.

"아직 정확히는 모르겠어요. 저는 내가 어떻게 보일지 관심이 많거든요. 친구들과도 어울려 놀고 싶고요. 네 살 땐 달랐을지 모르죠. 요즘 리는 슈퍼히어로 티셔츠를 입어요. 원래 내 거였는데. 아빠가 저한테 사주신 거잖아요. 저는 그 티셔츠를 입는 걸 좋아했죠. 티셔츠가 멋있다고 했더니 리는 콧방귀도 안 뀌고 딴 데로 가버렸어요."

"그때 네 기분은 어땠니?"

칼이 물었다.

"조금 나빴어요. 내 말을 듣지도 않는 것 같았으니까요. 하지만 그런 것에는 이미 익숙해졌어요."

"익숙해지기 힘들었을 텐데."

칼이 말했다.

"동생에게 티셔츠가 멋있다고 말해줬다니 참 착하네."

"자동차가 그려진 옷을 사주시면 어떨까요? 그러면 리도 그 옷을 좋아할 텐데. 내가 네 살 때 그랬던 것처럼요."

웨이드가 조용히 덧붙였다.

"리는 내 동생이에요. 저는 동생이 행복했으면 좋겠어요."

"네 마음 알아. 그래서 우리도 이렇게 노력하는 거란다."

디어드리가 대답했다.

"어떻게 하면 리를 도울 수 있을지 다 같이 생각해보고 다음에 다시 이야기해보자. 언제든 궁금한 것이 있거나 좋은 생각이 떠오르면 아빠, 엄마한테 알려주렴. 너희들과 리 사이에 문제가 생기면 너희들의 감정을 특히 더 신경 쓸 거야."

이렇게 대화가 오가는 동안 빅은 계속 입을 다물고 있었다. 하지만 그 뒤 많은 생각을 했다. 열 살인 자신이 봤을 때 동생은 뭐든 어눌했다. 친구들의 네 살짜리 동생들은 늘 놀이를 하면서 마구 뛰어다녔지만 리는 좀처럼 움직이지 않았다. 리가 특이하다는 것은 알겠지만, 하루 종일 자동차 줄만 세우는 동생 옆에 같이 앉아 있고 싶진 않았다. 그에 대해 아무 말도 하지 않은 것은 엄마나 아빠가 자신을 나쁜 형이라고 생각하는 것이 싫어서였다. 하지만 리가 노는 방법을 '늘릴' 수 있다고 엄마가 말했을 때 좋은 생각이 났다.

다음 날 빅은 자기 방에서 전에 갖고 놀던 자동차들과 커다란 굴삭기를 발견했다. 빅은 바닥에 앉아 한동안 그것들을 바라보면서 자기가 어떻게 갖고 놀았는지 생각해봤다. 대개는 바닥에 쌩쌩 굴리며 놀았다. 빅은 동생에게 없을 것 같은 자동차 하나를 들고 아래층으로 내려왔다.

동생에게 다가간 빅은 조용히 말했다.

"리, 놀라게 해줄 것이 있어. 선물이야. 짜잔!"

리는 얼핏 빅을 쳐다보더니 차로 눈길을 돌렸다. 그리고 작은 목소리로 "고마워"라고 말한 뒤 새 차를 줄에 세웠다.

빅은 그런 동생 옆에서 이야기를 하기 시작했다.

"리, 자동차를 몇 대나 갖고 있니?"

리가 열둘까지 숫자를 셌다.

"와, 많구나. 나한테도 좀 있는데. 갖다 줄까?"

"좋아."

리가 대답했다.

빅이 차 세 개를 갖다 주자 리는 활짝 웃으며 빅에게 줄을 세우게 했다. 빅은 동생이 자기 얼굴을 잘 보지 못한다는 것을 떠올리고 이렇게 같이 놀려고 하면 리가 조금 불안해할지도 모른다고 생각했다.

빅은 작은 소리로 자동차 수를 센 뒤 리에게 말했다.

"이제 네 차는 열다섯 개야."

빅은 리가 너무 흥분하거나 겁을 먹지 않도록 목소리를 낮추고 말했다.

"이 차들은 다 어디로 가는 거니?"

처음에 리는 대답하지 않았지만 빅은 참을성 있게 기다렸다. 드디어 리가 들릴 듯 말 듯한 목소리로 말했다.

"가게에."

빅은 블록 몇 개를 가져와서 앞쪽에 쌓았다.

"여기가 가게야, 리. 이 맨 앞 차는 쇼핑하러 가는 거야."

그러자 리는 형에게 그 차를 블록이 있는 곳으로 움직이게 했다. 그런 다음 재빨리 다른 차들을 그 차 뒤로 이동시켜서 다시 줄을 세웠다.

칼은 말없이 거실에 앉아서 형제가 노는 것을 바라봤다. 빅이 동생과 시간을 보내는 것이 무척 흐뭇했다. 빅이 이렇게 인내심을 발휘하는 경우는 흔치 않았다. 칼은 차들이 어디로 가고 있느냐는 형의 질문에 리가 대답하면서 같이 노는 것이 좋다. 그는 리가 이야기를 만들 수 있는지 몰랐는데 아이는 차들이 가게로 가고 있다는 이야기를 지어낸 것이다. 칼은 빅이 쌓아놓은 블록이 가게를 의미한다는 것을 리가 이해했는지 궁금했다. 빅은 가상의 가게를 만들어서 리의 놀이에 상징적인 요소를 가미했다. 확실치는 않지만 만약 리가 이 상징적인 놀이를 이해했다면 네 살짜리로서 정상적인 발달을 하고 있는 것이기 때문에 칼은 기분이 좋았다.

리가 이런 식으로 노는 것은 처음이었다. 칼은 앞으로의 조짐이 밝게 느껴졌다. 리는 형과 같이 놀면서 사회적인 활동을 했고, 잠시였지만 숫자를 세는 것으로 그치지 않고 수를 활용했다.

빅도 기뻤다. 동생을 안아주자 리는 얼른 뒤로 물러났지만 그래도 짧게 형을 보고 웃어주다 곧 딴 곳으로 눈길을 돌렸다. 그리고 곧바로 사기 세계에 빠져들어 빅에게서 등을 돌렸다. 빅이 한 일은 정말 놀라운 것이었다. 동생과 함께 작은 변화를 만들어낸 것이다.

빅은 아빠도 접근하지 못한 영역으로 들어가 아스퍼거 증후군이 있는 아이들에 대해 중요한 것을 알게 해줬다. 세심하게 다가가되 포기하지는 말라는 것이다.

리의 놀이를 확대시킨 빅의 능력을 보고 칼은 아스퍼거 증후군이 있는 아이들이 무엇이든 말한 그대로 받아들이는 것에 대해 두 아이들과 좀 더 얘기해봐야겠다고 생각했다. 언젠가 리에게 "스물까지 셀 수 있니?"라고 물었던 적이 있다. 그때 리는 "네"라고 했지만 사실은 세지 못했다. 디어드리가 리에게 "너는 내 눈을 가졌어"라고 말하자 리는 이렇게 받아쳤다.

"나는 내 눈을 가졌어요."

칼과 디어드리는 아이들과 의논한 뒤로 그 아이들의 행동과 감수성이 어떻게 바뀌었는지 곰곰이 생각해봤다. 점점 향상되는 부부의 부모 지능은 세 아이 모두에게 도움이 되고 있었다.


**5단계** 문제 해결하기

웨이드는 영리하게도 리가 좋아하는 자동차 그림 티셔츠를 사주자고 했다. 리가 무엇을 좋아하는지 다른 가족들이 알고 있다는 것을 보여줄 방법을 찾은 것이다. 이렇게 하면 리가 사람들과 연결되도록 도울 수 있을 터였다. 빅은 한 발짝 더 나아가 실제로 같이 놀면서 리와 상호작용을 했다. 그것도 아주 다정하고 참을성 있게 행동하면서 리가 다른 사람과 어울리는 능력을 확대시켜준 것이다. 빅과 웨이드의 기발함 덕분에 문제는 이미 해결되기 시작했다. 웨이드의 생각을 듣고 아빠는 리를 좀 더 독립적으로 대하기로 했다.

'리는 변함없는 일상을 좋아하니까 그것을 장점으로 이용할 수 있을 거야. 리라고 해서 밤에 옷을 정리하지 못하리란 법은 없어. 빅과 웨이드는 이미 몇 년 전부터 그렇게 해왔잖아. 디어드리가 잘 가르쳤기 때문이지. 서랍에 셔츠와 바지를 잘 맞춰서 정리해놓으면 리도 쉽게 기억할 수 있을 거야.'

그래서 부부는 리가 예측하는 것이 늘 들어맞도록 정확한 순서대로 옷장을 정리했다. 네 살 리는 일상 위주로 발달하고 있었고 기억은 늘 정확했다. 그런 특징들을 잘 활용하면 반짝반짝 빛나는 깨끗한 모습으로 제시간에 유치원에 가는 아이가 될 수 있을 것 같았다.

리의 놀라운 기억력과 늘 똑같은 일상을 좋아한다는 점을 이용해 부모는 리에게 '아침 규칙 1, 2, 3, 4'를 가르쳤다.

1. 양치질하기
2. 세수하기
3. 속옷 입고 양말 신기
4. 웃옷과 바지 입기

웨이드가 그것을 노래로 바꿔주자 리는 즉시 따라했다. 리는 노래만 하고 규칙을 실천할 생각은 없어 보였지만 그래도 둘은 뭔가를 같이 하고 있었다. 같은 관심 분야, 즉 음악을 통해 형 웨이드와 어울려 논 것이다. 그것은 리가 좋아하는 것을 이용해 실제로 연결될 수 있는 방식이었다.

부모가 정한 일상이 하루아침에 자리를 잡지는 못했지만 2주 뒤 리는 달라져 있었다. 칼은 리에게 얼마나 자랑스러운지 모르겠다고 말해줬고 이 역시 또 다른 긍정적인 상호작용이 됐다.

더 나아가 칼은 리 역시 스스로 뿌듯해하는 것을 느꼈다. 그래서 자기도 모르게 리에게 거울을 보라고 말했다. 한 번도 그래본 적이 없었던 리는 몇 초 정도 거울을 보더니 갑자기 다른 곳으로 가버렸다. 사실 이 제안은 칼이 충동적으로 한 것이다. 그는 아스퍼거 증후군이 있는 아이가 이렇게 할 수 있다는 것을 읽은 적이 없었다. 그 몇 초의 시간에 칼은 힘이 솟는 것을 느꼈다. 리가 거울로 자신의 모습을 봤다는 것은 약간의 거리를 두고 자기 자신을 인식한 것이나 다름 없었다. 짧은 시간이었지만 리에게는 엄청난 발전이었다. 늘 자신의 모습을 보며 사는 사람들의 세상에 속하기 시작한 것이기 때문이다.

남편에게 리가 거울을 본 이야기를 들은 디어드리는 강한 호기심이 생겼다. 어느 날 리와 웨이드가 복도 거울 앞에 서 있을 때 그녀가 리에게 물었다.

"리, 잠깐만. 거울에 비친 너와 형을 좀 보겠니? 형의 모습이 어떻게 보여?"

리는 잠시 자기 옆에 서 있는 웨이드를 쳐다보더니 곧 거울로 고개를 돌려 나란히 서 있는 형과 자기 모습을 봤다. 리가 가만히 보고만 있자 웨이드는 웃음을 터뜨렸다. 리는 그대로 있다가 웨이드가 웃는 걸 보고 다른 데로 가버렸지만 그렇게 물어도 가만있었기 때문에 다시 물어봐도 될 것 같았다. 리는 아주 천천히, 사람들이 사물을 보는 방식과 생각하는 방식이 자신과 다르다는 것을 이해할 수 있을 지도 몰랐다.

칼은 이런 의문이 자주 들었다.

'리가 사랑을 할 수 있을까?'

리의 마음에 들어가기란 정말 어려운 일이었다.

'빅이 새 차를 갖다 줘서 고마워할까? 웨이드가 같이 노래를 불러 줬을 때 리도 즐거웠을까?'

몇 주 뒤 빅은 리에게 커다란 장난감 굴삭기를 선물했다. 이건 정말 누구도 생각하지 못한 사건이었다. 빅은 리를 밖으로 데리고 나가서 진짜로 흙을 파게 해줬다. 처음에 리는 조금 머뭇거렸지만 점점 굴삭기가 작동하는 모습에 빠져들었다. 리는 형의 존재도 잊은 것처럼 계속 흙만 팠다. 빅도 그런 동생을 방해하지 않고 조용히 옆에 앉아 있기만 했다. 하지만 리가 자기 쪽을 흘끔거리며 웃는 것을 보자 너무나 기뻤다.

자신이 속한 세상이 넓어진 것은 리에게 엄청난 소득이었다. 그러나 칼은 리가 자동차와 트럭을 얻은 것뿐 아니라 빅에 대한 호기심 때문에도 동기 부여가 된 것인지 알고 싶었다. 지금까지 리는 빅에게 어떤 관심도 보인 적이 없었다. 솔직히 리의 관점에서 보면, 빅은 너무 시끄럽고 움직임이 커서 자극을 많이 주기 때문에 자신을 불안하게 만드는 사람이었다. 그런데 지금 빅은 동생이 좋아하는 분야를 이용해 천천히 놀아주면서 사랑이 담긴 행동을 하고 있었다. 빅이 자신에게 손을 내밀고 있다는 것을 리도 느낄 수 있을까?

　디어드리는 리가 자주 쓰는 말들에 감정을 표현하는 단어들을 덧붙여서 동생을 생각하는 빅의 마음을 리에게 직접 말해보기로 했다. 그렇게 해서 어휘뿐만 아니라 대인관계에 관한 부분까지 리에게 가르쳐주고 싶었다. 엄마가 어깨에 팔을 두르자 리는 움찔했지만 딴데로 도망가지는 않았다.

　"리, 형이 차를 네 대나 줬더구나. 황금색 재규어 한 대, 날렵한 파란색 경주용 차 한 대, 녹색 지프 한 대 그리고 이게 최고였지. 반짝반짝 빛이 나는 까만색 리무진 한 대. 형이 너한테 왜 그런 선물을 했는지 알고 있니? 생일도 아닌데 말이야."

　"형은 차를 좋아해요. 그래서 방에 모아놨어요."

　"맞아, 형도 너처럼 차를 좋아해. 그런데 더 중요한 게 있어, 리. 형은 너를 사랑해."

　디어드리는 빅의 마음을 생각하며 이렇게 말했다.

　"그게 무슨 뜻인지 알겠니?"

　"형은 나를 사랑해."

　리가 엄마의 말을 따라했다.

　"빅은 나를 사랑해. 빅은 나를 사랑해."

　'사랑'이라는 단어가 리에게 어떤 의미인지 알기는 힘들었다. 그저 놀이처럼 엄마가 하는 말을 따라하는 것뿐일까? 정말 형의 마음을 아는 것일까? 형에게 어떤 생각이 있었다는 것은 리도 아는 것 같았다. 빅도 자기처럼 차를 좋아한다고 말했기 때문이다. 빅이 차를 좋아해서 모아둔 것까지 알고 있다는 것은 굉장한 것임에 틀림없었다.

그러나 감정을 파악하는 것은 전혀 다른 문제로 폭넓은 작업이 필요한 일이었다. 리는 겨우 네 살이었고, 몇 가지 감정을 이해하게 된다 하더라도 시간이 걸릴 터였다. 리는 화를 내고, 겁을 먹고, 불안해하고, 행복해했다. 디어드리는 아들이 그런 기분을 뜻하는 단어들을 알기를 바랐다. 리가 가장 감정적으로 행동했던 적은 노래를 부를 때였다. 리는 옷 입기 게임을 하면서 웨이드와 노래를 불렀지만 나중에는 엄마가 소리를 질렀던 날처럼 주변 사람들을 의식하지 않고 계속 혼자 불렀다.

노래 사건이 떠오르자 한 가지 생각이 났다. 그녀가 궁극적으로 바랐던 것은 리가 가족의 일원이 되는 법을 배우는 것이었다. 즉 다른 가족들이 원하는 모습으로 적응하기를 바란 것이다. 이것은 오랜 시간이 걸리는 장기적인 목표였지만, 일단은 차례 지키기로 시작할 수 있을 것 같았다. 유치원에서는 리가 장난감을 다른 아이들과 공유하지 않는다고 늘 불만이었다. 이 문제를 해결하기 위해서는 거쳐야 할 과정이 많았기 때문에 일단은 집에서 차례를 지키는 연습부터 시작하기로 했다.

어느 날 밤, 디어드리는 아이들을 다 모아놓고 리가 좋아하는 음악 영화를 보여주겠다고 했다. 평소처럼 팝콘과 피자까지 준비해놓고 모두들 즐거운 밤을 기대하고 있었다. 디어드리는 영화에 나오는 노래 가사를 출력해왔다. 영화가 끝나자 그녀는 리에게 노래를 부르는 새로운 규칙을 말해줬다. 엄마가 가리키는 사람이 돌아가면서 한 줄씩 부르는 것이었다. 처음에 리는 무슨 말인지 알아듣지 못했고 직접 보여줘야 알 수 있을 것 같다. 노래 부르는 것을 워낙 좋아했던 리는 엄마가 가족들에게 가사가 적힌 종이를 나눠주는 것을 보면서 조용히 기다렸다. 엄마는 각 줄마다 가족들의 이름을 미리 써뒀다. 그 노래는 여덟 줄이 계속 반복되는 짧은 노래였다. 리는 글을 읽지 못했지만 차례가 되면 엄마가 손으로 지목해줬기 때문에 곧 규칙을 이해하게 됐다. 늘 그랬듯, 리는 규칙을 좋아했고 정확하게 지켰다.

아빠와 빅의 목소리는 형편없었지만 누구도 신경 쓰지 않았다. 그저 다 같이 노래를 부르는 것이 너무나 재미있을 뿐이었다. 계획은 성공했다. 리는 엄마가 자신을 가리켰을 때만 노래를 불렀다. 리는 언제까지나 계속 부를 수 있을 것 같았지만 다른 가족들은 네 번 정도 부른 뒤 모두 지겨워했다. 그래도 어쨌든 리는 차례를 지키는 법을 배웠다. 적어도 이번에는 그랬다.

칼과 디어드리는 리가 배운 것을 일반화하고 새로운 상황에 응용하지 못한다는 것을 알고 있었다. 앞으로도 수없이 차례를 지키고, 감정을 말로 표현하고, 형들하고 놀고, 자기 모습에 신경을 쓰게 하는 연습을 되풀이해야 할지도 몰랐다. 하나하나 세심하게 가르쳐주지 않으면 같은 규칙도 맥락에 따라 달라질 수 있다는 것을 리는 이해하지 못할 것이 분명했다. 하지만 일단 배운 것은 잊지 않았다. 가끔은 암기한 지식을 기계적으로 되풀이하고, 누군가가 말한 대로만 행동할 수 있지만 결국은 그렇게 해서 세상으로 나아가고 조금은 덜 제한된 삶을 살 수 있게 될 것이다.

리는 자기 자신 외에 무언가의 일부, 즉 이 가족의 일원이었다. 칼과 디어드리는 리도 그것을 알고 있다고 느꼈다.

172

# 내성적인 아이에게
# 주의해야 할 10가지

부모
지능
TIP

사회적으로 외향적인 성격을 우대하는 경향이 있다. 그러나 많은 내성적인 사람들이 창의적이고 생산적인 성과를 만들고 성공을 거둔다. 혼자 힘을 집중하고 열심히 노력하는 조용한 아이가 가장 눈에 띄지는 않을 수는 있지만 가장 뛰어날 수 있다.

1. 아이가 내성적이라고 단정 짓지 마라. 단순한 견해 때문에 다른 성격을 보지 못하게 만든다.

2. 아이에게 "소심하다"라는 말을 하지 마라. 자신감을 갖지 못하고 또래 집단에 끼어드는 일을 주저하게 된다.

3. 아이가 "소심하다"라는 말을 들으면 부끄럽고 당혹스러울 수 있으며, 실제로 잠재적인 문제가 있을 경우 그 문제를 더욱 악화시킬 수 있다.

4. '수줍은 아이'라는 꼬리표가 붙으면 특성이 고정될 수 있다. 이러한 자아상이 고정되면 사회성 발달이 더디거나 어려워진다.

5. 아이의 성격은 여러 특성이 있다. "소심하다"거나 "부끄러움을 잘 타네"라는 말을 자주 들으면 자신의 고유한 성격을 타인이 인정하지 않는다고 느끼게 된다.

6. 새로운 상황에 아이가 주저하는 것은 인간관계 때문이 아니라 단지 신중하거나 과도한 자극을 견딜 시간이 필요한 것일 수 있다.

7. 아이는 자기 나름대로의 방식으로 시간이 지나면서 자연스럽게 남들과 동화되는 방법을 배운다.

8. 두려움을 이기고 작은 걸음을 내딛을 때 칭찬해줘라. 조금씩 작은 장애물을 극복하는 자신감을 키워줘라.

9. 아이가 부모와 성격이 다르다면 부모의 성격을 알려줘라. 살아가는 방식이 한 가지가 아니라는 것을 보여줘라.

10. 선생님이라면 수업에 열심히 참여하는 학생이 좋은 학생이라는 생각을 버려라. 조용한 아이가 더 열심히 공부하고 영리할 수 있다.

# 제7장

# 형제
# 사이의
# 질투

아이는 자신이 글을 잘 못 읽는 것 때문에
아빠가 자기를 싫어하고 멀리 가버린 것이라고
생각하는 것 같았다.

# 여섯 살 클라이브

여섯 살인 클라이브와 엄마는 햇빛이 잘 드는 테라스에서 서로 껴안고 앉아 아이패드로 〈니모를 찾아서(Finding Nemo)〉에 나오는 우스운 장면을 보면서 몇 분째 계속 웃고 있었다. 클라이브는 이 영화를 무척 좋아해서 이미 몇 번이나 봤다. 웃으면서 서로를 바라보는 모습을 보면 이 모자 사이가 얼마나 돈독한지 알 수 있었다. 엄마는 햇빛때문에 찡그린 아이의 갈색 눈을 가만히 들여다봤다. 아이가 즐거워하는 것을 보며 엄마도 무척 흐뭇해했다. 서로에게 하는 동작만 봐도 둘 사이의 유대는 몹시 깊어 보였다.

최근에 클라이브는 좀 우울한 상태였기 때문에 엄마는 행복한 이순간을 마음껏 즐겼다. 옆에서는 아리가 아빠와 농구를 하고 있었다. 아리는 클라이브의 일란성 쌍둥이로 언제나 명랑한 아이였다. 아리는 아이의 키에 맞춰진 농구 골대를 향해 공을 던졌고 점수를 낼 때마다 기뻐하며 환호했다. 아리는 매사에 대담하고 자신만만해하는 아이였다. 특히 아빠가 곁에서 활기차게 응원하면서 잘한다고 칭찬해줄 때면 더욱 그랬다. 리처드 가족의 상호 작용은 늘 이런 식으로 이뤄졌다. 호리호리한 몸매에 자신감이 넘쳤던 엄마는 쌍둥이들이 아기였을 때부터 섬세한 보살핌을 원하는 클라이브를 주로 돌봤다. 클라이브는 칭얼거릴 때가 많았고, 밤에 잠도 잘 못 잤으며, 젖도 자주 먹여야 했다. 큰 키에 탄탄한 체격을 가진 아빠는 신생아들을 잘 돌보는 아내를 존경했고, 클라이브보다는 명랑하고 활동적이고 순했던 아리와 아기 때부터 잘 맞았다. 엄마는 조용하고 섬세한 반면 아빠는 좀 떠들썩한 편이었기 때문에 아이들을 이렇게 맡는 것도 자연스러워 보였다. 최근 아빠는 긴 출장이 잦았지만 오늘 만큼은 화창한 날씨 속에서 누구의 방해도 받지 않고 가족들끼리 시간을 보내고 있었다.

쌍둥이들은 외모는 거의 흡사했지만 기질은 완전히 딴판이었다. 그 둘은 분명이 서로를 아끼며 긴밀하게 연결돼 있었지만 관심 분야와 성격은 전혀 달랐다. 둘은 같은 유치원에 다니고 있었고 올해 중반쯤 되면 여섯 살이 될 참이었다. 지금은 봄이었고 학기가 끝나려면 두 달 반 정도 남아있었다. 학기 초에 클라이브는 외향적이고 활달한 아리와 달리 유치원에 잘 적응하지 못했다. 클라이브는 벌써 읽는 법을 배우기 시작한 아리에게 뒤처져 있었다. 하지만 경험이 풍부하고 통찰력도 뛰어난 담임선생님은 늘 따뜻하게 대해주면서 클라이브가 아이들과 잘 어울리고 공부도 열심히 하도록 격려해줬다. 클라이브는 선생님을 무척 좋아했고 선생님이 곁에 있으면 보호받는 것 같은 기분을 느꼈다.

최근 선생님은 클라이브에게 생긴 변화를 알아차리고 걱정이 됐다. 클라이브가 수업 시간에 아리를 때리기 시작한 것이다. 뭔가 문제가 있는 것이 분명해 보였다. 학기 초, 쌍둥이들은 짝꿍으로 같이 앉겠다고 했다. 원래대로라면 따로 앉혔겠지만 쌍둥이들은 서로 끌려 한다는 것을 알고 있었기 때문에 그렇게 하게 해줬다. 그런데 지금 그것이 문제가 된 것이다. 아리가 클라이브보다 먼저 손을 들고 선생님에게 지명을 받으면 클라이브는 아리의 어깨를 때렸다. 둘은 운동장에서도 다투는 것 같았다. 게임을 할 때 아리가 클라이브보다 먼저 하게 되면 클라이브는 화난 얼굴로 아리의 등을 쳤다. 더욱 놀라운 것은 아리가 절대로 같이 때리지 않는다는 것이었다. 그냥 다른 곳으로 자리를 옮기기만 했다. 선생님은 클라이브에게 왜 그러는지 물었지만 아이는 그저 모른다고만 했다. 사과를 하라고 하면 기계적으로 아무렇게나 하고 말았다. 원래 클라이브는 예의 바르고 착한 아이였기 때문에 이런 행동은 이해하기 힘들었다.

집에서도 같은 상황이 벌어졌다. 아빠가 아리에게 관심을 보이자 클라이브가 아리를 때린 것이다. 아빠는 한 달이나 출장 중이었기 때문에 엄마와 쌍둥이들은 날마다 전화와 이메일을 통해 아빠의 부재를 견디고 있었다. 클라이브가 아리를 때리기 시작한 것은 아빠가 돌아오고 난 뒤부터였다. 집에서는 엄마가 선생님처럼 클라이브를 보호해줬다.

집에서 때리기 시작했을 때 학교에서의 상황은 더욱 심각해져 선생님은 결국 리처드 부부에게 전화를 했다. 엄마는 자기가 클라이브를 너무 감싸고돌아서 그런 행동이 나온 게 아닌가 싶다고 했다. 아빠도 인성했지만 엄마는 약간 머뭇거리는 듯했다. 다음 날, 또 클라이브가 아리를 때리자 선생님은 아이를 앉혀놓고 왜 때리면 안 되는지 차분히 설명해줬다. 그리고 그런 행동을 한 벌로 미술 시간에 그림을 그리지 못하게 하겠다고 했다. 그림 그리기는 클라이브가 제일 잘하고 좋아하는 활동이었다. 이미 화가로서의 면모를 보여주고 있던 클라이브는 그 나이로서는 드물게 원근법을 사용할 줄도 알았다.

선생님이 충분히 설명하고 적당한 조치까지 취했지만 클라이브가 아리를 때리는 일은 멈추지 않았다. 벌도 소용없었다. 부모와 선생님은 당혹스러웠고 결국 선생님은 리처드 부부에게 학교의 심리상담사를 만나보라고 권해줬다. 심리상담사는 그동안 있었던 일들을 검토하고 그들 부부에게 부모 지능을 일깨워주면서 지역 도서관에서 열리는 강좌에 등록시켜줬다.


## 1단계 한 걸음 물러나기

한 걸음 물러나 생각하려고 하자 엄마는 여러 감정들이 밀려들어 참을 수가 없었다. 그녀는 클라이브의 문제보다, 남편의 잦고 긴 부재로 인한 좌절감에 빠져 있었다. 자기감정에만 빠져 있다 보니 아이들이 어떤 일을 겪고 있는지도 못 보고 지냈다.

리처드 부부는 그동안 다녔던 출장에 대해 이야기해보려 했지만 문제는 더 심각했다. 남편은 회사 수익이 떨어지는 것을 막으려면 중요한 계약을 새로 맺어야 하고 그러기 위해선 긴 출장을 세 번은 더 다녀와야 한다고 단호한 태도로 설명했다. 새 계약을 하지 못하면 또다시 대출을 받아야 하는데 이제는 그걸 감당할 여력이 없다는 것이었다. 리처드 부인은 남편의 계획이 현실적이라는 것은 인정했지만 그렇다고 화가 가라앉지는 않았다. 남편이 없는 동안 밤낮으로 두 사내아이를 키우는 것은 너무도 힘들었다. 아이들이 학교에 있는 동안 그녀는 백화점에서 일했고 지쳐서 돌아오면 해결해야 할 것들 투성이였다. 자기가 짊어져야 할 짐이 너무 많은 것 같았다.

남편은 한 걸음 물러나 생각하는 이유가 클라이브의 상황을 돌아보기 위한 것과 문제를 해결해보자는 것이라는 점을 짚어줬고 결국 리처드 부인도 클라이브의 행동에 중점을 두고 생각해보기로 했다.

그녀는 남편이 가장 최근에 출장을 떠나던 날, 아리는 아빠를 껴안고 잘 다녀오시라며 입을 맞추는데 클라이브는 그냥 가만히 있었던 일을 떠올렸다.

"클라이브는 어떤 기분이었을까요? 왜 그렇게 서먹서먹하게 굴었는지 모르겠어요."

그러자 남편이 말했다.

"나도 아리에게 작별 인사를 했던 게 기억나는군. 현관까지 달려나와 나를 꼭 끌어안고 너무너무 보고 싶을 거라고 했었지. 그런데 클라이브는 좀 뚱하고 시무룩해 보였어. 당신이 말한 것처럼 그냥 뒤쪽에 서서 내가 '아빠 다녀올게'라고 말했는데도 나한테 오지 않았지. 내가 가서 볼에 뽀뽀를 해줘도 그냥 가만히 있기만 했어."

"저도 기억나요. 클라이브는 좀 우울해 보였어요. 그래서 당신이 진입로를 빠져나갈 때 아이를 꼭 안아줬죠."

부부는 아빠가 집에 전화할 때마다 이런 상황이 되풀이된다는 것을 깨달았다. 아리는 신이 나서 전화기가 있는 곳으로 달려오는데 클라이브는 엄마가 전화를 바꿔줄 때까지 가만히 있었다. 가끔은 아빠와 통화를 하지 않고 자기 방으로 들어가버릴 때도 있었다. 아빠가 돌아왔을 때 아리는 기뻐하며 아빠를 안아줬지만 클라이브는 머뭇머뭇하다 자리를 피했다. 아빠는 클라이브도 안아주고 싶었지만 아무 말을 하지 않았다. 그때 그는 왠지 퇴짜를 맞은 기분이 들었다고 했다.

한 걸음 떨어져 생각해보니 클라이브는 계속 스스로 아빠에게서 멀어지려 했다는 것을 알 수 있었다. 또 부부는 어떻게 선생님이 벌을 준 이유를 클라이브가 모를 수 있는지에 대해 이야기했다. 클라이브는 아리를 때린 것 때문에 그림을 못 그리게 됐다고 생각하지 않았다. 아이의 마음속에는 너무나 많은 것들이 들어 있었다. 부부는 아이의 행동에 어떤 반복적인 패턴이 있는지 알아보기 위해 그동안 있었던 일들을 좀 더 천천히 돌아보기로 했다. 한번은 아리가 아빠와 자전거를 타고 있을 때 클라이브가 아리를 때렸었다. 아빠와 아리가 함께 TV를 보고 있을 때 때린 적도 있었다.

리처드 부부는 클라이브의 행동을 완전히 이해하기 전까지는 어떤 판단도 하지 않기로 했다. 부모로서 이런 마음을 갖게 되자 왜 쌍둥이 중 유독 클라이브만 수동적인 성격을 타고났는지 다시 생각해보게 됐다. 엄마 뱃속에 있을 때부터 부부는 초음파를 통해 아리가 좀 더 활달하다는 것을 알고 있었다. 즉 쌍둥이들은 태어나기 전에 이미 기질적인 차이가 있었다는 뜻이다. 이런 점을 염두에 두며 리처드 부인은 클라이브의 어린 시절을 돌이켜보기 시작했다.

180

## 2단계 자기 내면 돌아보기

리처드 부인은 임신했던 시절부터 찬찬히 떠올려봤다. 부부는 임신 20주째에 초음파를 해보고서야 쌍둥이라는 것을 알았다. 그런데 클라이브가 자궁 안에서 잘 자라지 못하고 있어서 출산 날짜를 정확히 잡을 수 없었다. 클라이브는 아리보다 작았는데 산부인과 의사는 아기가 계속 이렇게 잘 자라지 못하면 유도 분만을 해야 할 수도 있다고 했다. 하지만 다행히 그런 일은 일어나지 않았다.

그렇게 태어난 쌍둥이들은 완전히 달랐다. 2.3킬로그램으로 태어난 클라이브는 젖을 빨지 못해서 집중치료실에서 비강에 삽입한 튜브로 영양을 공급받았다. 의사들은 클라이브가 젖을 빨지 못하기 때문에 자라는 모습을 신중하게 지켜봐야 한다고 했다. 태어난 첫 주, 클라이브는 거의 계속 잠만 잤다. 아리는 2.8킬로그램으로 태어났고 계속 엄마 곁에 있으면서 젖을 먹었다. 리처드 부인은 최대한 클라이브의 곁을 지키면서 아기를 보살폈다. 활기찬 반응을 보이는 아리와는 당연히 쉽게 친해질 수 있었지만, 클라이브와도 깊이 걱정하고 지켜보면서 유대를 키우기 위해 노력했다. 하지만 때때로 클라이브가 사는 조용한 세상에 자신이 속하지 못하는 것 같은 기분을 느꼈다.

리처드 부인은 아무 소리도 내지 않고 잠만 자는 아기를 보면서 외로웠던 자신의 어린 시절이 떠올랐다. 그녀는 이민자 가정 출신이었는데 부모는 딸이 완전한 미국인이 되기를 바라는 마음에 태어나면서부터 영어만 쓰게 했다. 하지만 저녁에는 그들끼리 모국어로 대화를 나눌 때가 많았다. 그럴 때마다 그녀는 소외감을 느꼈다. 부모가 하는 말을 알아들을 수 없었기 때문이었다. 외동이었던 그녀는 부모가 자신들만 아는 언어로 말할 때마다 외로움을 느꼈다. 잠만 자는 클라이브는 부모와 함께 있어도 혼자인 것 같았던 그 시절의 기억을 떠올리게 했다.

쌍둥이들이 퇴원하고 모유 수유를 시작하면서 엄마는 아기들과 점점 깊은 유대를 맺었다. 클라이브는 완전히 건강해졌지만 엄마의 걱정은 여전했다. 생후 7개월 무렵이 되자 쌍둥이들은 서로를 확실히 알아보는 것 같았고 20개월쯤부터는 좋은 놀이친구가 됐다. 리처드 부인은 늘 아기들과 함께했기 때문에, 클라이브와 아리는 엄마보다 서로를 더 좋아하고 의존하는 보통의 쌍둥이들과 달랐다. 또래 아이들이 함께 놀면 서로 경쟁하면서 적개심을 드러내기도 하는데 이 아이들의 관계는 상호보완적인 것 같았다. 즉 아리가 적극적으로 리드를 하면 클라이브가 따르는 식이었다.

남편은 아내가 클라이브를 과잉보호한다고 생각했다. 그는 아리와 성격이 잘 맞았기 때문에 클라이브보다 더 쉽게 가까워졌다. 아이들이 자기 전, 아내는 아리보다 클라이브의 방에 있는 시간이 훨씬 길었다. 숙제를 할 때도 힘들어하는 클라이브의 옆에 앉아 도와줬고 함께 산책을 나가기도 했다. 그가 보기에 아내는 분명히 클라이브를 편애했다. 그래서 자신은 아리가 더 좋다고 공공연하게 인정했다. 그는 아리의 활기찬 기운과 솔직함이 좋았다. 클라이브는 속을 알 수 없는 아이였고 자랄수록 자신과 가까워지는 것을 꺼리는 것 같았다. 사실 아내가 유난히 감싸고돌던 아기 때부터 그랬다. 그에게는 아리와 함께 몸을 부대끼며 신나게 노는 것이 더 잘 맞았다.

아리와 그렇게 놀다 보면 어릴 적 6형제와 함께 자랐던 기억이 났다. 그와 형제들은 늘 넘어지고 다치며 컸고 부모와 그리 가깝지 않았다. 솔직히 그는 부모가 어떤 분들인지도 잘 몰랐다. 그랬기 때문인지 형제들끼리는 더욱 끈끈하게 뭉쳤다. 부모는 아들들에게 별로 애정을 드러내지 않았다. 두 분 다 하루 종일 일을 해야 겨우 먹고 살았기 때문에 형제들끼리 서로를 돌봐야 했다. 형들은 부모가 오기 전에 미리 저녁을 준비했다. 형제들은 숙제도 같이 했고 TV도 같이 봤고 잠도 같이 잤다. 그들은 부모가 정한 규칙을 잘 지켰고, 집안일도 알아서 했고, 자기들끼리 다툼이 생겨도 스스로 잘 해결했다. 부모는 말이 별로 없는 분들이었다. 이 집에서는 감정에 관한 이야기를 거의 하지 않았다.

리처드는 두 아들이 서로 뒹굴면서 놀지도 않고, 쌍둥이인데도 성격이 완전히 다른 것에 놀랐다. 아내가 클라이브와 함께 있으면 그는 자주 아리를 안아줬다. 어느 날부턴가 그는 클라이브가 자신에게 거리를 두는 것이 상처로 느껴졌지만 어떻게 해야 사랑하는 부자 사이가 될 수 있는지 알 수 없었다. 그는 아내와 아이들 문제를 의논하다 이런 마음을 털어놓았다. 그리고 클라이브가 자신을 닮지 않아 늘 불만이었다는 것을 깨닫고 부끄러워했다.

리처드 부인은 솔직히 말해준 남편이 고마웠다. 사실 그녀는 클라이브를 멀리하는 남편에게 실망했고 쌍둥이들이 각자의 역할을 다 하도록 키우는 것은 자신이 맡아야겠다고 생각했다. 남편과 클라이브는 중요한 것을 놓치고 있었다. 그녀는 서로를 알아갈 수 있는 정서적인 공간을 마련해줘야 두 사람의 관계가 좋아질 수 있을 거라고 생각했다. 리처드는 클라이브와 가까워지길 바라는 아내의 진심에 감동받았다. 그리고 자신이 어릴 때는 형제들 때문인지 부모와 거리가 있어도 별 문제가 안 됐지만 이 가정에서는 그렇지 않다는 것을 깨달았다. 이제 그는 클라이브와의 관계를 위해 어떤 노력을 할지 생각해봐야 했다.


### 3단계 아이의 마음 헤아리기

다음 출장을 앞두고 한 달 동안 집에서 일하면서, 아빠는 클라이브를 좀 더 가까이에서 지켜보기로 했다. 유치원에서 내주는 숙제는 생각보다 오래 걸렸고 부모가 해야 할 부분도 많았다. 물론 그는 지금까지 한 번도 해보지 않은 것들이었다. 단어들이 쓰여 있는 긴 목록을 아이가 읽을 때 시간을 재는 것도 그 중 한 가지였다. 아내는 아리가 읽는 시간을 재줬는데 아리는 이미 다 아는 단어들이라 금방 끝냈다. 그러자 아내는 아리에게 방에 가서 남은 숙제를 혼자 하라고 했다. 그런 다음 클라이브에게 주방으로 오라고 했지만 아이는 레고를 하느라 바쁘다며 계속 미루기만 했다. 아내는 10분 정도 기다린 뒤다시 5분을 주겠다고 경고했다. 아내는 일부러 아이들이 숙제를 같이 하게 하지 않았다. 아리가 잘하는 것을 클라이브가 보게 하고 싶지 않았기 때문이다. 아내가 두 번째로 부르자 클라이브는 즉시 주방으로 갔다. 아이가 단어들을 반 정도 밖에 못 읽고 계속 헤매자 아내는 시간 재던 것을 그만뒀다. 그러자 아이는 몹시 불안해했다. 어쨌든 클라이브는 시간 안에 단어 읽기를 마치고 방에 가서 아리와 함께 다른 숙제를 했다. 과제장에는 어떤 단어에 대해 떠오르는 그림을 그려오라고 적혀 있었다. 그리고 아이들이 단어를 선택해 그림을 그리고 그 그림에 대한 설명을 하면 엄마나 아빠가 각각 다른 종이에 아이들이 하는 이야기를 받아 적어야 했다.

두 번째 숙제를 하고 있을 때 아빠는 클라이브가 몇 번이나 아리의 그림을 훔쳐보는 것을 봤다. 그리고 아리의 작품을 따라하려는 것이 아니라 얼마나 했는지 확인하려는 것임을 알았다. 15분 일찍 시작한 만큼 많이 앞서 있기도 했지만 클라이브는 아리가 별 문제 없이 숙제를 마칠 거라는 걸 알았다. 클라이브는 고개를 숙인 채 방에서 나왔다. 주방 식탁에는 아이의 과제장이 펼쳐져 있었고 클라이브는 숙제를 끝마치지 못했다.

몇 분 뒤 아빠는 클라이브를 찾아 집안을 둘러봤다. 아이는 온 가족이 사용하는 작은 서재에서 컴퓨터로 열심히 뭔가를 하고 있었다. 아빠는 클라이브가 뭘 하고 있는지 궁금해하며 뒤쪽으로 다가갔다. 아이는 그림을 그릴 수 있는 프로그램을 찾아서 자신이 생각한 그림을 그리느라 바빴다. 아빠는 클라이브가 그리기 애플리케이션을 찾은 것은 고사하고 컴퓨터를 쓸 수 있다는 것조차 모르고 있었다. 순간 그는 자신이 아이를 얼마나 모르고 있었는지 실감했고, 방해하고 싶지 않아 조용히 방을 나왔다. 20분쯤 지나서 다시 들어가 보니 클라이브는 아직도 그림을 그리느라 바빴다. 아빠가 좀 봐도 되겠냐고 묻자 클라이브는 얼른 컴퓨터 화면을 닫아버렸다.

아빠가 말했다.

"클라이브, 아빠는 네가 이렇게 컴퓨터를 잘하는지 몰랐구나. 완전히 전문가 같던데. 어떤 프로그램을 사용했는지 물어봐도 될까?"

"아, 그냥 마이크로소프트 그림판이에요."

클라이브는 이렇게 대답하고 딴 쪽으로 고개를 돌렸다.

"사용법은 어떻게 배웠니?"

아빠가 흥미로워하는 얼굴로 다시 물었다.

"저도 몰라요. 그냥 하게 됐어요. 붓이랑 색을 보여주면 그냥 골라서 그리기만 하면 돼요."

클라이브가 조용히 대답했다.

"정말 대단하구나, 클라이브! 아빠가 조금만 봐도 될까?"

"잘 모르겠어요. 저한테 화내실지도 몰라요."

클라이브가 자신 없는 목소리로 말했다.

아빠는 깜짝 놀랐다. 그는 지금껏 감정에 대해 아이들과 진지한 대화를 해본 적이 한 번도 없었다. 그런데 클라이브가 이렇게 직접적으로 하는 말을 들으니 너무나 놀라웠다. 그는 아이들에게 화를 내본 적이 없었고 신나게 놀 때 빼곤 목소리도 크게 내지 않았다.

'하지만 그건 늘 아리에게 그랬던 거지.'

아빠는 후회가 됐다. 클라이브와 전혀 안 놀아준 건 아니지만 그는 레고 같은 것을 좋아하지 않았고 클라이브와 노는 것이 힘들었다. 언젠가 아이와 같이 자전거를 탔던 기억이 났다.

'왜 좀 더 자주 그러지 못했을까?'

그가 말했다.

"클라이브, 아빠는 한 번도 너한테 화가 난 적이 없어. 너도 그런 행동을 한 적이 없고. 그림을 봐도 아빠는 화내지 않을 거야. 약속해."

클라이브가 아빠를 똑바로 쳐다봤다. 아이는 아빠가 한 말이 진짜일까 생각하는 듯 잠시 그대로 있었다. 여전히 걱정이 되긴 했지만 아빠는 정말 지금까지 한 번도 소리를 지른 적이 없었다. 결국 클라이브가 머뭇거리며 화면을 켜자 그림이 나타났다.

화면을 들여다 본 아빠는 그림에 아빠라고 쓰여 있는 것을 보고 깜짝 놀랐다. 아이의 그림에 대해서는 아는 것이 없었지만 이 그림에는 분명 자신과 아빠에 대한 생각이 담겨 있었다.

"클라이브, 여기 너와 내 이름이 쓰여 있구나. 네 이름은 아주 큰데 아빠는 작아. 아빠가 뭘 하고 있는 건지 말해줄래?"

아빠가 물었다.

"어디에 가고 있어요, 오랫동안."

속삭이듯 클라이브가 대답했다.

"그렇구나, 내가 어디에 가고 있지?"

아빠가 다시 걱정스러운 얼굴로 물었다.

"몰라요."

클라이브가 이마에 주름을 잡으며 대답했다.

"음, 네가 모른다면 누가 알고 있을까?"

아빠는 아이의 기분을 헤아리려 애쓰면서도 너무 궁금한 나머지 목소리가 약간 크게 나왔다. 사실 리처드는 남들뿐만 아니라 자신의 감정에도 매우 민감한 사람이었다. 그는 쉽게 상처를 받는 편이었고, 그래서 출장에서 돌아왔을 때도 클라이브에게 퇴짜를 당한 기분을 느꼈었다. 그는 클라이브가 자신에게 별 관심이 없는 줄 알았다. 하지만 아이의 그림을 보니 자신이 잘못 생각한 것이었다.

그런데 아빠란 말은 작게 쓰여 있는 반면 자신의 모습은 크게 그려져 있었다. 그것도 뭔가 중요한 뜻이 있는 것 같았다. 그 점에 대해서는 나중에 좀 더 생각해보기로 했다. 아빠의 질문을 받고 한동안 생각하던 클라이브가 드디어 대답을 했기 때문이다.

"엄마가 알 것 같아요."

의자에 파묻히듯 앉으며 클라이브가 말했다.

"엄마가 알지만 저한테 말은 안 해주실 거예요."

"왜 안 해주실 것 같은데?"

당혹감을 넘어 두려움마저 느낀 그가 조용히 물었다. 그는 이 어린 아들이 아주 중요한 뭔가를 말하고 있다고 생각했다. 이 방에는 지금 그들 둘 뿐이었다. 이 모든 것을 잘 알고 있을 것이 분명한 아내는 이 자리에 없었다.

"나는 나쁜 아이니까요. 그리고 엄마는 제가 상처받는 걸 원하지 않으세요."

클라이브가 계속 말했다.

"엄마는 내가 나쁜 아이여도 늘 친절하세요. 선생님은 이제 안 그렇지만."

"이런, 선생님이 어떻게 했는데?"

아빠는 대화가 잘 이어져 가는 것 같긴 했지만 어떤 방향으로 이끌어야 할지 알 수가 없었다. 그저 여섯 살밖에 안 된 어린 아들이 그렇게 크고 힘든 생각을 하고 있었다는 것이 뭐라 말할 수 없을 만큼 슬프기만 할 뿐이었다.

"그림을 그리지 말라고 했어요. 나는 그림 그리는 게 좋은데. 저는 그림이 정말 좋아요. 아빠, 유치원에서 그림을 그리고 싶어요."

클라이브는 울음을 터뜨리며 아빠의 무릎 위로 올라왔다. 클라이브는 지금까지 한 번도 아빠 무릎에 앉아본 적이 없었다. 그건 엄마하고만 하는 것이었다. 아빠는 아이가 너무 슬퍼서 제정신이 아니라는 것을 느낄 수 있었다. 아이가 그렇게 힘들어하는 걸 보면서 그는 갑자기 클라이브와 아주 가까워지고 뭔가 긍정적인 변화가 생긴 것 같은 기분이 들었다. 부모 지능 강좌를 통해, 그는 아이의 마음을 헤아리는 것이 무엇보다 중요하다는 것을 알고 있었다.

아빠는 뭔가 더 알 수 있을까 싶어 다시 그림을 들여다봤다. 아내를 부르고 싶은 마음이 간절했지만 그래서는 안 될 것 같았다. 이것은 클라이브와 자신의 문제였다.

"클라이브, 선생님이 왜 그림을 그리지 말라고 하셨지?"

"아까 말한 것처럼 나는 나쁜 아이니까요."

그렇게 말하고 잠시 가만히 있더니 아이가 불쑥 이렇게 말했다.

"아리를 때렸어요. 한 번만 때린 게 아니에요. 그건 나쁜 짓이에요. 정말 나빠요. 그리고 아빠도 가버렸어요. 아주 멀리."

"클라이브, 네가 아리를 때려서 아빠가 멀리 떠났다고 생각하니?"

아빠가 걱정스럽게 물었다.

"아니요. 내가 글을 잘 못 읽으니까 가버린 거예요. 아빠는 글을 못 읽는 아이를 싫어하잖아요. 아빠는 아리처럼 똑똑한 아이를 좋아해요."

아빠는 아기에게 하듯 클라이브를 안아서 토닥여줬다. 그리고 아이의 우울한 논리를 따라가기가 힘들어 한동안 말없이 앉아 있었다. 대체 자신이 어떻게 했기에 아빠가 자기를 싫어한다고 생각하는지 알 수가 없었다. 그러다 다시 생각했다. 아이가 그런 생각을 갖게 된 것은 자기가 뭔가를 했기 때문이 아니라 하지 않았기 때문이었다. 그는 클라이브에게 충분한 관심을 보여주지 않았었다. 그래서 아이는 아빠가 자신을 좋아하지 않는다는 결론을 내린 것이었다. 사실 클라이브의 읽기 실력은 아리에게 미치지 못할 뿐이지 큰 문제는 없었다. 하지만 아이는 자신이 글을 잘 못 읽는 것 때문에 아빠가 자기를 싫어하고 멀리 가버린 것이라고 생각하는 것 같았다. 이상한 결론이었지만 아이의 논리로는 그렇게 생각할 수도 있었다.

그때 클라이브가 다시 퍼즐 한 조각을 내밀었다.

"아빠, 괜찮아요. 속상해하지 마세요. 저도 글을 잘 못 읽는 내가 싫어요."

아빠는 가슴이 찢어지는 것 같았다. 아들이, 너무나도 섬세한 감성을 가진 이 어린 아들이 자신을 위로한 것이다. 이제 그는 확실히 말을 해야 했다.

"클라이브."

그가 천천히 입을 열었다.

"아빠는 돈을 벌기 위해 멀리 간 거야. 우리 가족들을 위해서. 네가 싫어서 간 게 절대 아니야. 아빠는 네가 아주 좋아. 정말 많이 사랑해."

클라이브가 아빠를 바라봤다.

"유치원에 다니는 아이들 중에는 글을 못 읽는 아이들이 많단다.

너도 배우려면 시간이 많이 걸릴 거야. 누가 먼저 읽을 수 있나 시합
하는 게 아니야."

"하지만 선생님은 내가 글을 못 읽어서 그림을 그릴 수 없다고 하
셨어요."

"클라이브, 선생님은 그렇게 말하지 않았어. 네가 아리를 왜 때렸
는지 모르셨기 때문에 그림을 못 그리게 하면 때리는 짓을 멈출 거라
고 생각한 거야."

"그림 그리는 거랑 때리는 게 무슨 상관이 있어요?"

어리둥절한 표정으로 클라이브가 물었다.

"그림을 그릴 때는 때리지 않아요. 때릴 수가 없으니까요."

아빠는 도저히 참을 수가 없었다. 아빠가 껄껄 웃자 뭔가 재미있는
걸 찾으셨구나 싶은 생각에 클라이브도 안심하며 미소를 지었다. 클
라이브는 몸의 긴장을 풀고 호기심 가득한 얼굴로 아빠를 봤다.

"클라이브, 선생님이 아리에게 읽어 보라고 시켜서 아리를 때린 거
니?"

"선생님은 늘 내 친구였는데 갑자기 아리를 많이 시키기 시작했어
요. 나보다 더요. 아리가 책을 잘 읽으니까 나보다 아리를 더 좋아하
는 것 같았어요. 그래서 화가 나서 아리를 때렸어요."

"아하, 그랬구나."

아빠가 그림을 가리키며 말했다.

"클라이브, 이 그림에서 너는 뭘 하고 있지?"

"제가 말하면 아빠가 이야기로 써줄 거예요?"

"물론이지. 어서 해보자."

아빠는 즉시 종이와 펜을 준비했다.

"시작해볼까, 친구?"

클라이브는 이야기를 시작했다.

"공책에 있는 단어들을 못 읽어서 슬픈 아이가 있었습니다. 동생은 그 아이보다 단어를 더 많이 알았습니다. 아이는 울고 싶었고 정말로 눈물이 조금 났습니다."

아빠는 곧바로 그림 속 아이의 눈에서 눈물이 떨어지고 있는 것을 봤다. 그전에는 보지 못한 부분이었다.

클라이브가 계속 이어갔다.

"아이는 아빠가 자기한테 화가 났다고 생각했습니다. 쌍둥이인 아들이 글을 못 읽는 것 때문에 화가 나서 아빠가 집을 떠났다고 생각했습니다. 하지만 아이의 생각은 틀렸습니다. 아빠는 일을 하러 간 것이었습니다. 끝."

아빠는 아이가 말하는 것을 받아 적기 위해 최대한 빨리 썼다. 그리고 미소를 지었다. 이제 클라이브는 아빠가 화가 나지 않았고 일을 하러 갔다는 것을 알게 된 것이다. 클라이브는 아빠와 나눈 대화를 다 이해했다. 그것이 너무도 기뻤다. 그런데 예상치 못하게 쌍둥이란 단어가 나온 것이 궁금했다.

"클라이브, '쌍둥이'란 말은 왜 한 거니?"

클라이브는 이마를 찡그리며 허공을 바라봤다.

"사람들은 우리 둘이 뭐든 다 같을 거라고 생각하잖아요. 원래는 아닌데. 보면 서로 다르게 생겼는데 사람들은 똑같다고 해요. 그런데 어쨌든, 같아 보이는 거랑 진짜 같은 것은 달라요. 선생님도 아리와 내가 쌍둥이라서 내가 아리만큼 잘 읽기를 바라는 것 같아요. 나는 그렇게 잘 못 읽는데. 아이들은 내가 그림을 그리니까 아리도 그림을 그릴 수 있다고 생각해요. 하지만 아리는 못 하잖아요. 아빠, 무슨 말인지 아시겠어요?"

"그럼, 클라이브, 다 알아들었어."

아빠가 대답했다.

"하지만 아빠는 너와 아리가 같다고 생각하지 않아. 사람들 눈에는 형제끼리 닮아 보일 수도 있어. 사실은 다르게 생겼지만 말이야. 너도 아리도 자기가 더 잘하는 것을 찾을 수 있단다. 너희들은 같은 가족이고 같은 엄마 아빠 사이에서 태어난 형제야. 그리고…."

그때 클라이브가 끼어들었다.

"저도 우리가 같은 가족이고 엄마 아빠가 같다는 건 안다고요. 흥."

그러자 아빠가 웃으면서 말했다.

"이런, 미안하구나. 물론 알고 있겠지. 어쨌든 쌍둥이란 나이가 같은 것이지 모든 것이 늘 같은 것은 아니야."

"맞아요. 배고파요, 아빠. 저녁을 먹고 난 다음에 마저 끝내도 될까요?"

클라이브가 이렇게 말하며 대화를 마쳤다. 아이는 꼭 알아야 할 것을 알게 됐다. 안심이 되자 배가 고프기 시작했다.

"물론이지. 밥 먹고 나서 숙제할 때 아빠가 옆에 있어도 되겠니?"

아빠가 활짝 웃으며 말했다.

"아빠가요? 좋아요."

클라이브도 까르르 웃으며 대답했다.

"그런 다음 그림을 하나 더 그려야 하는데 다른 이야기를 지어도 돼요?"

"당연하지."

클라이브는 아빠를 꼭 껴안았다. 아이는 지금까지 아빠 무릎에서 내려가지 않고 앉아 있었다.

그날 밤 늦게, 두 형제가 잠든 뒤 리처드는 아내에게 클라이브와 나눈 이야기를 해줬다. 클라이브가 내린 잘못된 결론에 자신이 무엇을 느꼈고, 아이와 대화를 나눈 뒤 자신의 생각이 어떻게 바뀌었는지도 털어놓았다. 클라이브의 그림에 아빠란 단어가 작은 글씨로 쓰여 있던 것도 이야기하면서 그게 무슨 의미인지 모르겠다고 했다. 그리고 신중히 생각한 끝에 최근 자기가 집을 오래 비워서 그런 것이 아닌가 싶다고 말했다.

아이의 그림을 보고 그는 깊은 울림을 느꼈다. 아빠를 그렇게 작게 써놓은 것은 자기가 집을 자주 비웠기 때문만이 아니라 집에 있을 때도 클라이브와 마음의 거리를 두었기 때문이라고 생각했다. 아내 역시 큰 감동을 받고 그렇게 현명하게 아빠 역할을 한 것에 칭찬을 아끼지 않았다. 그리고 왜 클라이브가 아빠와 통화하지 않으려 했고 아빠가 돌아와도 멀찌감치 서 있기만 했는지 알 것 같았다. 클라이브의 입장에서는 아빠가 너무 화가 나 있어서 같이 이야기할 수 없을 거라고 생각한 것이다.

부부는 아들의 마음을 이해하면 앞으로 생길 수 있는 문제들도 해결될 거라 확신했다. 그리고 아리에 대해 느끼는 질투도 더욱 신경 쓰기로 했다. 아빠가 아리를 더 좋아한다고 생각한 것도 아리의 탁월한 읽기 실력 때문인 것 같았지만 또 다른 이유가 있는지도 몰랐다. 부부는 생각해야 할 것들이 많았다. 쌍둥이들은 대체로 잘 지냈기 때문에 드러나지 않은 질투를 알아차리지 못할 수도 있었다. 앞으로는 두 아이들을 더욱 세심하게 살펴야 할 것 같았다.

## 4단계 아이의 발달 정도 파악하기

리처드 부부는 클라이브의 발달 상태를 숙고해봤다. 아이는 막 여섯 살이 되면서부터 때리기 시작했다. 그전까지 선생님은 클라이브가 유치원 생활을 아주 잘하고 있다고 했다. 행동도 바르게 했고, 친구들과도 잘 놀았으며, 공부도 재미있어했다. 아리를 때리는 행위를 보면 알 수 있듯, 클라이브는 심한 스트레스만 받지 않으면 적당히 자제할 줄 알았고 사고도 유연했다. 이제 부부는 아이가 맺고 있는 관계들이 자제력과 회복력 그리고 아빠와의 불안정한 애착과 관련이 있다는 것을 알게 됐다.

그들은 클라이브가 옳고 그름을 구분할 줄 알고, 규칙을 지켜야 한다는 것을 알고, 그리기에 뛰어난 재능을 보이는 것에 기뻤다. 아이는 같은 반 친구들과 잘 지냈고 같이 노는 법과 공유하는 법을 알고 있었다. 또 학교 선생님에게 인정받고 싶어 했다. 선생님은 클라이브가 쓰는 법을 잘 배우고 있고, 언어 능력과 운동 기능도 순조롭게 발달하고 있으며, 읽기를 시작할 준비도 됐다고 했다. 선생님은 아이가 또래의 발달 수준을 모두 충족하고 있다며 매우 흐뭇해했다.

리처드 부부는 클라이브가 자랑스러웠다. 이제 그들은 아빠와의 관계가 문제였다는 것을 알게 됐다. 아빠는 이 나이의 아이들에게 자신이 해야 할 역할을 과소평가했음을 인정했다. 그는 스스로 여섯 살 무렵의 아들과 아빠의 관계에 대한 책을 찾아 읽었다. 그리고 그 나이의 아이들은 아빠를 가까이서 지켜보면서 아빠가 하는 행동과 마음을 동일시하고, 아빠의 사랑과 인정을 받고 싶어 한다는 것을 알게 됐다. 또 예전에는 자신이 클라이브를 더 좋아하지도 않고 찾지도 않았지만 아이는 여전히 아빠에게 애착을 느끼고 있었다는 것을 깨달았다. 아내도 꼭 만족스러운 관계에서만 애착이 생기는 것은 아니라는 글을 읽었다며 이에 동의했다. 또 그녀는 책을 통해, 행복한 경험뿐 아니라 스트레스도 애착을 느끼게 할 수 있다는 것을 알게 됐다. 비록 아리처럼 긍정적인 관계가 기본이 되진 못했어도 클라이브는 늘 아빠와 가까워지고 싶은 마음을 갖고 있었다.

부부는 아빠와 클라이브 간의 정서적 거리감이 그런 클라이브의 욕구를 더 키웠을 거라는 데 동의했다. 탄탄한 유대를 맺지 못했기 때문에 클라이브는 더욱 아빠를 갈망했고 누구도 그 자리를 대신하지 못했다. 엄마는 자신이 주는 사랑과 관심도 아빠의 사랑을 대신하지 못했다는 것을 깨달았다. 클라이브의 바람은 아빠와 좀 더 정서적·육체적으로 가까워지는 것이었다. 부부는 자신들이 그렇게 해주지 못해서 아이를 화나고 슬프게 만든 것이 몹시 후회됐다. 예상치 못했던 클라이브의 행동, 즉 아리를 때린 일은 결국 클라이브와 아빠와 더욱 가깝게 만들어줬다. 아이의 그림을 보며 서로 따스한 대화를 나눈 덕분이었다.

## <u>5단계</u> 문제 해결하기

때리는 문제는 해결됐지만 그 밑에 잠재된 많은 문제들이 드러난 만큼 부부는 지속적인 관심을 갖고 지켜봐야 했다. 부부가 보기에 쌍둥이들은 서로 잘하기 위해 경쟁하는 것 같았다. 특히 읽기에 집착한 클라이브를 보면 유치원에서 아리가 뭐든 더 빨리, 더 잘하는 것을 주시하고 있다는 것을 알 수 있었다. 아리는 자기가 갖지 못한 예술적 재능을 클라이브가 가졌다고 해서 부러워하지 않았다. 하지만 부부는 클라이브가 아리의 리드를 따르는 대신 부모의 격려를 받아 자신의 재능을 더욱 확실히 드러내 보이면 아리가 어떤 기분을 느낄지 궁금했다. 쌍둥이들은 농구도, 자전거 타기도, 수영도 아주 잘했다. 아리가 특별히 더 잘하는 것은 없었다. 다만 지금까지는 아빠가 클라이브를 적극적으로 응원하지 않았었다. 사실 그는 아내에게 클라이브를 과잉보호하지 말라고 말했던 적도 있었다. 클라이브는 더 이상 아기가 아니었다. 엄마가 자신의 손길이 필요하다고 느끼며 아기 취급을 하지 않으면 오히려 뭐든 더 잘할 수 있을 것 같았다. 그녀는 남편의 말이 옳았음을 인정했다. 그녀는 아이였을 때 더 많은 사랑을 갈망했던 자신이 욕구를 클라이브를 통해 투사하고 있었다.

아빠는 마치 작은 팀이라도 꾸린 것처럼 두 아이들과 여러 가지 운동을 하기 시작했다. 쌍둥이들의 운동 실력은 거의 비슷했다. 아이들은 아빠가 일하고 있을 때도 둘이서 농구를 했고 같이 자전거도 자주 탔다. 그들은 함께 있는 것을 즐거워하는 것 같았고 서로를 격려하며 기술도 키워갔다. 부모가 생각하는 대로 경쟁하는 관계가 아니었다.

아리는 가끔 클라이브가 앞장서도 아무 이의 없이 받아들였다. 아이들은 게임을 할 때마다 순서를 바꿔가며 누가 먼저 시작할지 결정했다. 유치원에서 클라이브는 수업 시간이나 체육 활동에 더욱 적극적으로 참여했고, 아리가 늘 1등을 하는 것에 조금씩 편해진 모습을 보였다.

리처드 부부는 부모가 각각 한 아이와 시간을 가지면서 아이들에 대해 더욱 잘 알아가기로 했다. 그래도 여전히 한 가지 큰 문제가 남아 있었다. 곧 있을 아빠의 출장이었다. 부부는 가족회의를 열기로 했다. 어느 날 저녁을 먹으며 아빠가 먼저 말을 꺼냈다.

"클라이브 그리고 아리, 다음 주에 아빠가 또 3주 동안 출장을 가게 됐어. 다음 주 일요일 아침에 비행기를 타야 하는데 우리 가족이 다 같이 공항에 가서 아빠를 배웅해줬으면 좋겠어. 그래주겠니?"

그 말을 듣고 곧바로 클라이브가 대답했다.

"아빠, 저는 아빠가 안 가셨으면 좋겠어요. 꼭 가야 해요?"

"안타깝지만, 아빠가 하는 일은 사람들을 직접 만나서 아빠의 아이디어를 파는 거야. 이번에는 새 쇼핑몰을 건설할 계획인데 파워포인트라는 것으로 설명을 해줘야 한단다. 앞으로 지을 건물들을 커다란 컴퓨터 화면으로 보여주는 거지. 또 이 쇼핑몰을 지어야 하는 중요한 이유들을 화면에서 슬라이드라고 하는 페이지로 설명해줘야 해. 전화로는 할 수 없는 일이지. 직접 화면을 보여주면서 설명을 해주면 사람들이 결정하게 하는 데 많은 도움이 돼."

"와, 아빠, 꼭 예술가 같아요. 우리도 그 그림들을 볼 수 있어요?"

클라이브가 환호하며 물었다.

"아리, 너도 보고 싶니?"

아빠는 다른 아들도 대화에 참여시키기 위해 이렇게 물었다.

"물론이죠, 아빠."

아리가 빙그레 웃으며 대답했다.

"나도 보고 싶어요!"

엄마도 신이 나서 외쳤다.

"계획서는 몇 번 본적 있지만 진짜 프레젠테이션 화면은 아니었거든요. 하지만 그전에, 우리가 헤어질 때 느낄 기분에 대해 먼저 이야기해야 할 것 같아요. 서로 보고 싶을 땐 어떻게 할 건지에 대해서도요."

클라이브가 다시 먼저 대답했다.

"페이스타임을 하면 좋을 것 같아요. 그거….."

"아이패드로요. 그럼 서로 얼굴을 볼 수 있어요."

아리가 맞장구쳤다.

"맞아, 내가 하려던 말이 그거였어!"

클라이브가 말했다.

아빠는 컴퓨터에 대한 클라이브의 지식에 또 한 번 감탄했다. 아리도 페이스타임에 대해 알고 있는 것이 분명했다. 유치원에서 그 프로그램을 이용해 다른 나라 아이들과 만난 적이 있기 때문이었다.

"좋은 생각이야."

엄마가 말했다.

"너희 둘 다 계획을 세우는 데 최고인거 같구나. 그 방법이 좋겠어. 아빠가 출장을 가시면 매일 저녁마다 그걸 하자. 아빠가 저녁 모임이 있거나 잘 시간만 빼고 말이야. 다들 좋지?"

"네."

클라이브와 아리가 동시에 대답했다. 그때 아리가 클라이브를 보며 말했다.

"엄마, 우리가 먹은 접시는 나중에 주방에 갖다 놓고 지금은…."

"아빠의 그림을 보고 싶어요."

클라이브가 마저 말했다.

엄마는 기꺼이 허락했고, 가족은 모두 컴퓨터 주위에 모여서 아빠가 준비한 화면을 봤다. 아빠는 화면을 전부 보여주면서 구매해야 할 이유들을 간단히 읽어줬다.

공항에 가던 날, 가족들은 약간 우울한 기분에 빠져 있었다. 3주는 긴 시간이었다. 아빠가 검색대에 들어가기 전, 클라이브는 아빠에게 달려가 힘껏 끌어안고 이렇게 말했다.

"보고 싶을 거예요, 아빠."

"아빠도 보고 싶을 거야, 클라이브. 오늘밤 페이스타임에서 만나자."

그런 다음 아빠는 아리를 안아주며 같은 말을 했다. 가방을 들고 떠나기 전, 그는 아내와도 포옹을 나누고 검색대 줄을 향해 걸어갔다.

엄마는 아빠의 모습이 사라지도록 눈길을 돌리지 못하는 아이들을 가만히 바라봤다. 공항을 나오자마자 아이들은 신나게 잡기 놀이를 하기 시작했다. 아이들 뒤를 쫓아가면서 엄마는 아이들에게 그런 아빠가 있다는 것이 행운처럼 여겨졌다. 삶은 늘 평탄하지만은 않다. 하지만 서로 마음을 열면 놀라운 기분을 경험할 수 있다.

PARENTAL INTELLIGENCE

# 내 아이의
# 리더 기질 7가지

어른들의 입장에서 보면 더 이상 귀엽지 않은 면이지만,
아이가 자신의 요청을 관철시키는 힘은 리더의 자질 중 하나다.
리더 기질의 아이는 친구들과 자신이 선택한 것으로 놀거나 게임을 바꾼다.
일반적으로 다섯 살에서 여섯 살이 되면 다른 아이와 차이를 알 수 있다.

### 1. 리더는 한계를 배운다
자신이 원하는 장난감이 있다면 친구가 다른 장난감으로 놀게 하거나 타협해서 교대로 가지고 논다.

### 2. 리더는 다른 사람의 감정을 존중한다
자신이 하고 싶다고 해서 친구가 싫어하는 것을 요구하지 않는다.

### 3. 리더는 약간의 통제를 개발한다
놀이에서 함께 지켜야 할 규칙을 먼저 만든다.

### 4. 리더는 속이지 않는다
자신의 원하는 것이나 남을 이기기 위해 규칙을 바꾸지 않는다.

### 5. 리더는 다른 사람을 이용하지 않는다
자기중심적인 성향이 있지만, 수줍음이 많거나 자신을 따르는 친구를 이용하지 않는다.

### 6. 리더는 사교적이고 활발하다
성격이 수동적인 아이와도 친구가 된다.

### 7. 리더는 솔직하게 말한다
솔직하게 말하더라도 상대의 마음을 상하게 하는 말은 하지 않는다.

# 제8장

# 도무지
# 집중할 수 없는
# 아이

찬찬히 생각해보니,
몸을 공처럼 웅크리고 있는 것은
엄마와 대치하는 상황이 힘겹다는 것을 표현하는
아이만의 방식이었다.

# 여덟 살 캐시

네브라스카 남서부, 덴버와 오마하 사이의 리퍼블리컨 강변에 있는 작은 마을의 차갑지만 상쾌한 가을날이었다. 마을은 집집마다 현관 앞에 작은 테라스가 있어서 친근한 분위기를 풍기고 있었다. 리아와 데일 위카스 그리고 그들의 여덟 살짜리 딸 캐시는 단풍나무와 물푸레나무로 지은 튼튼한 목조 주택에서 살고 있었고 집 주변은 거대한 초원이었다. 데일과 리아는 트랙터와 콤바인을 포함한 여러 가지 농기구와 장비들을 농부들에게 지원하는 일을 하고 있었다. 캐시가 학교에 가면 리아는 회계 장부를 정리했고 데일은 수리점을 겸비한 판매점에 나가 일했다. 사업은 다행히 잘되고 있었다.

위카스 부부는 캐시와 함께 좋아하는 컨트리 음악을 듣고 좋은 책을 읽으며 부모로서 잘해나가고 있었다. 그들의 사교 생활은 교회를 중심으로 이뤄졌고, 친구나 이웃들과 고등학교 운동 시합을 보러 다니는 것도 좋아했다. 독실한 기독교인인 리아는 캐시를 주일 학교에 다니게 했다. 데일은 불가지론자였지만 타인에게 친절하고 너그러워야 한다는 공통의 가치는 아내와 공유하며 살았다. 그는 성경을 그리 신뢰하지 않았으나 그저 자신만 그렇게 생각하는 정도였다. 그래서 캐시는 리아가 도맡아서 종교적으로 훈육했다. 데일은 선하고, 겸손하며, 상식을 가진 사람이었다.

리아는 다정하면서도 엄한 엄마가 되겠다고 생각했다. 자신이 안 된다고 말하면 캐시는 곧바로 엄마 말을 따라야 했다. 리아 자신이 프랑스인이었던 엄마에게 그렇게 배웠고 그 덕분에 '올바로' 자랐다고 믿고 있었다. 또 그녀는 입을 옷을 고르거나, 친구를 선택하거나, 관심 분야를 정하는 것 등 여러 가지 일들을 캐시 스스로 결정하게 했다. 그래야 캐시가 독립적으로 생각하고 스스로 깨달을 수 있다고 생각했기 때문이다. 리아는 자신의 엄마가 그렇게 해줬기 때문에 평생의 재산인 자신감을 얻게 됐다는 것을 알고 있었다. 하지만 몇 가지 것들, 특히 다른 사람에 대한 예의나 존중하는 태도, 교육 같은 것에서는 조용하면서도 확고한 입장이었다. 숙제는 여러 번 검토해서 틀린 글자 없이 제 시간에 제출해야 한다고 생각했다. 그래야 매사에 최선을 다하고 자기가 한 것에 자부심을 가질 수 있다고 믿었다.

데일은 딸을 훈육하는 방식 때문에 아내와 종종 부딪치곤 했다. 그는 리아가 말하는 단호함이 차가움으로 느껴졌고, 캐시에게는 그보다 더 따뜻한 격려가 필요하다고 생각했다. 그도 교육이 중요하다는 것에는 동의했지만 아이를 대하는 태도가 좀 더 편안하고 느긋하길 바랐다. 그는 배움의 기쁨이 있어야 영감도 떠오르는 것이라고 생각했다.

캐시와 아빠는 무척 친했다. 그 두 사람은 시간 가는 줄 모르고 같이 놀 때가 많았기 때문에 리아가 고삐를 당겨 규칙을 지키게 해야 하는 경우가 종종 생겼다. 그래서 캐시와 엄마 사이의 분위기는 전쟁처럼 살벌할 때가 많았다. 캐시는 에너지가 넘쳐서 끊임없이 몸을 움직이는 아이였다. 가만히 앉아만 있는 것은 아이의 성격에 맞지 않았다. 캐시는 체계적이지 못했고 리아는 늘 깔끔하게 정돈된 사람이었다. 리아는 캐시가 간식을 자주 찾는 것도 못마땅했다. 모녀는 흐트러져 있는 캐시의 머리 때문에 다투는 일도 많았는데 아무리 잘 묶어줘도 오래가지 못했다. 물론 다른 것들도 상황은 비슷했다. 리아는 캐시가 아침마다 자분히 순비해서 제 시간에 버스를 타러 가야 한다고 했지만 캐시는 늘 급히 뛰어나갔고 그것 때문에 언성을 높이는 경우가 많았다. 엄마와 딸은 절대 섞이지 않는 물과 기름 같았다.

두 모녀는 식사 시간에 캐시가 식탁에 앉아 있어야 할 시간 때문에도 자주 다투었다. 캐시는 식사 때마다 엄마가 정한 규칙을 지키지 않았다. 집에서 만든 영양가 높은 음식들이 한가득 차려져 있어도 캐시는 아주 조금만 먹었고 10분도 안 돼서 식사를 끝냈다. 그런 다음 자리에서 일어선 채로 즐겁게 재잘거리곤 했다. 리아가 다시 앉으라고 하면 순순히 앉긴 했지만 그래봤자 5분 안팎이었다. 이런 상황이 몇 번 되풀이되면 리아는 결국 화를 냈고 자리에서 계속 일어났다 앉았다 하는 아이를 혼냈다. 데일 역시 일어나지 말고 식사를 끝까지 하라고 했지만 캐시는 다 먹었다며 애원하는 눈빛으로 엄마를 바라본 뒤 주방을 빠져나갔다. 이같이 거센 폭풍이 지나가면 리아와 데일은 둘만 남아 조용히 식사를 마쳤다.

2학년이 끝나갈 무렵에 캐시는 주의력 결핍 및 과잉 행동 장애, 즉 ADHD라는 진단을 받았다. 이런 진단이 내려지자 부모는 왜 딸이 늘 체계적이지 못하고, 끊임없이 몸을 움직이고, 정해진 시간 동안 집중하지 못했는지 새로운 시각으로 생각해보게 됐다. 리아는 스스로에 대한 자부심이 대단해서, 자신의 방식이 딸에게 맞지 않다는 생각을 하지 못했고 늘 산만한 아이에게 자신이 적응하는 법을 배워야 한다는 것도 깨닫지 못했다. 그녀는 자신의 신념을 지키려 애쓰며 딸을 도울 수 있는 방법을 찾기로 했다. 그리고 아이를 위한 새로운 육아 방식을 잘 따를 수 있을 거라 믿었다. 우선 그녀는 남편에게, 그동안 자신들이 해온 부모의 역할이 어떻게 달랐는지 생각해보자고 했다. 그리고 앞으로 배워야 할 것이 많다며 함께 노력하자고 했다. 두 사람은 부부로서의 유대감이 강했기 때문에 캐시를 잘 키울 방법을 찾을 수 있을 거라고 믿었다.

캐시는 문제가 있는 사람으로 분류된 것 같아 혼란스러웠다. 부모님과 의사 선생님이 왜 약을 먹어야 하는지 설명해주긴 했지만 자기가 친구들과 어떤 점이 다른지 이해할 수 없었다. 그런데 3학년이 되자 다르다는 것이 느껴지기 시작했다. 캐시는 부족한 읽기 능력 때문에 보충 수업을 받으러 교실을 나갈 때마다 부끄러웠고 자신이 좀 더 똑똑했으면 좋겠다는 생각을 했다.

캐시의 약은 집중력을 높여주는 것이었지만 약을 먹어도 아이는 여전히 산만했다. 다른 아이들은 옷을 벗어 걸고 사물함에서 책을 꺼내와 수업 준비를 마치는 동안 캐시는 집에 놔두고온 숙제를 찾아 가방을 마구 뒤지거나 어디다 둔지 잊어 먹은 책을 찾아다녔다. 캐시의 하루는 보통 선생님의 도움을 받아 자기 물건을 정리하는 것으로 시작됐지만 책상에 앉을 때 이미 캐시는 자신이 아웃사이더가 된 것 같은 기분을 느꼈다.

집에 갈 시간이 되면 약 때문에 온몸의 진이 빠지는 것 같았다. 도시락에는 먹을 것들이 가득했지만 그 약은 식욕을 억제했기 때문에 캐시는 늘 허기져 있었다. 리아는 약이 미치는 영향을 잘 알고 있었다. 그래서 도시락을 그대로 남겨와도 아무 말하지 않고 아이가 올 시간에 맞춰 샌드위치를 준비해놓았다. 또 그녀는 숙제를 어떻게 시작하게 할까 고민하다가 밖에 나가서 한 시간 정도 신나게 놀고 오게 해서 에너지를 소모시키기로 했다.

매일 같은 하루가 되풀이되고 있는 듯 했다. 집에 오면 캐시는 기분이 좋고 재미있어했다. 집중만 하면 20분 만에 숙제를 끝내기도 했지만, 지금은 리아가 예상하는 대로 몇 분도 자리에 앉아 있지 못했다. 리아는 아이가 집중할 수 있도록 노력했다. 캐시가 숙제를 서서 하든 앉아서 하든 뭐라고 하지 않았는데 이것은 리아로서는 큰 변화였다. 그런 노력에도 불구하고 숙제가 끝날 때쯤이면 엄마와 딸 모두 신경이 날카로워져 있었다.

언젠가 학교에서 읽은 이야기에 대해 문장을 몇 줄 써오는 것이 숙제였던 날이 있었다. 캐시는 딱 한 줄을 쓰고 나서 집안을 뛰어다녔다. 리아는 예전처럼 엄하고 단호한 목소리로 책상 앞으로 오라고 말했다. 엄마의 목소리로 분위기를 눈치챈 캐시가 자리로 돌아왔다. 하지만 캐시는 겨우 한 문장을 더 쓰고 난 뒤 불평하기 시작했고 곧 목소리를 높였다.

"지금도 배고파요."

"숙제부터 해. 그럼 저녁 먹을 거야."

"나는 읽기가 싫어요."

"어렵다는 거 알아. 두 줄만 더 쓰고 수학 문제 네 개만 더 풀자."

캐시는 장난감들이 있는 곳으로 달려갔다.

"조금만 놀게요."

화가 난 리아가 소리쳤다.

"당장 이리 오지 못해!"

"싫어요, 싫다고요."

캐시는 바닥에 엎드려 두 팔로 머리를 감싼 채 울음을 터뜨렸다.

"울어도 소용없어. 10분만 더 하면 돼."

캐시를 일으켜 의자에 앉히며 리아가 말했다.

캐시가 슬픈 얼굴로 투덜거렸다.

"난 너무 멍청해."

이번에는 천천히 의자에서 일어나 탁자 밑으로 기어들어가더니 공처럼 몸을 웅크리고 앉았다.

리아도 이제 지쳐버렸다.

"좋아. 오늘 후식은 없어. 그리고 일곱 시에 자도록 해. 내일 아침 일찍 일어나서 숙제를 마저 해야 하니까."

캐시와 엄마는 아이의 ADHD를 통제하지 못했다. 그날 오후 두 사람은 어떻게 해야 할지 몰랐고 절망적인 기분을 느꼈다. 캐시는 놀기 시작했고 리아는 내일 아침까지 기다려야 숙제를 끝낼 수 있다는 것을 깨달았다. 리아는 위안을 받고자 ADHD 아이를 둔 엄마들의 블로그가 있는지 인터넷을 찾아봤다. 정말로 벌을 주고 싶었던 것은 아니었다. 아이에게서 뭔가를 뺏은 것은 화가 나서 충동적으로 나온 반응이었다. 일찍 자게 하고 다음 날 아침 숙제를 끝내게 한 것은 현명한 선택일 수도 있었다. 캐시는 아침 7시에 약을 먹기 때문이었다. 문제는 자신이 너무 성급하게 좌절감을 드러내며 반응한 것이었다. 늘 차분하게 행동했던 그녀였는데 어떻게 된 일일까?

블로그를 읽다 보면 평정심을 회복하는 데 도움이 될 때가 많았다. 좋은 부모가 되기 위해 애쓰는 사람이 자기만이 아니라는 것도 알게 됐다. ADHD가 있는 아이를 키우고 있다는 한 엄마의 글을 읽던 중 그녀는 다른 글로 이어지는 링크를 찾았다. '부모 지능'이란 글이었다. 몇 번의 클릭을 거쳐 리아는 부모 지능의 5단계에 관한 글들이 모아져 있는 자료를 찾았다. 그리고 이 방식을 따르는 부모들의 자신감과 확고한 태도에 깊은 감명을 받았다. 리아는 부모 지능에 큰 흥미를 느꼈다. 여기서 말하는 단계를 따르면 뭔가 성과를 거둘 수 있을 것 같았다. 글을 읽으며 그녀는 일단 내면의 질서를 회복했다. 그리고 첫 단계, 즉 한 걸음 물러나 생각하는 것에 대해 남편과 이야기를 나눌 준비를 했다.


## 1단계 한 걸음 물러나기

여덟 살인 캐시는 누구를 화나게 할 의도가 있는 것이 아니었다. 하지만 집안을 마구 뛰어다니고 탁자 밑으로 기어들어가는 것을 보면 리아는 신경이 팽팽해지면서 화가 났다. 수업이 끝나고 집에 오면 날마다 숙제 때문에 문제가 생겼다. 이런 힘든 상황이 계속되자 리아는 온 몸의 기가 다 빠져나간 것처럼 지쳐버렸다. 자신이 너무 무력하게 느껴지던 차에 부모 지능을 알 게 된 것이 정말 다행이었다.

다음 날, 리아는 캐시의 약 기운이 떨어질 때 어떻게 하는 것이 합리적일지 생각하다가 블로그에서 권하는 방법을 따르기로 했다. 한 걸음 떨어져서 아이의 행동과 감정에 대해 생각해볼 것. 캐시가 불안정하게 굴면 힘들긴 했지만 위급하거나 비상 상황이 되는 것은 아니었다. 이것이 그녀가 가장 먼저 깨달은 것이었다. 그런 다음 엄마는 자신이 딸의 행동을 감정적으로 받아들였다는 것을 깨달았다. 자신에게 무례하게 군다고 생각한 것이다. 이것이 두 번째 깨달음이었다. 캐시는 엄마가 미워서 일부러 그런 것이 아니었다. 캐시는 공손하고 착한 아이였고 엄마를 화나게 할 마음도 없었다. 하지만 리아는 숙제 같은 기본적인 것이라도 잘하도록 아이를 돕는 것에 지쳤다.

리아는 어제 오후의 일을 재구성해서 이해해보기로 했다. 그녀는 캐시가 집에 돌아온 시간으로 거슬러 올라가 두 사람을 좌절하게 만든 사건을 떠올렸다. 그러면서 자신이 갖고 있던 사고의 틀이 바뀌고 있음을 깨달았다. 집에 들어왔을 때 캐시는 기분이 무척 좋아보였다. 샌드위치를 먹고 밖에서 놀 때도 아주 즐거워했다. 그런 다음 기꺼이 숙제를 하러 집으로 들어왔지만 곧 집중력을 잃어버렸다. 리아는 캐시가 명랑하고 차분하다가도 금방 불안해하고 산만해진다는 것을 깨달았다. 한 걸음 떨어져 바라본 덕분에 이런 변화를 알게 된 것이다.

리아는 후식을 못 먹게 하는 벌을 주는 것으로 숙제는 차분히 앉아서 다 해야 한다는 것을 가르치려 했다. 그런데 다시 생각해보니 캐시도 이미 그래야 한다는 것을 알고 있는 것이 분명했다. 알고는 있지만 그렇게 할 수 없었던 것뿐이다. 사건을 순서대로 떠올려 본 결과 리아는 처음 판단과 다른 결론에 이르렀다. 캐시는 숙제하다가 조금만 놀면 안 되냐고 물어봤었다. 다음에 또 이런 경우가 생기면 리아는 캐시와 함께 쉬면서 재미있게 놀아줘야겠다고 생각했다. 남편도 늘 그렇게 했었다. 리아가 갖고 있던 섬세하고 따뜻한 면이 점점 드러나기 시작했다.

성급한 판단을 미루자, 리아는 캐시가 탁자 밑으로 들어간 것이 나쁜 행동이 아니라는 것을 알게 됐다. 찬찬히 생각해보니, 몸을 공처럼 웅크리고 있는 것은 엄마와 대치하는 상황이 힘겹다는 것을 표현하는 아이만의 방식이었다. 자신이 잘하지 못하는 것 때문에 스트레스를 받은 캐시는 불안한 마음을 가라앉히기 위해 마지막 은신처로 찾아들어간 것이었다. 아마도 무릎을 세우고 앉아 두 팔로 감싼 뒤 머리를 파묻은 채 가만히 있으면 실제로 마음이 진정되는 모양이었다. 캐시에게는 혼자 웅크리고 있을 장소가 필요했다. 리아가 허락하지 않았어도 캐시는 그렇게 했을 것이다. 이 모든 것을 돌이켜보니 리아는 씁쓸한 기분이 들었다. 자신은 아이가 필요로 할 때, 아이가 원하는 모습으로 곁에 있어주지 못했다. 아이는 숙제를 하기 싫어서 꾀를 부린 것이 아니었다. 또 리아는 캐시가 작고 조용한 공간에서 자신과 몸과 마음을 진정시키려 했다는 것을 깨달았다.

그래서 다음 날, 캐시가 숙제를 다 하기 전에 집안을 뛰어다녀도 리아는 조용히 기다렸다. 리아가 가만히 있자 캐시도 조금 진정하는 것 같았지만 여전히 불안했는지 바닥에 주저앉아 어제처럼 몸을 웅크렸다. 리아도 딸 옆에 나란히 앉았다. 이것은 정말 획기적인 변화였다. 리아가 실망하는 모습을 보이지 않으니 캐시가 느끼던 과한 자극도 더는 심해지지 않는 것 같았다.

캐시는 두 손을 깍지 낀 채 부끄러운 듯 고개를 숙이고 순한 아이처럼 이렇게 말했다.

"내가 제대로 못하는 것 때문에 나도 내가 싫어요. 내가 너무 바보 같아요."

리아가 조용히 대답했다.

"네 마음 알아, 하지만 어떤 일이든 꼭 옳다고 정해진 방법은 없어. 숙제도 마찬가지야. 엄마랑 방법을 찾아보자."

캐시는 몇 분쯤 바닥에 앉아 있다가 책상으로 돌아와 숙제를 조금 더 했다. 성급히 반응하지 않은 덕분에 리아는 진짜 문제는 숙제가 아니라 상처 입은 아이의 자존감이란 것을 깨달았고 아이가 정서적으로 많이 위축돼 있다는 것을 알게 됐다. 이제 우선순위가 바뀌었다. 캐시가 갖고 있는 고도의 활동성과 과잉자극, 불안감은 그 영향력이 막강했다. 캐시에게 화를 내고 명령하는 것은 자신의 이미지를 극복하고자 하는 아이를 더욱 힘들게 했고 그럴수록 마음의 균형도 더 심하게 흔들렸다. 리아는 한 걸음 물러나 생각하면서 아이에 대해 다른 시각을 갖게 됐다. 캐시에게는 뭘 잘하게 만드는 것보다 정신적인 지지가 무엇보다 필요했다.

## 2단계 자기 내면 돌아보기

그날 밤 늦게, 리아는 남편과 컴퓨터 앞에 앉아서 부모 지능의 5단계를 읽어보게 했다. 그리고 자신이 정말 한 걸음 물러나서 바라보자 캐시가 겪고 있는 상황을 이해할 수 있게 됐다고 했다. 데일 역시 아내의 태도가 크게 바뀐 것을 실감할 수 있었다. 리아는 자신이 처한 상황도 좀 더 깊이 이해하게 됐다. 캐시가 숙제를 다 하도록 돕긴 해야 하지만, 아이의 자존감을 높여서 부모와의 관계가 탄탄해지면 숙제 문제도 해결될 수 있을 것 같았다. ADHD를 갖고 있다는 생각도 극복하도록 도와야 했다. 캐시는 자신이 ADHD란 것 때문에 더 자신 없어 하고 부끄러워했기 때문이다. 그녀는 충동적이고 산만한 것이 자기 잘못이 아니라는 것을 깨달을 수 있도록 캐시를 돕겠다고 남편에게 말했다.

데일은 두 번째 단계 즉 자신의 내면을 돌아보는 것에 대해 읽어봤다. 그는 캐시가 힘들어하는 것을 보며 마음이 아팠다면서, 자신들의 초등학교 시절을 되돌아보면서 아이가 겪고 있을 지도 모를 일들을 생각해보자고 했다. 데일은 부모와 선생님을 아주 막강한 존재로 기억하고 있었다. 그리고 그들의 기준에 미치지 못할까 봐 전전긍긍했던 일들을 떠올렸다. 바보같이 굴었거나 반에서 일등을 하지 못했을 때 어떤 기분이 들었는지도 생각났다. 어쩌면 데일은 자신의 이런 기억 때문에 캐시의 고통을 공감하고 억지로 숙제를 끝내라고 하지 않았는지 모른다. 데일은 이것이 해결책이 될 순 없다고 생각했다. 하지만 적어도 자신이 왜 가만히 있게 됐는지는 분명해졌다.

리아는 뛰어난 학생이었다. 특히 학업적인 면에서는 모든 아이들이 선망의 눈길로 리아를 바라봤었다. 하지만 친구를 사귀는 데는 좀 서툴렀다. 그런 기억이 나자 친구들 무리에 끼지 못할 때 캐시가 어떤 기분일지 알 것 같았다. 아이들은 캐시를 좋아했지만 학습에 문제가 있는 것 때문에 캐시 스스로 다른 아이들과 좀 다르다고 느끼는 모양이었다. 리아는 ADHD가 있다고 해서 부족한 사람이 아니라는 것을 캐시가 알게 할 방법을 찾고 싶었다. 솔직한 태도로 이렇게 자신들의 내면을 성찰하면서, 부부는 캐시 앞에 놓인 장애들을 극복하고 아이가 필요로 하는 부모가 될 마음의 준비를 다졌다. 그리고 엄마와 아빠는 늘 캐시의 편이며 아이를 바꾸려 들지 않을 거라는 것을 알려주기로 했다.

부부는 캐시가 읽기 수업을 따로 받으러 교실을 나갈 때 자신이 너무 바보 같고 부끄럽다고 말했던 것을 생각했다. 데일은 자기였어도 기분이 바닥이었을 것 같다고 했고 리아 역시 캐시의 괴로운 마음을 충분히 이해했다. 그리고 상처 받은 아이의 자존감을 회복시키기 위해 서둘러 개입해야겠다고 말했다. 이런 생각을 하자 어릴 때 자신을 도와주던 어른들이 떠올랐다.

학교 다닐 때 리아는 아이들과 잘 어울리지 못했다. 그래서 점심시간이면 선생님 중 한 분이 늘 리아와 같이 밥을 먹어주셨다. 리아는 보답으로 그 선생님의 게시판 작업을 도왔는데 그 일을 하면 자신이 중요한 사람이 된 것 같아 기분이 좋아졌다. 선생님은 또 함께 운동장에 나가서 리아가 친구들과 이야기하고 같이 노는 것을 지켜봐주셨다. 선생님이 보고 있다는 생각이 들면 리아는 용기가 났다. 리아는 캐시에게도 그 선생님 같은 사람이 되고 싶었다.

데일은 공부 때문에 힘들었던 기억을 떠올렸다. 그는 ADHD는 아니었지만 학습 장애를 갖고 있었다. 사업가로 성공한 지금도 그는 읽는 속도가 느렸다. 하지만 숫자에는 매우 강했다. 그에게 학습 장애가 있다는 것을 아는 사람은 아무도 없었다. 그래서 친구들은 별 생각 없이 그를 '바보'라고 불렀다. 그래서 캐시가 어떤 기분일지 알 것 같았다. 고등학생이 되면서부터는 뛰어난 운동 실력 덕분에 자존감이 부쩍 높아졌다. 운동장에만 나가면 최고 대접을 받았고 코치에게 칭찬도 많이 들었다. 그는 절대 그 코치님을 잊을 수 없었다. 대학에 가서는 미식축구 선수로 뛰었고 학습 장애를 위해 특수 교육도 받았다. 그의 자존감은 더욱 안정적이고 확고해졌다.

부부는 자신들의 과거를 떠올리면서 캐시가 얼마나 힘들어할지 확실히 알게 됐다. 그들은 아이를 힘들게 만드는 가장 큰 이유, 즉 낮은 자존감을 회복시킬 방법을 궁리하기 시작했다.


## 3단계 아이의 마음 헤아리기

캐시는 엄마와 다투기도 많이 했지만 근본적으로는 엄마를 믿고 있었다. 무슨 일이든 옳다고 정해진 방법은 없다고 엄마가 얘기했을 때 캐시는 많은 위안을 받았다. 엄마는 항상 자신을 위해 최선을 다하는 분이라는 걸 알았기 때문에 친구와 문제가 생기자 곧장 엄마를 찾아와 상의했다.

"엄마, 쉬는 시간에 달라가 운동장에서 저를 못 본 척 했어요. 왜 그런지 모르겠어요. 걔가 화날 만한 짓은 한 적이 없는데. 그런데 달라는 남들 흉을 잘 보는 애라서 혹시 나에 대해서도 그런 말을 했다면 걔와 친한 아이들이 모두 나를 모른 척 할까 봐 겁이 나요. 전에도 다른 아이들 말을 지어내서 한 적이 있거든요. 나한테는 그래도 잘해 줬는데. 이제 내 차례인가 봐요. 걔는 왜 그렇게 인기가 많은지 모르겠어요. 아이들은 다 그 애 말을 잘 들어요."

리아는 캐시의 생각과 기분을 알아볼 수 있는 좋은 기회라고 생각했다. 그리고 자신이 조금만 도와주면 아이 스스로 문제를 해결할 수 있을 거라고 믿었다. 일단은 친구와 이야기를 해보기 전에 준비를 잘 하라고 했다. 또 캐시는 영리한 아이라서 성급히 대응하지 않고 상황을 충분히 생각할 수 있을 거라고 했다. 그리고 딸의 기분에 공감하면서 친구가 못 본 척 해서 놀랐겠지만 잘 해결할 수 있을 거라고 말해줬다. 엄마가 이렇게 믿어주자, 캐시는 자기 마음을 충분히 이해받은 기분이 들었고 자신감도 생겼다. 리아는 자기가 모든 걸 알아서 하려고 하지도 않았고 캐시에게 어떻게 하라고 시키지도 않았다. 대신 문제 해결에 있어서 가장 중요한 것, 바로 아이의 자신감을 한껏 북돋아줬다.

캐시는 친구와 둘이 있을 만한 시간을 찾아서 직접 부딪치기로 마음먹었다. 공부는 그리 잘하지 못했지만, 엄마와 대화를 나눈 뒤에는 아이들 속에서도 자아가 탄탄해진 기분이 들었고 모두가 자신을 인정해주는 것 같았다. 어느 날 오후, 캐시는 드디어 용기를 내서 달라에게 왜 자기를 모른 척 하는지 대담하게 물어봤다. 캐시가 이렇게 직접적으로 허를 찌르자 달라는 깜짝 놀랐다. 다른 아이들 없이 둘만 있는 상황이 되자 달라는 결국 미안하다고 말했다. 캐시는 그제야 마음이 놓였고 승리한 기분마저 들었다.

숙제 문제는 상황이 좀 더 힘들어졌다. 리아가 ADHD를 염두에 두고 아이를 이해하기 위해 노력 중이었기 때문이다. 엄마는 활동이 과한 캐시의 세상에 자신이 속해 있는 상상을 했다. 원래 그녀는 차분한 성격이었고 자제력을 잃어본 적이 없었으며 집중하는 것 때문에 힘들었던 적도 없었다. 어느 일요일, 캐시가 약을 먹는 것을 보고 리아는 약을 먹지 않으면 어떤 상태가 되는지 물어보기로 했다. 그녀는 절대 비난하려는 것이 아니라고 아이를 안심시켰다. 리아가 정말로 원하는 것은 아이의 상태를 제대로 파악해서 진심으로 아이 편이 되는 것이었다.

"엄마, 결핍이라는 게 무슨 말이에요?"

캐시가 물었다.

"저는 그 말이 마음에 들지 않아요."

이 질문을 받고 놀란 리아는 혹시라도 아이가 마음을 다칠까 봐 최대한 신중하게 대답했다.

"엄마랑 같이 생각해볼까? 결핍이란 말은 가끔 뭔가를 다 갖고 있지 않은 상태를 말해. 물론 다 갖고 있을 때도 있어. 예를 들면 이런 거야. 집에서 약을 안 먹을 때는 엄마가 하는 말에 집중이 잘 안 되지만 약을 먹고 학교에 가면 선생님 말씀에 집중하기가 더 쉽지?"

"아."

캐시가 조용한 목소리로 대답했다.

"그런데 약을 먹어도 그럴 때가 있어요. 선생님은 이제 얘기는 그만하고 집중하라고 하세요. 그래도 동시에 이것도 하고 저것도 하라고 하면 잘 들어야 한다는 것을 잊어버려요. 선생님이 갑자기 너무 많은 것을 말하기 때문이에요. 저는 다 기억할 수가 없어요. 그러다 선생님 말을 들어야 한다는 것을 잊고 친구와 또 얘기를 하죠. 선생님은 그런 걸 싫어하는데."

"그것 참 힘들겠구나."

엄마가 공감하는 표정으로 말했다.

"선생님이 친구와 얘기하지 말라고 하면 기분이 어때?"

"당황스럽죠. 일부러 그러는 게 아니니까요."

아이가 대답했다.

"그건 그냥 일어나는 일이에요. 제가 더 열심히 노력해야겠죠, 엄마."

"일부러 그러는 게 아니라는 거 엄마도 알아. 엄마가 더 잘 알게 되면 어떻게 해야 할지 방법을 찾을 수 있을 거야. 가끔 너는 숙제하는 중간에 뛰어다니는 걸 좋아하지. 그럴 때는 어떤 기분이 드니?"

리아가 다정한 목소리로 물었다.

"음, 나한테 '끄기' 버튼이 없는 것 같은 기분요. 움직이는 것을 멈출 수가 없어요. 그래서 가끔은 무섭기까지 해요. 아침에 일어나면 내 안에 있는 모든 것이 뒤죽박죽 된 것 같은 느낌이 들어요. 그런 기분 정말 싫은데. 그래서 약을 먹는 게 좋아요. 그러면 그런 이상한 기분이 없어지거든요."

캐시가 계속 말했다.

"또 약을 먹으면 학교에서 집중하는 것도 조금은 더 쉬워져요. 그러면 내가 나쁜 아이라는 생각도 안 들고 2학년 때처럼 바보 같은 말들을 불쑥 내뱉지도 않아요."

캐시는 자기 안에서 일어나는 일들을 엄마에게 마음껏 이야기할 수 있어서 무척 기뻤다. 아이는 오랫동안 혼자 지고 있던 짐을 내려놓기라도 하듯 빠르게 말을 이어갔다.

"어쩔 때는 친구들과 신나게 이야기를 하다가 내가 무슨 말을 하고 있었는지 잊어버리기도 해요. 말을 하는 중간에 제 마음이 완전히 다른 곳으로 가버린 것처럼요. 아이들은 알아차리지 못해요. 과민한 상태가 되면 그래요."

"과민?"

엄마가 물었다.

"네. 엄마도 아시죠? 과민하다는 거. 아까 말한 것처럼 뭔가가 마구 뒤죽박죽된 것 같은 기분. 참 안 좋아요."

엄마가 이야기를 잘 들어주자 캐시는 기뻐서 열심히 설명했다.

"아, 또 있다. 이건 좀 재미있는 건데, 뭔가를 잃어버리고 나중에 엉뚱한 곳에서 찾을 때가 있어요. 전에 엄마가 버스 시간에 늦을까 봐 미리 신발을 신고 있으라고 할 때가 있었죠. 맞아요, 그때 시간이 그렇게 됐는지 몰랐어요. 나중에 늦었다는 것을 알고 서두르려 했지만 신발 한 짝을 도저히 못 찾겠는 거예요. 그러다 이를 닦으러 욕실에 갔는데, 네, 엉망인 거 알아요, 죄송해요, 신발 한 짝이 거기 있었어요. 그게 왜 거기 있었는지 지금도 모르겠어요."

"이런, 정말 재미있구나."

리아가 말했다. 하지만 엄마는 사실 너무나 슬펐다. 캐시가 자신이 갖고 있는 장애에 대해 그렇게 많은 생각과 감정을 쏟아내는 것을 들으니 마음이 혼란스러웠다. 리아는 아이가 하는 말을 하나도 놓치지 않으려 애쓰며 불안감이 밀려드는 것을 느꼈다. 그리고 뒤죽박죽인 캐시의 세상에 사는 것이 어떤 기분일지 상상해봤다. 어떻게 해야 잘 정리되게 도와서 날마다 전쟁을 치르는 것처럼 살지 않게 할 수 있을까? 생각해야 할 것들이 많았다. 우선 늘 아이를 혼냈던 것부터 생각해야 했다. 지금껏 혼자서 이렇게 무거운 짐을 지고 있었던 아이를 자기가 혼까지 낸 것이다.

그날 밤 늦게, 리아는 아이와 나눈 대화를 데일에게 전했다. 딸이 했다는 이야기를 듣고 아빠는 가슴이 무너져 내리는 것 같았다. 한편으로는 아내와 캐시가 그렇게 솔직한 대화를 나누는 관계로 발전했다는 것이 무척 기뻤다. 캐시는 분명히 엄마를 믿고 있었다. 그리고 아내는 딸의 무거운 짐을 덜어줄 것임에 틀림없었다.

다음에 또 다시 숙제 문제가 불거지자 리아는 완전히 다른 태도를 취했다. 이 날 유난히 더 힘들어하던 캐시는 숙제를 시작한 지 몇 분도 안 돼서 탁자 밑으로 들어갔다.

"캐시, 거기서 잘 있는 거지?"

"무서워요."

캐시가 속삭이듯 말했다.

"오, 이런! 뭐가 무서운데? 엄마가 바로 여기 있잖아."

리아가 캐시 옆 바닥에 앉아서 말했다.

"내가 나쁘고 멍청해서 무서워요."

"넌 나쁘지도 않고 멍청하지도 않아. 약을 먹지 않을 땐 숙제하기

220

힘들다는 거 엄마도 알고 있단다. 거기서 편히 있으면서 마음을 좀 진정시켜 보렴."

"지금 나갈게요. 문장을 끝내야겠어요."

이런 변화는 리아가 딸의 마음을 이해하기 시작했음을 보여준다. 그녀는 어린 딸이 몸으로 보이는 반응도 자신에게 뭔가를 말하는 것이라고 생각했다. 집안을 뛰어다니는 것은 자신의 과한 활동성을 억제하지 못해 화가 난다는 뜻이었다. 탁자 밑에 숨는 것은 스스로 어쩔 수 없는 내적인 자극을 줄이기 위한 노력이었다. '신체로 하는 대화'에 관해 알게 되자, 엄마는 캐시가 겪는 많은 경험들을 함께 느낄 수 있게 됐다. 캐시는 엄마와 이렇게 가까워진 것이 무척 소중하게 느껴졌다. 엄마와 딸의 관계는 점점 더 발전하고 있었다.


## **4단계** 아이의 발달 정도 파악하기

리아는 3학년 과정을 따라가기 힘들었다. 주변 정리를 잘 못하고 읽기 능력이 떨어졌으며 누군가 지시를 하면 그 내용을 제대로 따르지 못했다. 그 나이가 되면 집중하는 시간이 좀 더 길어지지만 캐시는 그 부분이 가장 안 돼서 학교생활이 힘들었다. 아이는 쉽게 산만해졌고 수업에 참여하려는 아이들에게 자꾸 말을 걸곤 했다. 읽기를 할 때는 어디를 읽고 있는지 몰랐고 내용에 집중하지도 못했다. 그래도 수학 시간에는 좀 나은 듯 했지만 내용이 점점 어려워졌기 때문에 부모는 아이가 잘 따라가고 있는지 늘 지켜봐야 했다. 리아와 데일은

ADHD에 대해 더 많이 알아야 아이가 좌절감을 견디도록 도울 수 있다는 것을 깨달았다. 그들은 캐시가 아주 어린 아이처럼 쉽게 평정 상태를 잃는다는 것을 알고 있었다. 또 캐시는 공부 쪽으로 늘 친구들과 자신을 비교하면서 자신에게 드는 실망감을 애써 참으려 노력했다. 그래서 부모는 아이가 수치심과 회의감에 빠지지 않도록 도와야 했다.

캐시의 발달 상태는 고르지 못한 양상을 보였다. 어떤 부분에서는 누구보다 월등했다. 운동장에서 친구가 못 본 척한 것에 대해 엄마와 상의하고 난 뒤, 캐시는 어떤 아이보다 상대방을 배려하고 동정하는 아이가 됐다. 데일은 아내의 도움 덕분에 캐시가 자신의 참모습을 알게 되고, 친구들에게 인정받을 수 있는 모습을 갖추기 위해 노력하는 것을 느꼈다. 또 아이는 문제를 해결하기 전에 먼저 생각하는 법 그리고 자신을 위해 목표를 정하는 법을 배우고 있었다.

리아와 데일은 아이가 힘들어하는 부분뿐만 아니라 아이가 가진 장점에도 치중하기로 했다. 캐시에게서 자꾸 문제점만 찾으려 하면 아이도 자신을 그런 눈으로 보게 될 수 있기 때문이었다. 이제는 캐시가 갖고 있는 좋은 면들을 아이에게 일깨워줘야 할 때였다. 캐시는 친절하고 관대하고 유머 감각이 있고 솔직한 아이였다. 이외에도 독특한 장점들이 많았다. 부모는 아이가 집과 교회 생활을 통해 도덕의식을 키워가는 것도 자랑스러웠다. 캐시는 부모가 자신을 매우 각별하게 생각한다는 것 그리고 어떤 면들을 특히 자랑스러워하는지 알 필요가 있었다.

## 5단계 문제 해결하기

리아는 좌절감이 들 때 마음을 진정시키고 견딜 수 있는 계획들을 캐시에게 알려주기로 했다. 그녀는 딸이 즐겁게 지내길 바랐고 다 같이 모여 그 방법을 의논했다.

"캐시, 학교에 오래 있는 것도 힘든데 집에 오면 숙제까지 해야 하니까 더 힘들지? 어떻게 하면 방과 후 시간을 더 잘 보낼 수 있을까?"

"음, 친구들하고 좀 더 놀고 싶어요. 친구들이 너무 좋거든요. 댄스 학원도 같이 다니고 싶어요. 저는 멋진 댄서가 될 거예요."

캐시가 대답했다.

"같이 모여서 노는 날을 정하는 건 아주 좋은 생각이야."

리아가 말했다.

"하지만 학교가 끝나고 만나는 건 1주일에 한 번이 좋을 것 같구나. 주말에 많이 볼 수 있으니까. 오후에는 댄스 학원에 다닐 수 있어. 필요한 옷도 다 사줄 거야. 내일 학원에 전화해서 어떤 프로그램이 있는지 알아봐야겠다. 이제 같이 놀고 싶은 아이들 이름을 종이에 적어볼까?"

캐시가 공책에 있는 종이를 한 장 찢어오자 리아가 계속 말했다.

"교회에 남녀 학생모임도 있어. 2주에 한 번씩 주일 학교가 끝나면 모이지. 너도 등록시켜줄까?"

"좋아요!"

캐시가 외쳤다.

"저도 그 모임 들어봤어요. 같이 여행도 가고 미술 활동도 하고 게

임도 한대요."

캐시는 엄마가 열의를 보이자 무척 신이 났다. 전에는 다툴 때가 많았지만 이제는 엄마와 이야기하는 것이 훨씬 편해졌다. 리아는 캐시도 문제 해결 과정에 참여하는 것이 좋았다. 그런 모습을 보며 캐시가 사람들과 얼마나 어울리고 싶어 하는지 알 수 있었다. 친구들과 노는 날을 정하면 숙제할 시간이 늦은 오후나 밤으로 늦춰질 수 있지만 아이는 훨씬 기분 좋은 상태로 숙제를 시작할 수 있을 것 같았다. 아이의 자존감을 위해서는 댄스 학원에 다니는 것도 좋은 생각이었다. 친구도 사귈 수 있고 운동도 되기 때문이었다. 리아는 고등학교 시절 운동을 잘한 덕분에 자존감이 높아졌다는 남편의 말을 기억하고 있었지만 캐시가 고등학생이 될 때까지 기다릴 수는 없었다.

숙제는 여전히 날마다 문제가 됐다. 자꾸 되풀이되는 문제는 하루 아침에 해결되지 않았다. 그래도 부부는 포기하지 않고 할 수 있는 방법들을 계속 찾아냈다. 리아는 캐시에게 가장 잘 맞는 방법을 알아내기 위해 도움을 줄만한 단체를 찾고 전문가의 도움도 구했다.

어느 날 오후, 캐시와 엄마는 숙제를 위한 새로운 계획을 짜보기로 했다.

"캐시, 어떻게 하면 숙제를 잘 끝낼 수 있을지 다시 생각해보자. 그래야 더 이상 서로에게 화를 내지 않지. 뭐 좋은 생각 있니?"

리아가 물었다. 캐시는 잠시 생각하는 눈치더니 신중한 태도로 말했다.

"저는 한 번에 조금씩밖에 못해요. 중간 중간 놀거나 뛰어다녀야 하죠. 과민해진 기분이 들면 집중할 수가 없거든요. 엄마, 나는 엄마가 이런 나를 정말 이해해주셨으면 좋겠어요. 그러면 화도 안 날 거예요. 엄마가 화를 내면 저는 더 과민해져서 상태가 더 나빠져요."

리아는 캐시가 솔직하게 말해 준 것이 고마웠다. 또 자기도 모르는 사이 아이를 힘들게 했다는 것이 너무나 미안했다.

"이제 엄마도 화 안 낼게. 진짜 노력할 거야. 네 말이 옳아. 우리 같이 배워가자. 한 번에 조금씩 하는 건 우리 둘 다에게 좋은 방법인 것 같구나. 엄마가 뭘 할지 알겠지? 네 방에 있는 인어공주 시계를 가져올 거야. 숙제를 할 때 시계를 옆에 두는 거 어떻게 생각해?"

캐시가 재미있어하는 표정으로 말했다.

"시계는 어디에 쓸 건데요?"

"10분 동안 숙제를 하면 그 뒤 5분은 네가 하고 싶은 걸 하는 거야. 시계를 보고 다시 10분 동안 숙제를 한 다음엔 간식을 먹는 거지. 그러면 우리도 모르는 사이에 20분 동안 숙제를 마치고 마음껏 놀 수 있어."

"네, 해볼게요. 중간에 쉴 수 있으면 10분 정도는 앉아 있을 수 있을 것 같아요."

캐시도 반색을 하며 그 방법에 동의했다.

"그렇게 시간을 정하는 거 마음에 들어요. 할 수 있어요."

숙제 때문에 몇 개월간 계속 좌절만 하다 그렇게 반짝거리는 아이의 얼굴을 보자 리아는 이 순간을 꼭 간직하고 싶었다. 아이가 비행기를 탈 수만 있다면 친정 엄마를 만나러 프랑스에 갈 수도 있었다. 지금 캐시는 외할머니가 보내준 푸른색 스웨터를 입고 있었는데 리아는 친정 엄마도 그 모습을 봤으면 싶었다. 사실 리아는 친정 엄마를 초대하는 것을 계속 망설이고 있었다. 손녀가 하는 행동이나 딸이 엄마 노릇하는 것을 마땅치 않게 생각하기 때문인 것 같았다. 리아의 친정 엄마는 절대 소리를 지르는 법이 없었다. 하지만 식사 때 지저분하게 밥을 먹는 캐시를 보면 친정 엄마의 얼굴은 하얗게 질릴 것임에 틀림없었다. 프랑스식 식사에 꼭 포함된 디저트를 못 먹게 하거나 어떤 식으로든 위협을 하면서 자신을 혼냈던 엄마를 생각하면 늘 움츠러든 기분이 들곤 했다.

하지만 이제 리아는 다르게 느끼고 있었다. 그녀는 계속 성장하고 있었고 더 이상 엄마의 규칙대로 살지 않았다. 자신의 과거를 돌아보는 일은 끝없이 계속됐다. 그녀는 캐시의 엄마였고 자신이 뭘 하고 있는지 잘 알았다. 어쩌면 그래서 캐시를 보며 더 좌절했는지도 모른다. 그녀의 마음속 깊은 곳에는 엄마가 늘 자신을 탐탁찮아한 기억이 자리하고 있었기 때문이다. 이것은 정말 잘못된 일이었다. 캐시는 두 세대의 엄마들에게 억눌려 있었던 것이다. 생각이 조금씩 분명해지자, 리아는 자신과 캐시에게 그랬던 것처럼 엄마의 능력도 과소평가하고 있었다는 것을 깨달았다. 엄마는 몇 번 이곳에 와 있는 동안 미국식 생활에 완전히 적응했었다. 이제는 엄마도 캐시가 힘들어하는 부분에 적응하고 아이의 고통을 이해하기 위해 노력해야 할 것 같았다. 그녀의 엄마에게도 성장할 기회가 필요한지 몰랐다. 손녀를 못 본지 너무 오래되기도 했지만, 리아는 친정 엄마가 캐시에 대해 더 많이 알게 되기를 바랐다. 어쨌든 캐시는 착한 천성을 가진 자신들의 또 다른 모습이었다.

리아는 계속해도 될지 허락이라도 구하는 것처럼 딸의 어깨에 팔을 두르고 가만히 바라봤다. 캐시는 엄마가 어떤 말을 할지 기대하는 얼굴로 눈을 반짝거리며 엄마를 마주봤다. 자신을 받아주는 듯한 딸의 표정에 자신감을 얻은 엄마는 이렇게 말했다.

"리아가 요즘 열심히 한다고 선생님도 무척 흐뭇해하시더라. 특별위원회를 통해 너한테 내주는 숙제를 다른 아이들보다 줄여줄 수 있다고 하셨어. 읽기와 수학을 이해하고 있다는 것을 보여주는 정도면 충분하대. 정말 친절하신 분이야. 너도 예뻐해 주시고."

그 뒤 몇 주 동안 캐시는 엄마와 함께 문제를 해결해갔다. 숙제 하는 것도 많이 좋아졌고 자존감도 점차 회복됐다. 엄마와 딸은 아주 잘 지내게 됐다. 위협을 하고 소리를 질렀던 것들이 먼 옛날 일처럼 느껴졌다. 이런 식으로 연결되자 새로운 문이 열렸다. 그들은 숙제를 끝낼 수 있는 여러 가지 방법들을 찾아냈다. 밤이나 이른 아침에 시간을 나누어 조금씩 하는 것도 그 중 한 가지였다. 리아와 캐시는 유연하고 창의적인 계획을 세워서 실천했다. 이제는 힘든 문제들이 서로에게 귀를 기울일 수 있는 기회처럼 생각됐다.

캐시는 다른 아이들보다 숙제는 줄어든 반면 수업 내용을 따라갈 시간은 늘어났다. 상태가 안 좋아지면 교실 밖으로 나가도 좋다는 허락도 받았고, 집중력이 부족해 놓친 내용은 선생님과 복습할 시간도 갖게 됐다. 문제를 해결하는 기술을 익히게 되자 캐시의 대응 기제는 풍부해졌고 좌절을 견디는 힘이 늘어났으며 엄마와도 더욱 가까워졌다. 그런데 캐시에게만 지속적인 지원이 필요한 것이 아니었다. 부모도 마찬가지였다. 리아는 블로그를 통해 계속 ADHD 아이를 둔 엄마들과 소통했고 데일은 한 달에 한 번씩 아내와 함께 ADHD 부모를 위한 모임에 나갔다.

지금도 가끔 집안이 소란스러워지긴 했지만 심각한 상황은 발생하지 않았다. 캐시의 집은 다시 행복해졌다. 불안하고 혼란스러운 상황은 많이 줄어든 대신 웃는 시간은 점점 늘어났다. 그렇게 세 사람은 함께 배워갔다. 그들은 언제든 캐시의 자존감을 가장 우선시하면서 화목한 가정을 꾸렸고 서로를 깊이 의지했다. 엄마, 아빠, 딸 모두가 한편이었다.

# 열린 대화를 위한
# 5가지 요령

부모
지능
TIP

아이가 새로운 것을 배우고 받아들이는 능력을 어떻게 키울까?
그 열쇠는 부모와 자녀의 열린 대화에 달려 있다.
부모에게 어렵거나 답을 알 수 없는 문제라도 대화를 피하지 말자.
서로 이야기할 수 있는 시간은 중요하다.

### 1. 아이의 말이 끝날 때까지 들어줘라

언제나 중간에 말을 끊고 싶은 유혹이 생기지만, 끝까지 들어야 좀 더 이해할 수 있다.

### 2. 아이의 말을 고쳐주기 전에 뜻을 명확히 묻자

똑바로 말하라고 다그치지 말고 다시 한 번 자세히 이야기할 기회를 주자. 아이가 더
하고 싶은 말이 있는지 잠시 기다리자.

### 3. 아이가 말한 것을 되풀이해서 말해보자

부모가 올바로 이해한 것인지 확인할 수 있고 자녀를 이해하려는 부모의 마음을 전달
할 수 있다.

### 4. 아이에게 부모의 의견이 필요한지 물어보자

부모의 의견을 물어보면 결정된 결론이 아닌 아이디어를 말해주자. 아이가 생각의 폭
을 넓힐 수 있는 기회가 된다.

### 5. 사물을 보는 다양한 방법을 함께 탐구하자

서로 동의하지 못해도 함께 다양한 관점을 말하는 것이 중요하다. 이것은 호기심, 배우
려는 욕망, 깊은 사고력을 길러준다.

# 제9장

# 아이의 모든 게
# 불안한
# 엄마

그녀는 사회학 박사 학위를 갖고 있었지만
딸만 생각하면 자기가 아는 것들을 모조리 잊고
그저 걱정만 했다.

# 열세 살 올리비아

160센티미터나 되는 키에 거침없는 성격인 올리비아는 운동도 잘하고 공부도 평균은 하는 학생이었다. 그녀는 일리노이 주 남부의 작은 도시에서 부모님과 같이 살고 있었다. 부모인 델리아와 칼은 그곳에서 나고 자랐으며 대학도 다녔다. 그들은 고등학교 때 만나 근처에 있던 인문대학에 진학했고 졸업 후 곧 결혼했다. 부부는 둘 다 동부에 있는 학교에서 사회학 박사 학위를 받은 다음 다시 고향으로 돌아와 가정을 꾸렸다. 그리고 두 사람 모두 그 지방에 있는 대학의 교수가 됐다. 올리비아가 태어나자 엄마인 델리아는 집에 있기 위해 일하는 시간을 줄여 파트타임으로 일했지만 아빠는 야간 대학 강의를 더 많이 맡았다.

열세 살이 되자 올리비아는 자신의 미래에 대해 생각하게 됐다. 그녀는 고향을 떠나 더 큰 세상으로 나아가고 싶었다. 부모처럼 살고 싶지 않았고 자신이 태어난 곳에서 평생 살고 싶지도 않았다. 올리비아는 페이스북을 통해 미국 곳곳에 사는 많은 소녀들과 교류하고 있었는데 특히 그 아이들이 올린 사진들을 보는 것을 좋아했다. 사진을 보면 그들이 어떤 옷을 입고, 어디에 관심이 있고, 어디에 갔었는지 다 알 수 있었다. 올리비아는 마치 연구라도 하듯 몇 시간씩 그 사진들을 들여다보고 이메일을 주고받았다. 또 멀리 사는 그 아이들과 친구가 되고 싶은 마음에 침대 위까지 노트북을 들고 가서 누가 메시지를 보내거나 댓글을 달면 즉시 답을 했다. 뉴욕과 캘리포니아는 낯설지만 너무나 흥미진진하게 느껴지는 곳이었다. 그래서 그곳에 사는 아이들에게 유독 많은 관심을 보였다.

올리비아의 엄마와 아빠는 유대관계가 돈독했고 늘 좋은 부모가 되기 위해 노력했다. 하지만 아빠는 하루 종일 일하고 여덟 시가 넘어야 집에 왔기 때문에 딸의 일상과 관련된 결정은 대부분 엄마가 도맡았다. 부모는 올리비아의 성적에 관심이 많았고 특별 활동도 적극적으로 지원했다. 라크로스와 축구 선수로 활약하고 있던 올리비아는 외향적인 성격이었고 친구도 많았다. 성격 자체가 워낙 유쾌하기도 했지만 비밀도 털어놓을 수 있을 만큼 믿을 수 있는 친구로 통했기 때문이다. 유치원 때부터 독립적인 편이었던 올리비아는 별 어려움 없이 부모의 품에서 벗어나 자기 방식을 찾아갔다. 늘 많은 친구들에게 둘러싸여 있었고 그 속에서 당당함을 잃지 않았다. 하지만 공부에서만큼은 자신감이 떨어졌다.

엄마인 델리아는 딸과 달리 늘 진지하고 걱정이 많은 사람이었다. 그녀는 딸이 친구들과의 관계를 통해 자존감을 키우는 것이 쉽게 이해되지 않았다. 델리아는 사람들을 잘 믿지 않는 편이었기 때문에 친구들을 좋아하는 올리비아의 마음을 오해할 때가 많았고, 딸이 사람들과 어울리다 위험해지지는 않을까 걱정까지 했다. 그녀는 남편이 집에 좀 더 오래 있었으면 좋겠다고 생각했다. 그러면 남편의 침착한 면이 자신의 불안감을 좀 재워줄 것 같았기 때문이다. 델리아는 걱정을 털어놓을 만한 가까운 친구들이 없었다. 감정의 폭이 제한적이었던 그녀는 올리비아의 행동에 늘 빠르게 반응했다. 그리고 딸이 친구들과 너무 자주 어울리는 것을 불안해하며 성급한 결정을 내릴 때가 많았다. 델리아는 딸의 통금 시간을 일찌감치 정해놓고, 화장을 못하게 했으며, 옷도 여성적인 특징을 감추는 것들로 직접 골라줬다. 그녀는 아이의 옷차림을 단속하고 어디에 다니는지 확인하는 것이 엄마의 의무라고 믿었다.

올리비아의 선생님이 워싱턴 여행을 계획했을 때, 엄마는 딸이 그렇게 먼 곳에 가서 남학생들과 호텔에 머물지는 않을까 안절부절 못했다. 그래서 딸과 상의 한마디 없이 곧장 선생님에게 전화를 걸어 자신이 보호자로 동행하면 안 될지 물어봤지만 보호자는 이미 다 정해져 있다고 했다. 여행을 떠날 생각에 몹시 흥분해 있던 올리비아는 엄마가 선생님께 전화했다는 것을 알고는 너무 부끄럽고 화가 났다.

"엄마, 선생님 말로는 엄마가 같이 가고 싶다고 했다는데 사실이에요? 저한테 먼저 물어보셨어야죠."

올리비아는 엄마가 자신의 영역을 침범한 것 같은 기분을 느끼며 불만을 터뜨렸다. 전에도 이런 일이 자주 있었다.

"그러면 좋았겠지."

엄마는 애써 확신하는 말투로 대답했다.

"하지만 너는 그렇게 멀리 가기엔 너무 어려. 더구나 거기서는 남학생들과 같은 호텔에 있어야 하잖아."

"엄마!"

올리비아가 끼어들었다.

"남학생이 어디 있다고 그러세요!"

"그럼 남자애들은 어디에 묵는데?"

"남학생들은 위층을 쓴다고요. 그리고 엄마는…."

"너희들끼리 못된 약을 할 수도 있고 남자애들이 몰래 내려올 수도 있어. 그러면 어떻게 할 건데? 내가 동행하지 못하면 너도 못 갈 줄 알아."

올리비아는 이 상황이 믿기지 않았다. 아무리 엄마라고 해도 이건 말도 안 되는 일이었다.

"엄마! 진짜로 하는 말은 아니죠?"

"진짜야! 이제 더 말 안 할 거야. 이 얘기 다시 꺼내면 일주일간 외출 금지다."

엄마를 잘 아는 올리비아는 얼마나 걱정이 되면 저러실까 싶어서 방법을 바꾸기로 했다. 엄마를 좀 더 이해하는 모습을 보이면 효과가 있을지도 몰랐다.

"엄마가 걱정하시는 거 알아요. 하지만 이 여행은 학교에서, 선생님들이 계획한 거잖아요. 우리 학년이 되면 늘 가는 여행이에요. 선생님들이 더 주의하실 테니까 믿으셔도 돼요."

올리비아의 말은 아무 소용없었다. 델리아는 이미 포식자들로부터 새끼를 지켜야 하는 엄마 악어나 다름없었다. 그녀는 올리비아가 이렇게 말할 때까지 자신의 행동이 딸에게 미칠 영향을 생각하지 못하고 있었다.

"좋아요. 전 도망가버릴 거예요. 이 집을 나갈 거라고요."

올리비아는 진짜 집을 나갈 생각은 아니었다. 하지만 딸이 이렇게까지 나오는 것을 보자, 델리아는 자신의 행동이 너무 지나치고 비현실적이었다는 것을 깨달았다.


## 1단계 한 걸음 물러나기

어릴 때부터 올리비아는 엄마가 늘 불안해한다는 것을 알고 있었다. 걱정이 많은 엄마들은 자기 아이에게도 비슷한 걱정을 심어주곤 한다. 하지만 이번에 올리비아는 걱정이 지나쳤던 엄마에 비해 침착하고 이성적으로 행동했다. 그리고 수학여행에 대해 엄마와 좀 더 분별 있는 대화를 나눌 수 있는 방법을 찾기 시작했다.

뉴욕에 사는 페이스북 친구 중 한 명과 이메일을 주고받으며, 올리비아는 그 아이의 통금 시간도 너무 빠르고 자기 집처럼 엄마가 딸을 믿지 못하는 것에 너무 놀랐다. 어쨌든 중서부 지역의 엄마들만 그런 것은 아닌 모양이었다. 올리비아의 처지를 이해해주는 아이도 있었다. 자신의 상황을 메일로 적어 보내자 그 소녀는 자기 엄마도 그랬지만 인터넷으로 '부모 지능'이란 것을 읽으면서부터 많이 누그러졌다고 했다. 친구가 하이퍼링크를 알려주자 올리비아는 이메일로 다시 엄마에게 보냈다. 말로 하는 것보다는 그 편이 나을 것 같아서였다. 그런 다음 엄마가 열어볼 때까지 기다렸다.

딸이 보낸 이메일을 읽은 엄마는 올리비아가 기대하는 만큼 호기심이 생겼다. 올리비아는 한 번도 자기한테 메일을 보낸 적이 없었고, 자신도 물건을 구매할 때 빼고는 인터넷을 거의 사용하지 않았다. 그래서 이번에 딸이 메일로 의사소통을 청한 것은 상당히 의미 있는 사건이었다. 델리아는 인터넷 잡지라는 것을 읽어본 적이 없었다. 첫 번째 기사는 다음 기사들로 계속 이어져 있었다.

부모 지능은 5단계로 이루어져 있었다. 델리아는 강한 흥미를 느꼈다.

'부모 지능이 뭘까? 나한테도 있을까? 나도 배울 수 있을까?'

델리아는 첫 번째 단계, 즉 한 걸음 물러나는 것을 실천해보기로 했다. 올리비아에 대해서는 정말 그래야 하는 게 맞았다. 솔직히 딸은 뭐든 열심히 하는 착한 아이였다. 그녀가 보기에 올리비아는 가끔 엄마의 행동이 지나치다고 생각하는 것 같았다. 남편도 아이 앞에서는 아니었지만 지나치다는 말을 자주 했었다. 그래서 델리아는 인터넷에서 읽은 대로 한 걸음 떨어져 생각해보기로 했다.

우선 올리비아가 8학년 아이들 모두 잔뜩 기대하는 수학여행을 워싱턴으로 간다고 말했던 것에 대해 생각했다. 자신은 아이에게 못 간다고 했지만 학교에서 늘 해왔던 행사라는 것을 알고 있었다. 올리비아는 친구들과 호텔에서 자는 것에 몹시 흥분했었다. 친구들 무리에 속해서 같이 어울리는 것은 올리비아에게 매우 중요한 일이었다. 그런 것들을 떠올려보니, 친구들과 하게 될 새로운 모험에 대해 딸과 다정한 대화를 나눌 수도 있었는데 그렇게 못했다는 것을 깨달았다.

엄마도 없이 올리비아 혼자 그렇게 멀리 간다고 생각하니 약을 하거나 성관계를 갖지는 않을까 하는 걱정이 밀려든 것이었다. 자신의 행동을 깨닫게 되자 딸이 수학여행을 가는 것을 왜 그렇게까지 불안해했을까 하는 생각이 들었다. 자신이 내린 결정에 자신이 없어지긴 했지만, 그녀는 여전히 불길한 생각을 떨쳐버릴 수 없었다. 이런 기분이 들자 또다시 올리비아가 마약이나 섹스에 노출되지는 않을까 하는 걱정이 밀려들었다. 그러나 한편으로는 딸이 어떤 생활을 하고 있는지 알 수 있는 기회를 놓친 것은 아닌가 싶은 생각도 들었다. 그녀는 사회학 박사 학위를 갖고 있었지만 딸만 생각하면 자기가 아는 것들을 모조리 잊고 그저 걱정만 했다.

델리아는 딸과 다시 대화할 방법을 찾고 싶었다. 그렇게 무분별하게 선생님에게 전화한 것은 의사를 결정하는 과정에서 올리비아를 제외시키고 딸을 부끄럽게 만든 짓이었다. 한 걸음 물러나 생각해보니 상황을 원만하게 해결할 수 있는 좋은 방법들이 많았다. 올리비아와 나눴던 대화를 천천히 떠올려보자, 아이가 집을 떠나 한 번도 안 가본 도시로 여행을 가는 것에 얼마나 기대가 컸을지 알 것 같았다. 아이의 눈에는 자신이 그만큼 자랐다는 기쁨과 경이감이 고스란히 담겨 있었다. 델리아는 통금 시간을 정하고, TV를 못 보게 하고, 컴퓨터에도 통제 기능을 작동시켜서 올리비아를 보호하려 했던 것에 대해 생각해봤다. 자신은 늘 올리비아에 대해 최악을 상상하고 근거 없는 추측을 했다. 딸에게 나쁜 영향을 미칠까 봐 아이가 어울리는 친구들에 대해서도 끊임없이 물어댔다. 그녀는 이런 생각이 들었다.

'아이를 보호한다는 명목으로 사랑하는 엄마가 아니라 교도소 간

수처럼 행동한 것은 아니었을까?'

문득 올리비아가 열한 살 때 있었던 일이 떠올랐다. 그때 올리비아는 자기가 좋아하는 남학생 이름과 하트 모양을 가짜 문신으로 손목에 그렸다. 그 남학생과 만나지 않게 된 뒤 지우려 했지만 잉크로 그려서인지 잘 지워지지 않았다. 올리비아는 평생 부끄러워하며 살게 될까 봐 울음을 터뜨렸다. 그때 델리아는 직감적으로 한 걸음 물러나 울고 있는 아이 곁에 있으면서 창피를 당할까 봐 두렵다는 아이의 말을 다 들어줬다. 결국 그들은 클렌저를 찾아내 문신을 거의 다 지웠고 그래도 남은 부분은 시간이 지나면서 저절로 없어졌다. 올리비아는 마음이 편안해졌다. 엄마한테 혼나지도 않고 창피를 당하지도 않게 됐기 때문이다. 델리아는 지금 자신의 마음가짐이 그때와 달라졌다는 것을 깨달았다. 왜 이렇게 된 것일까? 어쨌든 가짜 문신은 워싱턴에 가는 것만큼 걱정되는 일은 아니었다. 아이가 보내준 사이트에는 자신의 내면을 돌아보는 것에 대해 언급돼 있었다. 아마도 다음 단계인 모양이었다. 그녀는 무엇 때문에 걱정이 그렇게 심해진 것일까? 아이와 대화를 하려면 일단 그것부터 생각해봐야 할 것 같았다. 그렇지 않으면 다시 불안한 기분에 휩싸여 다 망쳐버릴지도 모르기 때문이었다.


## 2단계 자기 내면 돌아보기

올리비아가 친구와 통화하면서 만나는 남학생이 있는지 물어보는 소리가 들렸다. 저쪽 친구도 같은 걸 물어봤는지 올리비아는 한 번도 데이트를 해본 적이 없다며 자신은 예쁘지 않고 평범한 편이라고 했다. 델리아는 왠지 엿들은 것 같아 죄진 사람처럼 딴 곳으로 갔지만 올리비아가 자신이 매력 없다고 생각하는 것에 놀랐다. 특히 '평범하다'는 단어를 쓴 것이 의외였다. 딸이 겨우 열세 살에 데이트를 하길 바란 것은 아니었다. 아니, 절대 바라지 않았다. 하지만 아이 스스로 매력이 없다고 생각하는 것도 싫었다. 그녀는 아이가 그렇게 생각하고 있다는 것에 놀랐고 아이를 대신해 상처까지 받았다. 올리비아는 거울에 비친 자기 모습을 어떻게 보는 걸까? 남학생들이 올리비아를 보는 시선이 걱정돼서 자신이 골라준 옷 때문에 평범해 보인다는 생각을 갖게 된 것은 아닐까?

델리아는 자기가 딸의 나이였을 때 하염없이 거울을 들여다봤던 기억을 떠올렸다. 그녀는 숱이 많고 곱슬곱슬한 머리를 여러 가지 스타일로 하고 다녔다. 그런데 올리비아는 한 번도 그런 적이 없었다. 옷도 금방 입고 학교에 갔다. 꼭 그런 것에 무신경한 운동선수 같았다. 화장을 못하게 한 것 때문에 언성을 높인 적도 없었다. 하지만 친구에게는 자기가 예쁘다는 생각이 안 든다고 말했다. 결국 올리비아는 그런 것에 관심이 있었지만 엄마 때문에 숨기고 있었던 것이다.

아이 때 델리아는 자주 불안해했지만 올리비아는 그러지 않았다. 그녀의 딸은 좀처럼 불안해하는 일이 없었다. 올리비아는 모험을 즐기는 아이였다. 열세 살쯤 되면 다들 자신의 매력에 의문을 갖게 되는 걸까? 알 수가 없다. 딸이 스스로 예쁘지 않다고 생각한다는 것을 알게 되자, 워싱턴 여행에 대한 걱정 외에 또 한 가지 걱정이 늘어난 것 같았다. 하지만 지금 하는 걱정은 올리비아가 괴로워하는 것과 아무 상관이 없다는 것을 델리아도 알고 있었다. 그녀는 생각했다.

'내가 사서 하는 걱정일 뿐이야. 올리비아는 그런 나 때문에 상처를 받았어. 나는 남학생들이 아이의 방에 들어갈지도 모른다고 생각했었던 거야. 정말 말도 안 되는 생각이야.'

그날 오후 델리아는 가까운 극장에서 하는 코미디 영화를 보러갈까 생각했다. 잠시라도 아무 생각 없이 있고 싶었기 때문이었다. 그런데 극장에 혼자 있는 상상을 하자 또 마음이 편치 않았다. 어두운 곳에 여자 혼자 있다는 것이 겁이 났던 것이다. 남들이 어떻게 볼지도 신경 쓰였다. 그러다 갑자기 자기 방에 숨고 싶어졌다. 그녀의 불안증은 통제할 수 없는 것이 분명해 보였다. 델리아는 차 한 잔을 준비하고 칼에게 전화를 했지만 그는 사무실에 없었다.

홀짝이며 차를 마시다 그녀는 갑자기 올리비아를 그렇게 걱정하게 된 원인을 깨달았다. 오랫동안 떨쳐버리려 노력했지만 아이와 자꾸 문제가 생기자 어쩔 수 없이 그날의 기억을 떠올려야 했다. 그녀는 공원에서 마약을 한 남학생에게 성폭행을 당했다. 그때 델리아는 열세 살이었다. 델리아는 집에 가서 부모에게 말했고 부모는 즉시 경찰에 신고했다. 남학생은 잡히지 않았다. 부모는 딸이 성폭행당한 것에 대해 이야기하는 것을 몹시 힘들어 했다. 그들은 경찰 조서를 꾸미는 것조차 꺼려하면서 그냥 입을 다물어버렸다. 부모는 그것으로 일이 다 끝났다고 생각했을지 모르지만, 델리아는 밤마다 울었고 도와달라고 비명을 지르는 꿈을 꾸다 깨기도 했다. 무심했던 부모는 딸이 보내는 신호를 알아차리지 못했고 결국 그녀의 마음속에 깊은 상처로 남게 됐다.

　그녀의 부모는 성폭행의 후유증을 절대 이해하지 못했지만 자신은 올리비아에게 좋은 엄마가 되고 싶었다. 수학여행에 대해 이야기할 때, 올리비아는 엄마가 뭘 걱정하는지 안다고 했었다. 갑자기 델리아는 올리비아가 엄마를 진정시키기 위해 자신이 하고 싶은 것들을 포기할 때가 많았다는 것을 깨달았다. 그것 때문에 딸이 속으로 자신을 경멸하지는 않을까 하는 생각도 들었다. 말투를 들으면 확실히 알 수 있을 것 같았다. 어쩌면 그래서 자신의 외모에 대해 걱정이 되도 엄마에게 말하지 않았는지 모른다. 델리아는 밤마다 자신이 겪는 고통을 몰라준 엄마를 경멸했었다. 계속 악몽을 꾼다고 말해도 엄마는 조금만 지나면 괜찮아질 거라고만 했다. 그녀의 엄마는 아무것도 보지 못했다. 델리아는 마음에 깊은 상처를 입은 딸에게 신경을 쓰기보다 자신의 욕구를 중시했던 엄마를 떠올렸다. 그녀는 자신도 올리비아에게 같은 짓을 하고 있지는 않나 궁금했다. 사실은 올리비아가 아니라 자신을 보호하고 있었던 건지도 몰랐다.

　델리아는 자신의 불안한 마음을 남편이 진정시켜주길 간절히 바랐지만, 늘 그렇듯 그 바람은 이루어지지 않았다. 남편은 좋은 사람이었지만 그녀가 필요로 할 때 곁에 있어주지 못했다. 그녀는 혼자 힘으로 자신의 과거를 해결해야 했다. 그 과거가 딸에게까지 상처를 주고 있기 때문이었다. 그녀는 누군가의 도움을 절실히 원하면서도 경계했었다. 하지만 이제는 자신의 불안증에 대해 치료를 받아야겠다고 결심했다. 정신과 치료는 시간이 많이 걸리겠지만 자신의 과거와 화해하기 전에 당장 올리비아의 마음부터 헤아려줘야 했다. 다행히 그녀가 만난 심리치료사는 부모 지능을 잘 알고 있는 사람이었다.

치료사는 자신의 과거뿐 아니라 올리비아의 마음에도 집중해보라고 했다. 올리비아는 엄마가 수학여행을 최대의 위기라도 된 것처럼 받아들이고 있다고 생각했다. 거기까지는 델리아도 잘 알고 있었다. 하지만 그런 엄마 때문에 올리비아가 엄청나게 실망하고 있으며 엄마가 이상하다고까지 생각하고 있는 것은 알지 못했다.

## 3단계 아이의 마음 헤아리기

이제 델리아는 15년 전 자신과 칼이 고향에 정착해 가정을 꾸리기 시작했던 때에 대해 생각했다. 그들은 모교에서의 교수 임용, 건강하고 귀여운 아기, 영원히 지속될 행복한 결혼 생활 등 완벽한 삶에 대해 자주 이야기했다. 하지만 자신의 불행한 과거와 독립을 원하는 올리비아의 욕구 등 지금 그들이 처한 상황은 그런 꿈을 서서히 무너뜨리고 있었다. 귀여웠던 아기는 자라서 젊음의 활기로 넘쳐났다. 올리비아는 분명 뭐든 할 수 있는 아이였고, 다른 사람에 대한 배려심도 깊었으며, 행복에 필요한 모든 걸 갖추고 있는 명랑한 십대였다. 늘 자신을 맥 빠지게 하는 엄마만 빼고는 그랬다. 델리아는 불안증 때문에 판단이 흐려진다는 것을 딸이 알고서 자신을 이상한 눈으로 볼까 봐 두려웠다. 열세 번째 생일이 지나면서부터 올리비아는 자신의 사교 생활에 대한 엄마의 결정을 터놓고 의심하기 시작했다. 수학여행 건이 바로 그 결정타였다. 델리아는 딸과의 사이에서 정신적인 거리감을 느꼈다.

델리아는 자신이 주변에 있는 것을 올리비아가 점점 경계한다는 것을 알아차렸다. 다음에는 또 어떤 이상한 행동을 할까 하는 눈으로 자신을 흘깃거리는 것도 봤다. 그녀는 자신의 예민한 행동들이 확연히 드러나고 딸에게도 나쁜 영향을 주자 주변을 의식하기 시작했다. 델리아는 감정을 감추지 못하는 사람이었다. 남편과 전화로 수학여행에 대한 이야기를 하고 있을 때 그녀는 올리비아가 어쩔 수 없다는 듯 고개를 젓는 걸 봤다. 딸은 수학여행 때문에 엄마가 한 행동들에 배신감을 느끼는 것 같았다.

치료를 받고 있으면 딸과의 관계를 회복하는 데 도움을 줄 누군가와 같이 있다는 것에 안심이 됐다. 그녀는 올리비아가 계속 자기에게 거리를 두는 것을 원치 않았다. 두 번의 심리치료를 받고 남편과 진지한 대화를 나눈 뒤, 델리아는 결국 수학여행을 가서 남녀 학생들이 같은 호텔을 쓰는 것 때문에 성폭행당했던 기억이 떠오른 것을 인정하며 자책감에 사로잡혔다. 그녀는 올리비아가 실제로 어떤 위험에 처하기라도 한 것처럼 행동했었다. 이제 델리아는 딸의 마음을 헤아리지 못한 채 너무 성급하고 엄하게만 행동했다는 것을 확실히 깨달았다. 그런 행동 때문에 부모로서의 권위도 상당 부분 훼손됐다. 그녀가 내린 모든 결정들이 의심받게 됐기 때문이다. 과거 올리비아는 지역 사회와 대학에서 인정받는 위치에 있던 엄마를 롤 모델로 생각했다. 하지만 지금은 그런 생각이 모두 사라져버렸다. 적어도 당분간은 그럴 것 같았다. 하지만 자신에게 불안증이 있다는 것을 인정하면 아이는 엄마를 결점이 있는 사람으로 생각할 것이고 그렇게 되면 아이다운 순수함으로 사신을 보시 않게 될까 봐 괴로웠다. 어쩌면 올리비아는 수학여행 사건이 터지기 전부터 엄마가 매사에 걱정이 너무 심하다고 생각하고 있었을지 모른다. 올리비아는 엄마가 십대 때 겪은 트라우마에 대해 아무것도 몰랐다. 그래도 델리아는 아이 앞에서 자기 내면을 모두 드러낸 것 같은 기분이 들었다. 그녀는 수학여행 이야기를 다시 꺼내서 자신이 내렸던 결정을 바꾸고 딸에게 사과해야 했다. 더 이상은 부담도 주지 말아야 했다.

델리아는 남편의 도움을 받아 엄마가 경솔했다며 사과했고 올리비아는 워싱턴에 가게 됐다. 하지만 둘 사이의 거리는 좁혀지지 않았다. 올리비아는 엄마와 있어도 거의 한 마디도 하지 않았다. 치료사에게 이런 상황을 얘기하고 나자, 델리아는 문득 자기 때문에 올리비아가 정서적으로 고립된 기분을 느끼고 있을지 모른다는 생각이 들었다.

그런 마음이 들자, 걸핏하면 쓸데없는 걱정들로 어쩔 줄 몰라 하는 엄마를 보며 올리비아가 얼마나 지쳤을지 짐작이 갔다. 그래서 친구들과 주말 계획에 대해서는 더 이상 간섭하지 않기로 했다.

올리비아는 분명 엄마와 거리를 두고 있었다. 어디 가냐고 물으면 꼭 필요한 말만 겨우 내뱉듯 말했다. 차를 타야 되는 거리도 아빠나 친구 부모님께 부탁할지언정 엄마에게는 태워달라고 하지 않았다. 델리아는 딸과의 이런 거리감을 견뎌야 하는 게 힘들었다. 평소에 나누던 일상적인 대화가 너무나 그리웠다.

델리아는 어느 때보다 결연한 의지로 올리비아가 어떤 생각을 갖고 있는지 알아내기로 했다. 그녀는 올리비아와 대화하는 방식부터 바꿔야 한다는 것을 알고 있었다. 아이가 무슨 말을 하던 성급하게 자신의 감정을 드러내지 말고 끝까지 다 들어야 했다. 실은 이미 오래전부터 자신보다는 올리비아의 감정을 우선시했어야 했다. 델리아는 더 이상 자신의 감정 때문에 아이의 삶을 가로막는 일이 생겨서는 안 된다고 생각했다.

## 4단계 아이의 발달 정도 파악하기

델리아는 딸의 정서적인 면뿐만 아니라 신체적인 발달에 대해서도 진지하게 생각해봤다. 올리비아의 몸은 빠르게 변화하고 있었다. 운동선수처럼 탄탄했던 체형이 점점 여성스러운 몸매로 바뀌는 걸 보면서 앞으로는 함께 쇼핑을 하는 것도 소통에 좋을 것 같다는 생각이 들었다. 델리아는 딸이 점점 더 개인적인 시간을 갖고 독립적인 생활을 하고 싶어 한다는 것을 알고 있었다. 가끔 올리비아가 자신에게 신경 쓰는 것을 보면, 엄마와 딸의 역할이 바뀐 것 같기도 했다. 그래서 이제 엄마는 불안감을 자제할 수 있게 됐으니 엄마를 진정시키느라 애쓰지 않아도 된다고 직접 말해줬다.

엄마가 이렇게 솔직하게 나오자 올리비아는 놀라면서도 안심이 되는 것 같았다. 늘 자신이 좋아하는 것을 해주기 위해 노력했던 예전의 엄마로 돌아온 것 같았기 때문이다.

델리아는 또 올리비아가 그렇게 자신감 넘치는 모습으로 워싱턴까지 갈 수 있다는 것이 무척 자랑스럽다고 했다. 수학여행 때문에 다

툰 뒤 그녀는 부모로서 많이 성장했다. 올리비아가 자신에게 거리를
두는 것은 부모에게서 심리적으로 벗어나려는 신호이며 이 나이의
아이들에게 꼭 필요한 과정이라는 것도 알게 됐다. 꼭 엄마의 감시와
변덕에서 벗어나기 위해서만은 아니었다. 올리비아에게는 자신이 바
르게 성장하도록 지지해줄 엄마, 또 여성으로서의 자존감을 한층 키
워줄 수 있는 엄마가 필요했다.


## 5단계 문제 해결하기

워싱턴을 여행하면서 올리비아는 새 친구들을 사귀었다. 같이 방
을 쓰게 된 친구도 마음에 들었지만, 다른 아이들과도 같이 박물관이
나 기념물들을 보러 다니며 고루 친하게 지냈다. 새로 알게 된 친구
중에는 카버라는 남학생도 있었다. 카버는 특히 올리비아가 잘 모르
는 예술적인 지식이 풍부했다. 둘은 국립 박물관을 오랫동안 같이 돌
아다녔는데 그림에 대한 카버의 해박한 지식과 열정에 넋을 잃을 정
도였다.

여행에서 돌아온 올리비아는 기분이 아주 좋아보였다. 카버를 만
났기 때문이기도 했지만 늘 걱정만 늘어놓는 엄마에게서 해방된 기
분을 느끼는 것도 좋았다. 집에 온 올리비아는 여전히 엄마와 거리를
두고 싶어 했고, 여행에 대한 이야기도 되도록 꺼내지 않았다.

그러나 델리아는 힘껏 노력하면서 점점 여유롭고 친근한 엄마로 바뀌
고 있었다. 그런 엄마를 보며 올리비아는 결국 카버에 대한 이야기를 해

도 되겠다는 생각이 들었다. 올리비아는 카버가 예술에 얼마나 관심이 많고, 얼마나 근사하고, 자기에게 얼마나 잘해주는지 이야기하면서, 그렇게 지적인 아이가 자기에게 관심을 갖는 것이 얼마나 기분 좋은 일인지 모르겠다고 했다. 올리비아는 정말 처음으로, 자기가 똑똑한 아이들과도 친해질 수 있다는 것을 알게 된 것이다.

델리아는 딸과 있으면서 자신의 감정을 신중하게 다스리고 있었지만 카버에 대한 이야기는 놀라웠다. 똑똑한 아이들과 친구가 된 것은 올리비아의 자존감을 더욱 높여준 것 같았다. 델리아도 그 점은 잘됐다고 느꼈다. 하지만 새로 사귄 친구들이 남녀 관계로 이어질 수 있다는 생각이 들자 갑자기 예전의 두려움들이 밀려왔다. 올리비아는 이제 겨우 열세 살이었다. 하지만 델리아는 과한 반응을 보이고 싶지 않아서 다시 잘 생각해봤다. 물론 이 일은 충분히 걱정할 만한 것일 수 있지만 아직은 박물관에 간 것밖에 별다른 일도 없었다. 남편과 상의하는 것이 좋을 것 같았으나 그는 이번 주 학회 참석차 멀리 가 있었다. 델리아는 잦은 학회와 늦은 귀가로 늘 집을 비우는 남편을 포기하고 싶었다. 올리비아도 마찬가지일 것 같았다. 하지만 치료사의 조언을 듣고 힘이 난 델리아는 자기 힘으로 해결할 수 있다고 생각했다.

그날 밤, 델리아는 딸에게 다음 날 쇼핑을 가는 게 어떠냐고 물었다. 봄옷도 좀 사고 일식집에서 초밥도 먹자고 했더니 올리비아는 선뜻 그러겠다고 했다. 올리비아는 엄마가 카버 얘기를 듣고 혼란스러웠을 것이 분명한데 이렇게 해주는 것이 기뻤다. 그리고 엄마의 마음이 조금씩 열리는 것을 느꼈다.

쇼핑하는 내내 델리아는 자기 마음대로 하지 않으려고 노력했다. 늘 가던 백화점에 가서 올리비아를 앞장 세워 옷들을 고르게 했다.

마음에 드는 옷을 찾지 못하자 델리아는 차를 타고 좀 떨어진 곳에 있는 작은 부티크에 가보는 것이 어떻겠냐고 했다. 올리비아는 믿기지 않았다. 그 부티크는 카버의 친구이자 학교에서 가장 인기 있는 여자 아이가 보여준 패션 잡지에 나온 곳이었다. 이런 엄마의 모습은 정말 처음이었다. 흥분한 올리비아는 그곳에 가서 엄마 옷들도 좀 골라봐야겠다고 생각했다.

차를 타고 가는 동안, 올리비아는 뉴욕에 사는 친구에게 부티크 이야기를 해줄 상상에 빠져 있었다. 기차가 지나가는 것을 기다리기 위해 엄마가 차를 세우자 올리비아는 전화기를 꺼내서 이렇게 말했다.

"엄마, 제 페이스북에 이번 수학여행 사진을 많이 올려놨는데 기다리는 동안 좀 보실래요?"

델리아는 너무도 기뻤다. 올리비아가 지금껏 한 번도 자기 페이스북을 보여준 것이 없었기 때문이다. 델리아는 환하게 웃으며 좋다고 대답했다.

"이 사진들은 친구들하고 호텔 방에서 찍은 거예요. 여기 다른 아이들 사진도 있어요. 얘가 카버에요. 진짜 똑똑하고 멋있어요."

"네가 왜 끌려하는지 알 거 같아, 올리비아."

기차가 지나가자 올리비아가 고백했다.

"그 애도 날 좋아하는 것 같아요."

순간 델리아는 아이의 말을 어떻게 받아야 할지 난감했다. 그냥 이 얘기를 안 하고 싶어서 이렇게만 대답했다.

"친구 사귀기가 쉽지 않은데 너는 참 잘하는 것 같아."

옷가게에 도착하자 모녀는 식당에 가서 다시 사진을 보기로 하고 차에서 내렸다. 델리아는 아이의 고백을 그런 식으로 가로막은 것 때문에 마음이 불편했다. 하지만 그녀도 처음 들은 정보를 처리하고 무슨 말을 해야 할지 생각할 시간이 필요했다.

델리아는 이곳에서도 아이에게 옷을 고르게 했다. 올리비아가 자신이 고른 원피스를 입고 짧은 부츠를 신고 나오자 델리아는 감탄하며 이렇게 말했다.

"세상에, 올리비아, 정말 너무 예쁘다. 카버가 이 모습을 봐야 하는데."

올리비아는 엄마가 자기 모습을 마음에 들어 하는 것뿐 아니라 카버 이야기를 꺼낸 것도 무척 기뻤다. 조금 전까지는 카버가 자기를 좋아한다고 한 말을 엄마가 못 들은 것이 아닌가 싶었는데 확실히 들은 모양이다.

"엄마, 엄마도 예쁜 옷을 사서 아빠를 놀라게 해드리면 어때요?"

올리비아가 물었다.

"아빠는 엄마한테 관심을 좀 더 가지셔야 해요. 엄마가 얼마나 예쁜데요. 나는 잘 모르겠는데 친구들이 저보고 엄마를 닮았대요."

델리아의 얼굴이 붉어졌다. 그녀는 딸이 자신의 매력을 알아주고 자신을 닮고 싶어 한다는 것이 너무 좋아서 황홀할 지경이었다. 이것은 분명히 새로운 정보였다. 델리아는 딸의 친구들이 올리비아에게 엄마를 닮았다고 칭찬했다는 것이 무척 놀라웠다. 그 또래 아이들은 모두 엄마들의 흉만 볼 거라고 생각했기 때문이다. 그리고 '예쁘다'는 말을 들으니 올리비아가 엄마의 매력이 뭔지 찾아본 것 같아 기분이 좀 그랬지만 지금은 예민하게 반응하고 싶지 않았다. 올리비아는 진심으로 마음을 열고 있었다.

올리비아는 엄마를 위해 몸에 꼭 붙는 청바지와 꽃무늬가 있는 치마를 골랐다.

"엄마, 이 옷 한번 입어보세요. 비싸지 않은데도 예뻐요. 봄에 딱 좋을 것 같아요."

"좋아, 입어볼게!"

델리아는 즐거워하는 딸의 모습에 마음이 흐뭇했다.

바지와 치마는 그녀에게 아주 잘 어울렸다. 함께 거울을 보다 델리아는 존경하는 표정을 짓고 있는 딸의 얼굴을 봤다. 딸에게 존경받는 것은 그녀가 가장 원하던 것이다. 델리아는 늘 자신의 지성과 능력을 올리비아가 존경해주길 바랐지만 이것은 달랐다. 올리비아는 엄마의 여성적인 매력을 존경하고 있었다. 정말 상상 속에서나 일어날 만한 마법 같은 일이었다. 델리아는 그 옷들이 마음에 들지 않아도 샀을 것이다. 그렇게 해서 딸과 더욱 가깝게 연결되고 싶었기 때문이다.

두 사람은 아름답게 장식된 쇼핑백을 들고 차에 탔다. 델리아는 딸이 지금 가장 신나 있을 거라고 생각했지만 올리비아는 엄마가 고른 초밥 식당도 잔뜩 기대하고 있었다. 오늘은 뉴욕 친구에게 할 말이 아주 많았다.

둘은 초밥과 회가 함께 나오는 메뉴를 선택했다. 커다란 배 모양 나무 그릇에 정갈하게 손질된 생선살과 빨간 무, 생강이 먹음직스럽게 올려져 나오자 엄마와 딸은 들떠서 빙그레 웃었다. 해초 샐러드를 먹으며 올리비아가 진지하게 말했다.

"엄마, 카버가 너무 좋아요. 지금은 그냥 친구지만 솔직히 여자 친구가 되고 싶어요. 하지만 그 애도 내 남자 친구가 되고 싶어 하는지는 모르겠어요."

슬며시 밀려드는 걱정을 누르며 델리아는 카버가 "멋진 아이 같다"고 말했다. 하지만 엄마가 이렇게 묻자 올리비아는 엄마가 조금 불편해한다는 것을 알았다.

"올리비아, 친구랑 여자 친구가 어떻게 다른데?"

"저도 확실히는 몰라요."

올리비아가 솔직하게 말했다.

"그런데 재미있을 것 같아요. 날마다 문자도 보내고 쉬는 시간마다 사물함 앞에서 만나고. 가끔은 페이스북에서 만나 사진도 보고요."

올리비아는 휴대 전화를 꺼내 카메라로 음식 사진들을 찍었다. 그런 딸을 보고 델리아가 웃음을 터뜨렸다.

"올리비아, 지금 우리가 먹고 있는 음식을 찍은 거야?"

"네, 맞아요. 다들 재미있는 곳에 가면 사진을 찍어서 페이스북에 올리거든요. 보세요. 저도 지금 올릴 거예요."

딸이 하는 것을 보자 델리아도 신나고 즐거웠다. 지금 올리비아는 자신의 생활을 엄마에게 보여주고 있었다. 실제로 올리비아는 엄마가 자기를 어떤 식당에 데리고 왔는지 친구들이 봤으면 하는 마음이었다.

올리비아는 엄마가 자신과 소통하기 위해 노력하는 것을 느꼈다. 그래서 엄마와 자신의 관계에 대해 진지한 대화를 해도 괜찮을 것 같은 생각이 들었다.

"엄마, 가끔 저는 엄마한테 무슨 말을 하기가 걱정될 때가 있어요. 아까 남자 친구에 대해 얘기했을 때 별로 말씀을 안 하셨잖아요. 하지 않은 말이 있을 것 같은데. 엄마 얼굴을 보면 알 수 있어요."

"올리비아, 엄마는 네가 엄마를 챙겨야 한다는 생각을 하지 않았으면 좋겠어."

델리아가 대답했다.

"엄마잖아요. 엄마니까 내가 돌봐드려야죠."

"널 희생하면서까지 그럴 필요는 없어. 그리고 내가 솔직해지길 바라는 것 같으니까 말할게. 남녀 사이에는 네가 상상하는 것 이상의 뭔가가 있단다. 성관계를 갖게 될 수도 있어. 그런데 넌 이제 열세 살이야."

"엄마 말이 맞아요."

올리비아가 대답했다.

"저는 열세 살이죠. 성관계라… 웩. 정말요? 생각해보지 않은 건데. 그런 얘기를 하는 아이들도 있지만 저는 정말 아니에요. 믿어주세요. 데이트도 해본 적 없는 걸요. 키스도 안 해봤어요. 했다면 엄마한테 말했을 거예요."

'카버에 대해 굳이 말 안 해도 되는데 올리비아는 하고 싶었던 거야. 나에 대한 믿음을 회복하고 있어. 나도 딸을 다시 찾고 싶어. 다시는 잃고 싶지 않아. 카버는 올리비아의 자존감을 높여주고 있어. 카버는 자기가 평범한 아이가 아니라는 걸 알았을 거야. 똑똑한 아이들도 자기를 좋아한다는 걸 알았으니까. 내가 봐도 우리 딸은 훌륭해. 평범? 보통? 절대 아니지. 나는 보통이란 단어가 정말 싫어. 내가 올리비아를 부티크에 데리고 간 건 자기를 평범하게 보는 아이의 생각을 바로잡아주고 싶어서야. 행복해하는 아이의 기분을 망쳐서는 안 돼.'

델리아가 생각했다.

올리비아가 엄마의 얼굴을 정면으로 바라봤다.

"엄마, 왜 성관계를 걱정하세요? 말해주세요. 그것 때문에 엄마가 걱정하게 하고 싶지 않아요. 그런 걱정을 하는 것 자체가 저는 우스워요."

"좋아."

이런 말을 하게 될지 몰랐지만 델리아는 대답했다.

"내가 네 나이 때 어떤 일을 겪었는지 알고 싶니?"

"물론이죠."

"엄마가 열세 살이었을 때는 아이들 대부분이 학교가 끝나면 혼자 있었어. 중학교 때는 더 그랬지. 그런 아이들을 가리키는 말도 있었단다. '열쇠 아이'라고. 학교가 끝나면 혼자 집에 들어가서 간식을 먹고 다시 나오곤 했어. 지금은 환경도 많이 바뀌고 부모들이 아이들과 보내는 시간도 많아졌지. 부모가 다 일을 할 때는 아이에게 문자도 자주 보내고 집에서 봐줄 사람도 고용해. 그래서 아이들이 뭘 하는지 다 알고 있어. 하지만 엄마가 네 나이였을 때는 아이들이 혼자 자전거를 타고 다녔어. 부모가 어디에 데려다주는 일도 없었지. 네 할머니는 내가 날마다 어디에 가는지조차 몰랐어."

"엄마가 어디에 가는지 할머니나 할아버지가 몰랐다고요? 정말 이상하네요. 할머니가 엄마를 무척 믿으셨나 봐요."

"그랬지."

델리아가 조그만 목소리로 말했다.

"그리고 나도 하지 말아야 할 일은 하지 않았어. 그런데 어느 날, 알지도 못하는 남학생이 엄마를 공격했지. 나는 너무나 무서웠고 집으로 달려와 할머니한테 말했어. 그때부터 엄마는 예민한 사람이 된 것 같아. 정말 예상치 못한 일을 겪었으니까. 그래서 지금 엄마가 걱정하는 거야. 네 힘으로 어쩌지 못하는 상황에 빠지게 될까 봐."

델리아는 더 이상은 말하고 싶지 않았다. 딸과 같은 나이에 성폭행을 당했다는 말을 해서 아이에게 부담을 주고 싶지 않았기 때문이다. 그냥 간단하게만 이야기해서 왜 올리비아를 그렇게 조심시키게 됐는지 설명해주는 편이 나을 것 같았다. 그것을 이야기하는 것이 이렇게 힘들다면 듣는 아이도 힘들어 할 것이 분명했다. 지금은 이 정도가 충분하다고 생각했다.

"끔찍하네요."

올리비아가 말했다.

"엄마가 왜 남자 친구와 섹스에 대해 물었는지 이제 알겠어요. 하지만 나는 라크로스 선수잖아요. 힘도 세고 달리기도 잘해요. 혼자서도 얼마든지 해결할 수 있어요, 엄마. 걱정하지 않으셔도 돼요. 그런 끔찍한 일을 겪으셨다니. 저한테 말해주셔서 고마워요."

딸에 대한 깊은 사랑 덕분에 델리아는 왜 그렇게 불안해했는지 정확히 이해하게 됐다. 그리고 지나친 걱정 때문에 딸을 배려하지 못하는 엄마가 되는 짓은 결코 하지 않기로 했다. 그녀는 딸을 존중했고 딸은 자신을 믿는다는 것을 알았다. 델리아는 해결하지 못한 기억 때문에 매사에 불안했고 강박관념까지 갖고 있었다. 그래서 딸의 수학여행에 대해 잘못된 결정까지 내렸지만 그 모습이 그녀의 전부는 아니었다. 꿋꿋하게 자신의 내면을 들여다본 결과 그동안 잊고 있던 용기가 살아났고 딸에 대한 깊은 마음도 드러났다. 그녀는 지금 자신과 딸에 대해 알아가고 있었다. 그리고 올리비아와의 관계가 더욱 성숙하고 깊어지리란 기대를 품게 됐다.

# 제10장

# 방도 마음도 정리할 수 없는 아이

평소대로 행동하려고 노력했기 때문에
다른 사람들은 쉽게 알아차리지 못했지만,
마음이 너무 힘드니까 방에만 숨어 있기 시작했어요.

# 열다섯 살 레슬리

토요일 아침, 갸름한 얼굴에 건강한 몸을 가진 레슬리는 자기 방에 틀어박혀 있었다. 레슬리의 부모는 아이가 여섯 살 때 이혼했다. 처음 5년 동안은 아빠가 주기적으로 찾아왔지만 최근에는 만나본 지오래돼 아빠가 너무도 그리웠다. 아빠는 잘생기고 매력적인 사람이었지만 시간이 지날수록 신뢰를 잃어갔다. 처음에 레슬리는 자신이 자라면 아빠와 더 가까워질 수 있을 거라 생각했다. 아빠는 어린 아이들과 있는 것을 별로 좋아하지 않는 것 같았기 때문이다. 하지만 아빠는 레슬리가 아홉 살 때 재혼했고 아이들도 낳았다. 새 가정이 생기자 아빠는 더욱 멀어졌다. 열한 살 때 아빠는 레슬리가 '다른 가족'이라고 부르는 새 가족과 아주 먼 곳으로 이사를 가버렸다. 부녀 사이의 연락은 가끔 휴대폰으로 통화하는 것이 다였고 만나는 일은 더욱 힘들어졌다. 아빠가 이사간 것은 그녀에게 엄청난 충격이었고 아빠가 자신을 사랑하는지조차 의심스러웠다. 레슬리는 늘 아빠가 그리웠다.

레슬리의 엄마인 쎄시는 거의 쉰 살이었다. 170센티미터가 넘는 키에 날씬한 몸매, 곱슬거리는 긴 회색 머리를 갖고 있던 엄마는 찢어진 청바지와 흰 티 같은 편한 옷들을 즐겨 입었다. 그녀는 아침마다 작은 집에 있는 뜰에서 시간을 보냈다. 플로리다 남쪽 끝에 있는 집에서는 저 멀리 바다가 보였다. 그녀는 '농부'로 일할 때가 가장 편안한 휴식 시간이라고 말하곤 했다. 그 외 시간은 대부분 작업실에서 보냈다. 엄마는 아동 서적의 삽화를 그리는 일을 하고 있었다. 엄마는 자기 일을 사랑했지만 일을 하다 보니 안에서 지내는 시간이 많았다. 그래서 삽화를 그리다 쉬고 싶으면 밖으로 나와 아름다운 햇살을 즐겼다.

하지만 이 특별한 토요일 아침, 엄마는 딸 걱정 때문에 뜰에 나가 있어도 편하지가 않았다. 지난 두 달 동안 레슬리는 많이 변했다. 원래는 무척 깔끔하고 정리정돈도 잘하는 아이였지만 지금은 그 반대였다. 방은 말 그대로 쓰레기장이었다. 쎄시는 딸에 대한 걱정을 멈출 수 없었다. 행동이 그렇게 바뀌었다는 것은 뭔가 심각한 문제가 있기 때문이라고 생각했다.

그날 오후, 쎄시는 방금 뽑아온 꽃다발을 화병에 넣을 생각도 하지 못한 채 주방에 서 있었다. 그럴 생각으로 집안에 들어왔지만 복도를 지나가다 엉망인 딸의 방을 봤기 때문이다. 순간 뭐라 설명할 수 없는 분노가 치솟았다. 당장 쳐들어가 싹 치우라고 소리를 질러야 할지 아니면 그냥 자기 방에 와서 몸을 웅크리고 앉아 자신을 압도할 것 같은 격한 감정을 참아야 할지 결정할 수가 없었다. 그녀는 두 가지 모두 포기한 채 뜰에서 꺾어온 꽃들을 싱크대에 던져놓고 거실로 갔다. 그리고 커튼을 치고 소파에 누워 천장을 올려다봤다.

'레슬리와의 문제를 어떻게 해결해야 할까…. 내가 화내는 것을 아이가 보게 될까 봐 두려워. 난 너무 지쳤어.'

그녀는 이런 생각을 하며 눈물을 흘렸다.

쎄시는 딸과 함께 끝없이 이야기하던 시절을 떠올렸다. 레슬리는 신경이 쓰이거나 괴로운 일이 생기면 엄마한테 털어놓곤 했다. 레슬리가 중학교에 들어간 첫 해, 딸과 나눴던 대화가 어제 일처럼 선명하게 떠올랐다.

"엄마, 내가 점점 못생겨지고 있는 것 같아요. 키도 우리 반에서 제일 커요. 친구들은 다 말랐는데 나는 가슴까지 생겼어요. 웩."

쎄시는 그런 딸을 위로했다.

"지금은 모르겠지만 더 나이를 먹으면 키가 큰 게 얼마나 좋은지 알게 될 거야. 엄마는 알지. 아무거나 입을 수 있고 날씬해 보이고."

"맞아요. 하지만 나는 콜보다도 커요. 콜은 진짜 근사해요. 모든 여학생들이 다 좋아하죠. 나한테는 기회가 없어요."

"힘든 거 알아. 요즘 넌 스트레스가 많아 보여. 뭔가가 널 괴롭히고 있는 것 같아."

"네, 모든 게 다 바뀌었거든요."

레슬리가 울음을 터뜨리며 말했다.

"저는 중학교가 싫어요. 여러 초등학교 아이들이 모이니까 친했던 친구들을 잃어버린 것 같아요. 친구들 그룹이 다 바뀌고 있어요. 옛날 친구들과 있어도 편하지 않고… 다 뿔뿔이 흩어져버린 것 같아요.

다시 어릴 때로 돌아갔으면 좋겠어요."

그때 쎄시는 그저 중학생이 된 것에 화가 났을 뿐 어린 시절을 그리워하기에는 딸이 너무 어리다고 생각했다.

'내가 틀렸을 수도 있어.'

어둑어둑해진 거실 소파에 누워 쎄시는 계속 생각에 잠겼다.

'이제 레슬리는 깔끔하지도 않고 자기 방 정리도 하지 않아. 거기다 고등학생이 되면서부터는 성적도 떨어지기 시작했어. 전 과목 A⁺만 받던 아이가 그런 점수를 받다니 이해할 수가 없어.'

혹시 제일 친한 친구 라바에게는 뭔가를 털어놓지 않았을까 하는 생각도 들었다. 그냥 십대가 돼서 반항하는 것일까? 아니면 정말 뭔가 괴로운 일이라도 있는 걸까? 6개월 전, 그녀는 4주 동안 레슬리의 휴대폰을 압수했었다. 친구 집에 간다고 거짓말하고 남학생들과 다른 동네에 가서 파티를 하고 놀다왔기 때문이다. 그 일이 문제였는지도 몰랐다. 그 뒤로 레슬리는 엄마에게 입을 다물어버렸다.

쎄시는 레슬리가 퉁명스럽게 바뀌고 자신의 기분을 숨기기 시작했던 때를 생각해봤다. 너무나 당황스러웠다. 딸과 다정했던 때가 떠오르자 쎄시는 슬퍼졌고 나쁜 엄마가 된 것 같은 기분이 들었다. 자신은 더 이상 딸을 알지 못했다.

또 레슬리는 밤에 자다가 이불을 둘둘 감고 방에서 나오기도 했다. 화려한 색에 추상적인 무늬가 아름다운 그 이불은 자신이 딸을 위해 손수 만들어준 것이다. 딸이 열네 살 때 마지막으로 갔던 댄스 발표회가 생각나자 깊은 슬픔이 밀려왔다. 이제는 너무도 익숙해진 감정이었다. 그때 레슬리는 말 그대로 스타였고 어떤 발표회보다 훌륭했다. 1년 전 일인데 어제처럼 생생하게 떠올랐다. 레슬리는 파트리지 극장 무대에서 혼신을 다해 춤췄다. 혹시라도 아빠가 관객석에 앉아 있을지 모른다는 생각 때문이었다. 자주 약속을 어기는 아빠였지만 그래도 레슬리는 몰래 편지를 보내서 재즈 선율에 맞춰 홀로 춤추는 이 특별한 무대에 아빠를 초대했다. 아빠는 꼭 오겠다고 약속했었다.

음악이 멈추고 우레와 같은 관객들의 박수 소리가 들리자 레슬리는 몽상에서 깨어난 기분이었다. 다음 공연자들이 무대에 올라오기 전 어떻게 인사하고 내려왔는지 기억도 안 났다. 소란스러운 분장실에서 엄마는 애정을 듬뿍 담아 레슬리를 안아줬다. 마지막으로 다시 한 번 주변을 둘러봤지만 아빠의 모습은 어디에도 보이지 않았다. 아빠를 믿을 수 있을 거라 기대했던 마음은 산산조각이 났다. 무대에서 춤출 때, 레슬리는 관객을 바라보며 아빠가 자신을 사랑하는 상상을 했다. 이제 아빠가 오지 않았다는 것을 깨닫게 되자, 몇 분 전만 해도 행복한 음악에 맞춰 빙글빙글 돌던 자신의 어깨를 뭔가가 엄청난 무게로 짓누르는 것 같았다. 깊은 실망감이 주는 어마어마한 무게 때문에 몸을 지탱하기조차 힘이 들었다.

몽상에서 깨어난 레슬리는 현실로 돌아왔다. 그것이 마지막 공연이었다. 춤을 그만뒀기 때문이다. 레슬리는 더 이상 춤을 출 수가 없었다. 아빠의 부재는 너무나 가혹했고 점점 더 우울해하는 레슬리에게 힙합 리듬은 어울리지 않았다. 그 공연 뒤에도 연습을 하려고 했지만 배신감을 이기지 못하고 결국 춤을 그만뒀다. 이번에 약속을 어긴 것은 노골적으로 거짓말을 한 거란 생각이 들었고 그것이 결정타였다. 이 괴로운 상황에서 조금이나마 벗어날 수 있는 방법은 춤을 그만 두는 것이었다. 처음에는 효과가 있는 듯했지만 1년이 지난 지금 그때 느낀 실망의 무게가 다시 어깨를 짓누르고 있었다. 레슬리는 우울감에 빠져들었다. 호흡이 느려지면서 잠이 쏟아졌다. 잠은 잠시나마 고통을 잊을 수 있는 부드러운 탈출구였다.

잠에서 깨자 크레이그가 떠올랐다. 그는 4개월 동안 만났던 남자친구였고 최근 레슬리를 떠나 딴 여학생을 만나고 있었다. 갑자기 격렬한 상실감이 밀려들었다. 크레이그는 처음에 대마초를 피워보라고 했지만 레슬리는 거절했다.

'대마초는 너무 역겨워. 아무리 내가 망가지고 있다 해도 그짓까지는 안 할 거야. 내가 왜 하기 싫은 것을 해야 해?'

크레이그가 더 이상 권하지 않자, 레슬리는 그에게 좋은 점도 많다는 것을 알게 됐다. 크레이그는 영리했고, 대마초에 취해 있지 않을 때는 늘 곁에 있으면서 레슬리의 말을 들어줬다. 그는 우울하다는 것이 어떤 기분인지 알고 있었다. 두 사람은 각자가 느끼는 상실감을 통해 더욱 가까워졌다. 크레이그는 대마초로 그런 기분을 잊으려 했고 레슬리는 잠을 잤다.

레슬리는 아빠 이야기를 하고 싶었고 크레이그는 친절했다. 그래서 레슬리는 누구에게도 하지 못한 이야기들을 크레이그에게 털어놓았다. 오래도록 대화를 나누고 서로 위안을 얻자, 레슬리는 크레이그와 부쩍 가까워진 기분이었고 크레이그도 마찬가지일 거라 생각했다. 하지만 발이 나타나자 크레이그는 자신과 했던 모든 것들을 다 잊어버린 것 같았다. 발은 평범한 아이가 아니었다. 크레이그는 영리하고 예쁘고 사랑스러운 그녀에게 빠져들었다. 발은 크레이그와 대마초를 함께 피웠다. 레슬리는 크레이그가 현실을 마주하도록 도우려 했지만 밥은 그가 현실에서 벗어나는 것을 도와줬다. 그래서 크레이그는 밥과 더욱 가까워졌다.

'크레이그가 떠났을 때 정말 슬펐고 굴욕감마저 들었어. 그런 애를 내 삶에 들어오도록 내버려두다니 얼마나 바보 같았는지… 나는 우리가 같은 찍은 사진들을 포스팅하는 걸 좋아했어. 그러면 뭐든 함께하는 것 같아 정말 좋았어. 말도 안 되는 짓이었는데. 이제 그 애 사진은 모조리 지워버릴 거야. 그 애도 떠나버렸으니 사진 따위는 아무의미 없어. 모든 게 엉망진창이 된 것 같아.'

레슬리는 상실감이 들긴 했지만 패배한 기분은 아니었다. 문득 진정한 친구라고 생각했던 아이들이 그리웠다. 그 친구들이 문자를 보내도 레슬리는 한 번도 답장하지 않았다. 그리고 자신과 가장 가까운 보호자, 늘 나에게 헌신하며 나보다 더 나를 알기 위해 노력하는 유일한 사람, 엄마가 몹시 보고 싶었다.

'엄마는 내 방이 너무 지저분한 게 늘 불만이셨어. 정리하면 되는데 나는 왜 안 하고 있는 걸까?'

레슬리는 그런 생각을 하며 잠에 빠져들었다.


## 1단계 한 걸음 물러나기

쎄시는 부모 지능을 기억해냈다. 레슬리가 어렸을 때 그녀는 늘 부모 지능의 5단계를 따랐다. 그러면 자신이 레슬리에게 한 행동이 이해됐고 앞으로 일어날지 모를 문제에도 더 잘 대비할 수 있었다. 모녀가 무엇이든 함께 해결했었던 일이 생각났다.

'레슬리도 나처럼 자기 내면을 들여다보고 자신의 마음속에서 일어나는 일들을 통해 생각하도록 했지. 왜 그만뒀을까? 5단계가 모두 기억이 나. 어쩌면 지금도 한 걸음 물러나면 도움이 될 지도 몰라.'

과거의 기억을 더듬어보자, 레슬리의 여덟 번째 생일을 준비했던 때가 생각났다. 그녀는 우편함에 풍선들을 잔뜩 매달아놓고 아이의 친구들을 맞이했었다. 뒤뜰은 레몬 빛 태양이 환하게 비추고 있었다. 뜰 한쪽에는 커다란 그네와 정글짐, 트램펄린이 놓여 있었고 다른 쪽에는 대형 피크닉 테이블이 준비돼 있었다. 레슬리는 한 가득 쌓여 있던 친구들의 선물들을 하나씩 조심스럽게 풀어봤다. 아이는 절대 포장지를 찢지 않고 잘 챙겨놓았다. 레슬리는 여덟 살 밖에 안 됐는데도 좋은 종이들을 알아봤다. 또 예술을 하는 엄마의 딸답게 이미 도구들을 다룰 줄 아는 작은 예술가였다. 친구들도 그런 레슬리를 잘 알고 있었다. 아이들은 그림을 그릴 때 쓰는 참나무 이젤과 춤출 때 필요한 탱크톱과 형광색 스타킹을 선물했다. 레슬리는 매우 열정적이고 재능이 뛰어난 힙합 댄서이자 화가였다. 아이는 하루에 두 시간씩 춤을 췄고 일주일에 네 번 힙합 댄스 전문 학원에 다녔다.

아이들이 노는 동안, 쎄시는 한 쪽에 자리를 잡고 앉아 오일 파스텔로 그 모습을 그렸다. 모녀는 자신들이 같은 예술가라는 것을 좋아했다. 파티가 끝난 뒤 레슬리는 엄마가 그려준 그림을 들고 몹시 좋아했다.

한동안 쎄시를 사로잡고 있던 그날의 기억도 점차 희미해져갔다.

이제 그녀는 레슬리가 언제부터 자신에게 입을 다물어버렸는지 떠올리려 애쓰기 시작했다. 쎄시는 생각했다.

'그 벌 때문인 게 틀림없어. 아이가 나한테 거짓말을 했다는 걸 받아들이기가 너무 힘들었어. 그래도 그렇게 벌을 주는 게 아니었어. 그때 나는 두려웠던 것 같아. 공포에 빠졌던 건지도 몰라. 혼자 아이를 키우는 것은 너무 힘든 일이야. 나는 부모로서 길을 잃어버린 기분이었어. 레슬리와 나는 대화를 했어야 했는데.'

## 2단계 자기 내면 돌아보기

쎄시는 부모 지능의 두 번째 단계를 실행하기로 했다. 자신의 내면을 돌아보는 일이다. 그녀는 어떤 마음으로 대화를 택하지 않고 아이에게 벌을 줘야겠다고 결심했을까? 쎄시는 그 벌을 기점으로 레슬리가 자신에게서 멀어졌다고 확신했다. 그래서 자신의 생각과 동기를 정리하면서 자기가 딸의 영역을 침범하려 했던 것은 아닌지 생각해보기로 했다.

문득 쎄시는 자기가 레슬리 정도의 나이였을 때 느꼈던 엄마와의 관계가 떠올랐다. 딸이 자기에게 거리를 두자 오랫동안 우울증을 앓았던 엄마가 생각난 것이다. 그때 쎄시는 그 상황이 몹시 싫었고 화가 났다. 쎄시는 열다섯 살의 나이에 하루 종일 움직이지 않고 눈물만 흘리는 엄마를 돌봐야 했다. 몇 시간씩 엄마 옆에 붙어 앉아서 위로해주려 노력했지만 아무 소용없었다. 쎄시는 엄마에게 차를 갖다 드리고 엄마가 늘어놓는 걱정거리들을 들어줬다. 그러다 보니 한창 모험을 즐기던 친구들과 멀어지게 됐고 그 친구들이 늘 부러웠다. 그때는 정말 여러 가지 기분이 들었고 마음이 착잡했었다. 엄마의 곁을 지키기 못하면 죄책감에 시달릴 게 뻔했지만, 그녀는 아무 걱정 없이 친구들과 나가서 쇼핑도 하고 자전거도 타면서 마음껏 놀고 싶었다. 쎄시는 늘 뭔가를 놓치고 겉도는 기분을 느끼며 살았다. 그러다 갑자기, 요즘 들어 다시 솟구치기 시작한 설명할 수 없는 분노가 엄마에 대한 기억 때문이란 것을 깨달았다. 그녀는 늘 엄마 옆에 있었지만 그 때문에 자신의 십대를 망쳤다는 생각에 깊은 분노를 느꼈다. 이런 기억을 떠올리고 싶지 않은 마음에 그녀는 우울해하는 레슬리를 보지 못한 것일 수 있었다. 쎄시는 우울증이란 병이 사람을 어떻게 만드는지 생각조차 하기 싫었다.

'처음에 엄마였는데 이제는 딸이란 말인가?'


## 3단계 아이의 마음 헤아리기

두려움에 떨던 쎄시는 순간, 레슬리의 어지러운 방이 아이의 마음을 그대로 드러내는 것이 아닌가 하는 생각이 들었다. 원래 레슬리는 전혀 우울해하는 성격이 아니었다. 뭔가가 일어나고 있는 것이 틀림없었다. 딸은 계속 자기 속으로만 빠져들었다. 그리고 자신이 정리하지 못하는 뭔가와 사투를 벌이고 있는 것 같았다. 쎄시는 딸에게 무슨 일이 벌어지고 있는지 감을 잡을 수 없었다.

'아이와 대화를 해야 하는 건 아닐까? 아이가 들어줄까?'

쎄시는 다시, 레슬리가 엄마와 의논하지 못하는 것을 친구인 라바와는 이야기했던 것을 떠올렸다. 힘든 일이 있을 때 둘은 늘 깊이 생각하며 서로를 지지해줬다. 친구들이 바뀌어 같은 무리에서 어울리지 못할 때도 레슬리와 라바는 늘 서로에게 의지했다. 그런데 레슬리가 정말 우울증이라면 라바에게도 연락하지 않았을 것 같았다. 레슬리는 학교공부와 바쁜 스케줄을 잘 정리해서 체계적으로 했고 라바도 그랬다. 잘한 것이 있으면 서로를 칭찬하고 격려해줬다. 하지만 레슬리는 요즘 엄마와 말을 안 하고 지냈기 때문에, 자기가 뭘 잘해서 혼자 뿌듯해하고 있다 해도 엄마는 알 수가 없었다. 쎄시는 알고 싶었다.

'내가 놓치고 있는 게 뭐지? 레슬리는 왜 대마초나 피는 아이들에게 관심을 갖는 걸까? 그 아이가 벗어나고 싶어 하는 게 대체 뭘까? 나는 벌을 준 것 때문에 아이의 행동에 담긴 의미를 찾지 못하고 놓쳐버렸어. 무엇보다 레슬리를 이해해주지 못했고 그때부터 아이는 나에게서 멀어져 버린 거야.'

그렇게 사색을 이어가던 쎄시는 또 다른 생각이 떠올랐다.

'내 생각만 하느라 아빠에 대해서는 잊고 있었네. 내가 엄마를 보살펴 드리면 아빠는 날 자랑스러워하고 고마워했었지. 그러면 나는 한껏 들뜬 기분이 들었어. 하지만 레슬리에게는 자신감을 북돋아줄 아빠가 없다. 나는 엄마가 돼서 어떻게 그걸 생각하지 못했을까? 아빠가 멀리 떠난 뒤 잘 극복하고 있다고 생각했는데 내 생각이 짧았어. 그 어린 아이가 아빠의 부재를 어떻게 견딜 수 있을 거라고… 레슬리에게 아빠는 눈에서 멀어진 것뿐 아니라 마음에서도 멀어져버린 거야. 그 둘은 대화를 나눈 적도 거의 없으니 말이야. 아, 가여운 레슬리. 아빠의 부재도 힘든데 엄마까지 이해해주지 않으니 얼마나 힘이 들었을까. 레슬리는 지금 외로워하고 있는 게 틀림없어.'

## **4단계** 아이의 발달 정도 파악하기

쎄시는 아이에게 다가가기 전 모든 준비를 확실히 하기 위해, 십대가 된 레슬리의 발달 상태도 꼼꼼히 생각해보기로 했다. 레슬리는 늘 친구가 많았지만 파티에 간 것 때문에 벌을 받은 뒤로 달라졌다. 아이는 라바뿐만 아니라 다른 친구들과도 연락하지 않았다. 학교에 가는 시간 빼고는 대부분의 시간을 방에서 혼자 보냈다. 쎄시는 십대들이 방에 틀어박혀서 통화를 하거나 컴퓨터를 하는 경우가 많다는 것은 알고 있었지만, 레슬리는 그런 것도 일절 하지 않는 것 같았다. 그저 잠만 잤다. 아이의 방은 너무나 고요했다. 둘 사이에 대화가 없었기 때문에, 쎄시는 레슬리가 낙제를 한 뒤 성적을 올리기 위해 노력하고 있는지조차 알 길이 없었다.

십대가 되면 놀던 친구들이 바뀌거나 엄마와 거리가 생기는 것이 정상적일 수도 있다. 하지만 레슬리처럼 심하게 자신감을 잃고 자기 내부로 침잠하는 것은 문제가 있어 보였다. 레슬리는 원래 독립적이고 의욕적인 아이였기 때문에 쎄시는 더욱 걱정이 됐다. 또 십대 소녀에게 아버지가 얼마나 중요한 존재인지도 새삼 깨닫게 됐다. 그녀는 아이들이 아빠를 통해 어떻게 자신을 존중하고 자아에 대한 이미지를 쌓아가는지 생각해봤다. 이런 저런 생각들이 확고해지자 더욱 더 꺼림칙한 기분이 들었다.

'레슬리는 아빠로부터 예쁘고 똑똑하고 특별하다는 말을 듣고 싶어 해. 내 사랑만으로는 충분하지 않아. 그런데 요즘에는 그것조차 부족했어.'

갑자기 그녀가 놓치고 있던 것이 또렷해지면서 숨이 막혀왔다.

'레슬리는 자기 마음이 어지럽기 때문에 자기 방도 정리하지 못하는 거야!'

## 5단계 문제 해결하기

쎄시는 위층으로 올라가 딸의 방문을 두드렸다.

"들어가도 되니?"

"네."

들릴 듯 말 듯한 목소리로 레슬리가 대답했다.

"요즘 통 얘기를 못했구나. 우리 둘의 잘못 때문인 것 같진 않은데. 엄마는 너한테 화나지 않았어. 그냥 걱정하는 것뿐이지."

레슬리는 한 손으로는 머리카락을 배배 꼬고 다른 손으로는 발을 문지르면서 엄마와 눈 마주치는 것을 피하고 있었다.

"널 불편하게 하고 싶은 생각은 없어. 하지만 지난 몇 달 동안 네가 어떻게 지냈는지 알고 싶어."

"잘 지내요."

레슬리는 머리카락을 더욱 단단히 꼬면서 아예 몸을 돌리고 무뚝뚝하게 대답했다.

아이가 계속 눈을 피하자 쎄시는 마음이 아팠다.

"보고 싶었다, 레슬리."

"네, 뭐…."

다시 레슬리가 대답했다. 아이는 귀찮아하는 것 같았지만 실은 엄마가 방에 들어와 준 것이 기뻤다. 그러나 쎄시는 아이의 반응에 상처를 받았고 몸이 굳어버린 듯 그대로 서 있기만 했다. 방안은 쥐죽은 듯 고요했다.

레슬리는 걱정에 잠긴 엄마의 얼굴을 보고 마음이 풀어지는 것을 느꼈다. 솔직히 엄마와 이야기하고 싶었지만 어떻게 시작해야 할지 몰랐다. 이제 기회가 온 것 같았다.

"친구들하고 문제가 좀 있어요."

레슬리가 입을 열었다.

쎄시가 침대에 나란히 앉았다.

"무슨 일 있니?"

"복도를 걸어갈 때 날 싫어하는 애가 날 쳐다보는 느낌이 들면 그날 하루를 몽땅 망쳐버려요."

"그게 무슨 말이지? 더 자세히 말해줄래?"

레슬리가 계속 얘기해주길 바라며 쎄시가 물었다.

"몇 달 전에 내 친구들은 엄청나게 자주 파티를 다녔어요. 평소보다 훨씬 많이요. 하지만 저는 가지 않았죠. 그냥 그렇게 나가서 놀고 싶지 않았어요. 그랬더니 같이 놀잔 말을 아예 안 하더라고요."

쎄시는 아이의 다음 말을 기다리며 잠자코 있었다.

"엄마, 내가 나쁜 아이라고 생각하세요? 나는 내가 싫어요. 내 방도 싫고요. 청소조차 할 수가 없어요."

레슬리에게 "엄마" 소리를 들었을 때 쎄시는 마음이 뭉클해졌다. 중학생이 된 이후 레슬리는 한 번도 그렇게 불러주지 않았었다.

마음이 급해진 쎄시가 대답했다.

"애야, 방은 중요하지 않아. 이렇게 내버려둔 엄마도 미안해. 청소는 엄마가 해도 되고, 우리 둘이 같이 해도 되고, 그냥 안 해도 돼. 중요한 것은 네가 네 자신에 대해 안 좋은 감정을 갖고 있는 거야. 너는 절대 나쁜 아이가 아니야! 너 자신을 미워할 이유는 하나도 없어. 네가 그렇게 힘들어했다니 엄마 마음이 너무 아프구나."

"내가 왜 춤을 그만뒀는지 모르시죠?"

잠시 가만히 있던 레슬리가 다시 말했다.

"사실은 발표회에 오라고 아빠한테 편지를 보냈었어요. 아빠도 오겠다고 했고요. 하지만 오지 않으셨죠. 그때 이후로 춤을 출 수가 없었어요. 춤을 추면 제 자신이 갈기갈기 찢기는 것 같았거든요. 아빠는 늘 새로 생긴 가족들만 더 챙기셨죠. 하지만 날 위해 와주실 거란 기대를 버릴 수가 없었어요. 발표회 이틀 뒤 아빠는 하트 모양 초콜릿과 '미안하다'는 편지를 보내셨지만 그걸 본 순간 화가 너무 나서 집어던져 버렸어요."

레슬리는 자신이 하는 행동을 잘 이해하는 아이였다. 전에는 이런 식으로 자신을 성찰한 덕분에 힘든 일도 무난히 이겨내곤 했었다. 쎄시는 엄마로서 오랫동안 부모 지능을 활용해 아이를 대했고 그 결과 레슬리도 자신에 대해 잘 아는 아이가 됐다. 하지만 이렇게 심각한 문제들은 엄마와 딸이 같이 해결해야 할 문제였다. 레슬리 혼자 어떻게 해보려 했지만 잘되지 않았다. 쎄시는 아이가 절망을 딛고 일어설 수 있도록 자신이 도와야한다고 생각했다.

"오, 우리 딸, 엄마는 전혀 모르고 있었어. 네가 춤추는 걸 아빠도 와서 봐주기를 무척 바라고 있었다는 걸."

"네, 그랬어요. 그때부터 엄마한테도 별로 말을 안 했죠. 평소대로 행동하려고 노력했기 때문에 다른 사람들은 쉽게 알아차리지 못했지만, 마음이 너무 힘드니까 방에만 숨어 있기 시작했어요. 죄송해요. 내가 얼마나 아빠를 그리워하고 원하는지 이야기하면 엄마가 실망할 것 같았어요. 엄마가 저를 위해 얼마나 노력하는지 저도 잘 알아요. 거짓말하고 파티에 간 것 때문에 벌을 준 것도 다 저를 위해서죠."

그 말을 끝으로 두 사람은 각자의 생각에 잠겼다. 쎄시는 우울증이 었던 엄마의 기억을 떠올리고 싶지 않아서 의식의 저 끝에만 걸쳐둔 채 아이의 고통을 외면했던 자신을 다시 한번 탓했다. 그런 의식적인 노력은 자신의 눈을 멀게 만들어, 아이가 그토록 힘들어하는 것도 못 보게 만들었다. 자신은 그저 벌을 준 것 때문에 아이와 멀어진 것이 라고만 생각했다. 쎄시가 딸의 마음을 이해할 생각을 하지 않고 무작 정 벌을 준 것은 평소와 다른 모습이었다. 레슬리는 침묵으로 반응함 으로써 자신의 절망감을 드러냈다. 침묵으로 자신의 고통을 전달한 것이다.

또 쎄시는 아빠에 대한 그리움을 드러내면 엄마가 실망할까 봐 두려웠다는 딸의 말을 듣고 자신도 힘들면서 엄마의 기분까지 살폈다는 것을 깨달았다. 한동안 대화를 나누지 않았어도 두 사람은 여전히 마음으로 이어져 있었다.

그리고 드디어, 레슬리가 거짓말한 것에 대해 입을 열었다. 쎄시는 고개를 저으며 이렇게 말했다.

"그날 밤 내가 왜 그랬는지 모르겠다. 네 전화기를 뺏을 필요까진 없었는데. 일단은 그날 있었던 일에 대해 이야기부터 해야 했어. 정말 미안해. 엄마가 너무 당황했었던 것 같아."

두 사람의 대화는 그 뒤로도 몇 차례 끊어졌다. 그러다 다시 쎄시가 말했다.

"너와 이야기할 수 있어 얼마나 기쁜지 몰라. 혹시 도움이 될지 모르겠지만, 엄마가 아빠와 얘기해보는 건 어떨까? 너 혼자 아빠랑 연락하는 건 아무래도 힘들 거야. 아빠는 분명히 널 사랑하셔. 어떻게 보여줘야 할지를 모르는 것뿐이야."

"맞아요."

마음이 훨씬 편안해지는 것을 느끼며 레슬리가 대답했다.

"엄마가 그렇게 해주셨으면 좋겠어요."

서로 어깨를 기댄 채 나누는 두 사람의 대화에서는 애정이 느껴졌고 레슬리는 희망을 갖게 됐다.

"사랑해요, 엄마."

딸아이를 안아주면서, 쎄시는 레슬리가 오래전에 그랬던 것처럼 자신을 사랑하는 것을 느꼈다. 예전의 탄탄했던 유대가 그대로 회복된 기분이었다. 춤을 출 때도, 그림을 그릴 때도, 과거 명랑했던 모습도, 낙담해 있는 지금도 그녀에게는 다 같은 사랑하는 딸이었다.

레슬리는 엄마가 자신을 깊이 이해해주는 것을 느끼고 큰 위안을 얻었다. 크레이그 이야기도 할 수 있을 것 같았다. 이렇게 해서 레슬리는 엄마가 늘 내밀고 있던 믿을 수 있는 생명줄을 다시 붙잡았다.

이제 두 사람은 엄마와 딸을 되찾았고 서로가 원하는 것에 대해 계속 대화를 나눌 수 있게 됐다. 특히 쎄시는 아빠의 부재로 생긴 문제에 자신이 개입해서 딸을 돕게 된 것이 너무나 기뻤다. 두 사람의 유대는 어느 누구보다 특별했다.

부모
지능
TIP

# 부모 지능을 이용해서
# 좌절과 실망에 빠진 아이를
# 돕는 방법 10가지

꼭 이뤄질 것이라고 확신했던 일이 일어나지 않는다면?
충분히 잘해낼 것이라고 여겼던 일에 실패했다면?
좌절하고 포기할 것인가? 극복할 방법을 찾을 것인가?
우리 모두는 살아가면서 좌절감과 실망감을 느끼는 일이 종종 있다.
그리고 아이들도 그렇다.

1. 아이가 자신의 감정을 표현하게 하자. 감정이 쌓이면 폭발한다.

2. 아이가 갖고 있는 다른 자랑스러운 점들을 알려주자.

3. 지금은 실망했겠지만 자신이 가진 것에 감사하게 하자.

4. 한 번으로 포기하지 말고 다시 시도하도록 용기를 주자.

5. 새로운 도전을 즐기게 하자. 성공과 실패는 중요하지 않다.

6. 실패에서 무엇을 배웠는지 이야기하자.

7. 실패하지 않으려면 어떤 새로운 접근법이 있을지 논의하자.

8. 실망하더라도 자신감을 잃지 않도록 격려하자.

9. 좌절감의 경험으로 회복력을 키우는 계기가 되게 하자.

10. 좌절과 실망에도 슬기롭게 대처하는 다른 사람의 이야기를 들려주자.

# 제11장

# 규칙만 있고
# 대화는
# 없는 집

그는 아이의 사회성을 키울 수 있는 많은 기회들을 놓치고
오로지 성적만 중시했던 것이 몹시 후회됐다.
이제 그는 새로워지기로 했다.

# 열일곱 살 에바

열일곱 살인 에바는 식민지 시대풍의 소박한 집에서 부모님과 함께 살고 있었다. 그곳은 뉴욕 시에서 40분쯤 떨어진 바인랜드 외곽의 작은 마을이었다. 집들은 나무에 둘러싸여 있었고 이웃이라고 해도 상당히 멀리 떨어져 있었다. 학교는 모두 마을 한 가운데에 자리 잡고 있었고, 이 마을의 근면한 부모들은 자녀와 자녀의 교육에 깊은 관심을 갖고 있었다. 하지만 에바의 부모는 좀처럼 마을 일에 참여하지 않았다. 두 사람 모두 일에 지쳐서 늘 피곤했기 때문이었다. 딸에게 그들은 고된 노동과 절제된 삶의 표본이었다.

고등학교 2학년인 에바는 170센티미터가 넘는 키에 적갈색 머리를 가진 날씬한 십대 소녀였다. 그녀는 여러 가지 재능이 뛰어나고, 섬세하고, 다정한 아이였다. 학교에 지각하는 법도 없었고 숙제도 알아서 했으며 규칙을 준수했다. 늘 부모에게 인정받고 싶어 했지만, 부모의 기대를 맹목적으로 따라야 할지 아니면 자기 스스로 판단을 해야 할지 고민하는 일이 많았다. 에바에게는 무척 힘든 고민이었다. 또래들은 공부에 있어서 누구보다 뛰어난 그녀를 감탄의 눈으로 바라봤다. 에바 역시 그런 이미지를 지키기 위해 열심히 노력했지만 늘 뭔가가 지독하게 부족한 기분이 들었다. 그녀는 힘든 학업 속에서도 사회생활을 늘리고 균형을 맞추려 늘 노력했다.

에바에게 친구를 사귀는 일은 결코 쉽지 않았다. 그녀는 제일 친한 여자 친구나 남자 친구도 없이 거의 대부분 혼자 지냈다. 그러다 최근에 용기를 내서 부끄러움을 무릅쓴 덕분에 자신을 정말 좋아해주는 친구들을 몇 명 사귀게 됐다. 그리고 얼마 뒤 에바는 어떤 남학생 집에서 열리게 될 파티를 잔뜩 기대하고 있었다. 에바에게는 처음으로 초대 받은 파티였다. 그 남학생은 학교에서 인기가 많았고 새로 사귄 친구들도 모두 오기로 했다. 드디어 고대하던 금요일 밤이 됐고 에바는 자정 전까지 집에 돌아와야 했다. 파티에 갈 때는 에바의 아빠가 에바와 친구들을 태워다줬고, 집에 올 때는 다른 여자 친구의 엄마가 데려다주기로 했다.

그런데 11시 30분이 되도록 그 친구의 엄마는 오지 않았다. 약속한 시간에 맞춰 집에 갈 수 없을 거라 생각한 에바는 아빠에게 전화를 걸었다. 그리고 약속에 늦는 것도 문제지만 맥주도 마셨다고 용감하게 털어놓았다. 또 아빠가 자신을 데리러 오는 것은 합리적일 것 같지 않다고 했다. 파티 장소까지 오는 데만 30분은 걸리기 때문에 어쨌든 늦게 될 것은 분명했다. 친구의 엄마는 자정이 가까워서 나타났다.

딸에게 늘 엄한 아빠인 워드는 집에 들어서는 에바를 보자마자 어떤 변명도 통하지 않을 거라고 했다.

"알겠지만 너는 규칙을 어겼어. 2주간 외출 금지다. 타협은 없어."

에바는 침대에 털썩 주저앉아 생각에 잠겼다.

'내 잘못이 아니었어. 아빠는 무조건 이해하지 않으려고만 해. 솔직히 한 번도 날 이해하셨던 적이 없지. 버스가 늦게 오지 않는 이상 나는 늘 제 시간에 학교에 가지만, 다행히 아빠는 버스가 늦을 거란 생각을 못하시지. 그랬다간 당장 버스 회사에 전화를 하셨을 거야. 사실대로 말했는데도 외출 금지를 당하다니. 이번이 마지막이야!'

빠른 의사 결정 능력 덕분에 자산 운용 분야에서 성공을 거둔 워드는 딸에게도 일할 때와 같은 전략을 썼다. 그는 매우 계획적이고 목적이 뚜렷한 사람이었다. 그는 행동에는 결과가 따른다는 것을 딸이 알게 해주는 것이 옳다고 생각했다. 하지만 에바는 다음번에는 잘못을 해도 아빠의 말에 순종하지 않을 거란 태도를 보이면서 아빠의 생각을 무너뜨렸다.


### 1단계 한 걸음 물러나기

워드는 자신이 생각한 바가 있어 벌을 준다고 믿었지만, 사실 그는 자기 행동은 생각하지 못하고 에바의 행동에만 치중했다. 그는 평생 이런 식으로 아이를 키웠고 그것이 어떤 결과를 가져올지 폭넓게 생각해본 적도 없었다. 그는 강한 절제력과 올바른 판단력으로 아이가 좋은 성적을 거두고 있으며, 그런 장점들이 학교 밖에서는 다르게 적용될 수 있다는 것을 생각하지 못했다. 그리고 에바가 친구들과 어울릴 방법을 찾고 있다는 것도 깨닫지 못했다. 그가 아는 것은 에바는 늘 자기 기대를 충족시켰으며, 그렇게 하지 못했을 때는 군말 없이 벌을 받는다는 것이었다. 하지만 에바가 자신이 행동하는 방식과 주기적으로 벌을 받는 것에 대해 어떻게 생각하는지 또 벌을 받을 때 드는 기분 때문에 사람들과 원만한 관계를 맺지 못한다는 것은 알지 못했다.

딸이 통금 시간을 어기고 맥주를 마신 것에 대해 그렇게 성급하게 반응한 것은 가끔은 다른 사람들 때문에(에바 친구 엄마가 늦게 온 것) 규칙을 못 지키게 될 수도 있다는 것을 인정하지 않는다는 증거였다. 또 그는 아이가 자라면서 예기치 않게 접하게 되는 것들을(맥주를 마신 것처럼) 딸과 함께 의논해야 한다는 생각도 하지 않았다. 한 걸음 물러나지 못하니 그런 생각도 하지 못한 것이다. 그저 아이의 전화를 받는 순간 외출금지를 시켜야겠다는 생각뿐이었다.

늘 그랬듯 그는 아내인 델리의 의사도 묻지 않고 혼자 벌을 주겠다는 결정을 내렸다. 델리도 남편의 결정을 들은 뒤 별다른 이의 없이 그대로 순응했다. 그녀는 강인하고 결단력 있는 남편에게 모든 결정을 맡겼고 결혼 생활에 좌절해도 아무 말을 하지 않았다. 에바의 훈육 역시 남편에게 맡겼지만 이런 수동적인 태도 때문에 딸이 자신을 무시한다는 것은 알지 못했다.

하지만 요즘 워드는 왠지 모르게 마음이 불편했다. 자기답지 않게 불안했고 가만히 있기가 힘들었다. 파티에 간 에바는 전화해서 자기가 늦을 것이며 맥주를 마셨다는 사실을 인정했었다. 그리고 집에 온 아이에게 외출 금지 명령을 내리자, 에바는 아빠의 말을 고분고분 듣지 않고 울면서 자기 방으로 뛰어 들어갔다. 평소와 전혀 다른 아이의 행동을 보고 그가 얼마나 놀랐는지 모른다. 파티에 갈 때는 흥분한 딸의 활기로 가득 했던 현관이 지금은 어둡고 텅 비어 있었다. 그는 어둑어둑해진 거실의 푹신한 의자에 몸을 파묻고 깊은 생각에 잠겼다.

'내가 무슨 짓을 한 거지?'

지금 그가 불안해한다는 것은 아빠로서 바뀌기 시작했음을 알리는 결정적인 순간이었다. 그는 괴로워하는 에바의 표정과 재빨리 위층으로 올라가버리는 모습에 충격을 받았다. 그런 모습을 보자 벌에만 맞춰져 있던 초점이 자기 내부의 감정으로 옮겨지는 것을 느꼈다. 에바의 반응에 허점을 찔린 그는 결국 자신이 한 일을 차분히 생각해보게 된 것이다.

에바는 파티라는 새로운 것을 접해보려고 했다. 그 생각을 하자 두 살이 된 에바가 계단을 혼자 내려가는 새로운 시도를 했던 때가 떠올랐다. 에바는 계단 맨 위에 만들어놓은 문의 자물쇠를 스스로 풀고 계단을 뒤로 기어서 내려오고 있었다. 그때 아빠는 아이가 조금도 대견해 보이지 않고 마구 화만 났다. 그래서 처음으로 아이를 타임아웃시키는 벌을 줬다. 그의 눈에는 그저 위험한 상황으로만 보였기 때문이다. 그는 즉시 아이를 위층에 있는 의자에 5분 동안 앉혀놓고 잘못을 반성하게 했다. 그런 다음 문을 아예 고정시켜버리고 다시는 그런 짓을 하지 말라고 했다. 그리고 나중에 빗장을 새로 사서 달았다.

그때 에바는 아빠 말을 잘 듣는 순한 아이였기 때문에 가만히 앉아 있었다. 하지만 지금 다시 생각해보니 사실 에바는 왜 의자에 앉아 있어야 하는지 이해할 수 없었을 것이다. 그는 정말 처음으로, 그때 에바가 흥미로운 발견을 한 것이라는 사실을 깨달았다. 에바는 말을 빨리 익힌 아이였다. 그래서 아빠가 자신이 진정으로 바라는 게 뭔지 차분히 생각할 시간을 가졌다면, 아이를 의자에 앉혀놓고 자기도 옆에 앉아 계단에서 떨어질까 봐 걱정돼서 문을 달아놓은 것이라고 설명해줄 수 있었을 것이다. 그동안 그는 한 번도 이런 생각을 해보지 않았다. 에바는 아빠 말이라면 뭐든 잘 들었기 때문이다. 이제 열일곱 살이 된 딸이 잔뜩 화나 있는 것을 보며 그는 그 옛날 일을 다시 생각하게 됐다.

'어쩌면 에바는 혼자 뒤로 내려오는 것을 나한테 보여주고 싶었는지도 몰라. 아니면 혼자 자물쇠를 풀고 칭찬 받기를 기대했을 수도 있어.'

그때 자신이 에바의 행동을 두 살짜리의 관점에서 볼 수 있었다면, 매사에 충분히 생각하는 법을 익히게 됐을지도 모른다. 그랬다면 아이가 커가는 동안 어떤 행동들이 왜 위험한지 계속 대화를 나눌 수 있었을 것이다.

어쨌든 워드는 잠시 멈춰서, 한 걸음 물러나, 딸이 한 행동의 긍정적인 부분을 더 깊이 생각했어야 했다. 이런 후회를 하는 것만으로도 그에게는 엄청난 변화였지만 그때는 그럴 준비가 되어 있지 않았다.

그는 다시 현재로 돌아와 딸에게 무턱대고 외출을 금지시켰던 날 자신이 잊고 있던 여러 가지 것들을 생각해봤다. 외출할 생각에 흥분한 에바가 위층에서 내려왔을 때 얼마나 예뻐 보였는지 모른다. 뒷

자리에 앉아 친구들과 즐겁게 수다를 떨었던 것도 생각났다. 남학생의 집에 도착하자 방금까지 떠들던 아이들은 언제 그랬냐는 듯 얌전해졌고, 잠시 뒤 근사해 보이는 남학생이 나와서 그들을 반갑게 맞아줬다. 그는 딸이 자랑스러웠고 무척 행복했다. 자신에게 전화를 걸어 성급히 판단하지 않도록 애썼다는 것에 생각이 미치자, 에바는 그때 자신이 처음 겪은 일들을 솔직히 다 말했다는 것이 떠올랐다. 사실 그런 행동은 흐뭇해해야 할 일이지 벌을 줄 일은 아니었다. 아이가 문을 열고 들어왔을 때 그는 엄한 얼굴로 쏘아봤었다. 그리고 그날 자신이 느꼈던 좋은 기분을 다 잊었을 뿐 아니라 아이의 감정까지 모두 무시해버렸다. 그는 비로소 자신이 아이를 공감하지 못했다는 것을 인정했다. 한 걸음 물러나 생각하자 부모로서 가지고 있던 마음가짐이 급속도로 바뀌는 것을 느꼈다. 그리 늦지는 않았다. 상황을 제대로 이해한다면 잘못된 것을 바로잡기에 충분한 시간이었다.


## 2단계 자기 내면 돌아보기

워드는 그의 아버지 이름이기도 했다. 그는 부친을 닮아 붉은 머리였는데 십대가 되자 남들 눈에 띄는 것 때문에 자신의 머리색을 무척 곤혹스러워했다. 에바와 그런 일이 있고 나자 그는 아버지 생각이 났다. 왜 그런지는 자신도 알 수 없었다. 그는 인터넷을 뒤지기 시작했다. 자주 하는 행동은 아니었지만 부친이 자신을 어떻게 키웠는지 생각하자 부모로서 아이에게 새롭게 다가갈 수 있는 방법을 찾고 싶었다. 그는 자신이 요즘 식으로 생각하는 것에 서투르다는 것을 알고 있었다. 그러다 부모 지능에 관한 글을 찾아서 읽고 마음이 흔들리는 것을 느꼈다. 그리고 오래전 잊고 있던 십대 때의 기억이 에바를 대하는 자신의 행동에 영향을 미치고 있다는 것을 깨달았다. 자신에 대한 실망감은 점점 커져만 갔다.

에바의 부모는 오래전부터 서로 거리를 두고 지냈다. 어쩌면 그는 아내와의 사이를 막고 있는 얼음을 깨뜨리는 것이 먼저일 수도 있다. 지금뿐 아니라 에바의 사춘기 전후를 통틀어, 아내와 상의해서 결정했다면 아이의 행동에 대해 자신이 반응하는 패턴을 진작 알았을 수도 있었을 것이다. 그와 델리는 고등학교 때부터 알고 지냈다. 그래서 델리는 남편이 왜 그런 행동을 하는지 알고 있을지도 몰랐다.

델리는 자신의 과거를 돌이켜보고자 하는 남편을 보고 적잖게 놀랐다. 그들은 지난 시간을 돌아본 적이 거의 없었다. 자신에게 다가온 남편의 얼굴에서 간절함이 느껴지자 얼음장 같았던 그녀의 마음이 녹아내리기 시작했다. 그녀는 차분하게 워드를 도와줬다. 워드는 자신의 부친을 냉혹한 원칙주의자로 기억하고 있었다. 델리가 기억하는 워드의 아버지도 늘 험상궂은 얼굴을 하고 자신을 겁먹게 만든 사람이었다. 두 사람이 데이트 중일 때 델리는 워드의 집에 가는 것을 좋아하지 않았다. 그 당시 워드의 집에만 가면 델리는 입을 다물고 말을 하지 않았다.

워드는 벽이 무너져 내리는 것 같은 기분을 느꼈다. 그는 아이에게 좋은 아빠가 되고 싶었지만 자신도 모르게 부친을 닮은 모습이 튀어나왔다. 워드는 에바를 훈육하는 데 있어서 아내의 의견을 묻지 않았고 자신이 그랬던 것을 지금껏 인정하지도 않았다. 아내는 사고가 유연하고 개방적이란 걸 알았기 때문에 워드는 겁이 났다. 그는 집안에서의 권위를 독차지하며 그런 감정을 감추려고 했고 이런 점 역시 자신을 키운 부모를 닮아 있었다. 워드의 엄마는 남편이 워낙 독선적이었기 때문에 늘 뒤로 물러나 있었다. 그는 델리에게, 자신의 엄마는 남편의 말에 절대 이의를 제기할 수 없었다고 했다. 워드 역시 아버지의 말을 조금이라도 거역하면 아버지를 화나게 할 거란 생각을 갖고 자랐다고 했다. 그는 아버지가 화내는 것이 무서웠다.

워드의 집에서 섹스와 술은 부도덕한 것으로 취급됐다. 부친이 옳을 수도 있고 아닐 수도 있지만 그는 아버지의 말을 맹목적으로 따르며 자랐고 에바도 그래주길 바랐다. 마흔을 넘긴 지금도 부친의 생각에 의문을 품어본 적이 없었다. 그래서인지 그는 일적인 면에서는 성공했지만 사람들과 어울리는 것에는 서툴렀다. 워드는 아내의 도움으로, 자신의 이런 문제부터 완전히 이해하고 해결해야 에바에게 올바른 태도로 다가갈 수 있다는 것을 깨달았다.

그는 아내와 함께 자신의 내면을 성찰하는 큰 모험을 하고 있었다. 이것은 부부를 위해서도 바람직한 과정이었다. 남편에 대한 델리의 마음은 오랫동안 차갑게 굳어 있었지만 이번 일을 통해 조금씩 따뜻해지고 있었다. 부부는 에바에 관한 일이라면 충분한 의논을 거쳐 함께 결정을 내리자고 합의했다.

자신의 과거를 돌이켜본 워드는 에바가 통금시간을 어기고 술을 마신 것에 대해 자신이 보인 반응이 너무 지나쳤다는 것을 인정했다. 계속해서 그는 규칙을 지키는 것에 유독 엄격했던 아버지 때문에 아무엇도 못해봤던 자신의 젊은 날을 떠올렸다. 또래들 속에 끼지 못할 때 들었던 비참한 기분이 떠오르자, 이런 기억들이 자신도 모르게 딸의 사교 생활을 제한하는 데 영향을 미친 것이 아닌가 하는 생각도 들었다. 그는 사람들과 잘 지내는 법을 배우지 못했기 때문에 딸에게도 친구들을 많이 사귀라고 격려할 줄 몰랐다. 그는 늘 엄격하게 자제하며 살았고 밖에서 식사할 때도 와인 한 잔 이상은 절대 마시지 않았다. 그 한 잔을 마실 때조차 그는 죄책감을 느꼈다. 그만큼 아버지는 그에게 술을 마시는 것은 무책임한 행동이라는 인식을 강하게 심어줬다.

워드는 자신의 어머니와 아버지도 즐거웠던 때가 있었을까 궁금했다. 그는 두 분이 함께 외출하거나 다른 사람들과 어울리는 것을 본 기억이 없었다. 그래서 자신들의 발목을 잡고 있는 결혼 생활의 중압감만 해결되면 아내와 함께 좀 더 사교적인 생활을 해야겠다고 결심했다. 에바를 돕고 싶다면, 그들부터 사람들과 어울리는 것에 대한 두려움을 떨쳐내야 했다. 사회생활은 에바에게도 중요한 것이었다. 아직은 집에서 부모와 살면서 자신이 겪은 일들을 상의할 수 있지만 곧 대학에 가면 모든 것을 혼자 결정해야 했다. 그는 아이의 사회성을 키울 수 있는 많은 기회들을 놓치고 오로지 성적만 중시했던 것이 몹시 후회됐다. 이제 그는 새로워지기로 했다. 그는 에바를 더욱 깊이 이해하고, 사춘기가 된 딸이 겪는 일들도 좀 더 포용적으로 수용하도록 노력하면서 이 상황이 개선되길 바랐다. 또 부모의 역할에 대해 다시 생각하자 아내도 자신에게 돌아왔다는 것을 깨달았다. 그가 살아온 세상이 바뀌고 있었다. 겁이 났지만 한편으론 기뻤다.

### 3단계 아이의 마음 헤아리기

어느 날 밤, 에바는 그날따라 너무 많았던 숙제 걱정에 빠져서 쓰레기 내놓는 것을 잊어버렸다. 처음에 워드는 에바가 반항하려고 일부러 그러는 줄 알았다. 그가 에바 정도의 나이였을 때, 딱 하루 자기가 맡은 집안일을 안 한 적이 있는데 엄한 아버지는 그때도 고래고래소리를 질렀었다. 그는 에바가 어떤 상황인지 생각해보지도 않고 그날의 자기처럼 반항한 것이라고 추측했다. 그러다 문득 생각을 멈춘그는 지금 아이가 어떤 상태인지도 모르면서 행동에만 초점을 맞추고 있다는 걸 깨달았다. 아내와의 대화로 깊은 영향을 받은 그는 에바에게 무슨 일 있냐고 물어봤다. 평소 같으면 벌써 쓰레기를 내놨을 시간인데 에바답지 않다고도 했다.

에바는 아빠의 말을 듣고 어리둥절해졌다. 자기답지 않은 행동을하고 있는 사람은 아빠였다. 아빠는 큰소리도 내지 않았다. 에바는오늘 숙제가 너무 많아 걱정하느라 그랬다고 말했다. 그리고 얼른 올라가서 시작해야 한다며 서둘러 자리를 떴다.

이 상황에서 그가 어떻게 해야 할지 알았다면, 걱정하는 에바를 토닥여주며 딸과의 관계를 돈독히 했을 것이다. 아직 그렇게까지 하진못했지만, 그는 딸이 뭔가 고민을 하느라 그랬을 거라 이해하기 시작했다. 그리고 수심이 가득한 얼굴로 생각에 잠겼다.

'쓰레기 버리는 걸 잊었다는 것은 깜빡했거나 반항하기 위해 그런것이 아니라 뭔가 다른 의미가 있는 게 아닐까?'

이제 워드는 새로운 관점에서 생각하기 시작했다. 하지만 에바와 대화를 시작할 방법을 찾으려면 시간이 필요했다. 그의 부모 지능이 성장하고 있었다.

이제 에바의 행동에 대한 자신의 반응이 과거의 경험에 기인한다는 것을 깨달은 그는 에바의 감정을 무시하지도 않고 자신의 부친처럼 벌을 주지도 않았다는 것에 마음이 놓였다. 에바가 자기처럼 반항심 때문에 그랬을 것이란 억측도 하지 않았다. 과거 자신의 상태와 지금 에바의 상태는 전혀 다르다는 것을 알았기 때문이다. 앞으로 그는 에바가 완벽주의에 대한 불안을 자신과 상의하게 할 방법을 찾고 싶었다. 에바는 성적에 대한 집착이 강해서 다른 모든 것을 희생한 채 공부에만 전념했다. 바로 그 순간 워드는 파티에 가는 것이 아이에게 얼마나 중요한 일이었는지 또 조금 늦은 것이 얼마나 하찮은 일이었는지 깨달았다.

'나는 무슨 생각으로 아이에게 벌을 준 것일까? 그날 늦은 것은 에바의 탓도 아니었는데 말이야. 에바는 그저 친구들과 같이 파티에 갔을 뿐인데 나는 그 애를 나무랐어. 그리고 맥주… 물론 나는 미성년자의 음주를 절대 반대하는 입장이지만 아이가 이에 대해 솔직히 말한 것은 인정해줬어야 했는데, 내가 너무 어리석었어. 내가 한 실수를 만회할 수 있을까?'

워드는 딸과 가까워지고 싶었지만 어떻게 해야 할지를 몰랐다. 자신의 내면을 돌아보는 것은 꼭 필요한 과정이었다. 그는 에바가 30분 늦게 온 것을 왜 그렇게 크게 생각했는지 의문을 갖기 시작했다. 심지어 그렇게 책임감이 강한 딸에게 통금시간을 정해준 것부터가 이해되지 않았다. 에바는 상황을 지켜보다 전화를 해서 몇 시쯤 돌아갈 수 있다고 알아서 말했을 것이다. 그는 이렇게까지 생각이 바뀐 자신이 놀라웠다. 에바가 그렇게 하도록 내버려뒀다면 스스로에 대한 자신감도 더욱 커졌을 것이다. 아빠의 규칙을 지키게 하는 것보단 그것이 훨씬 중요했다. 그는 델리와 대화를 나눈 뒤 자신이 아내를 닮아가는 것을 느꼈다.

타협을 몰랐던 자신의 부친은 그가 정한 규칙이 아들에게 어떤 영향을 미칠지 한 번도 생각해보지 않았었지만 워드는 다른 아빠가 되고 싶었다. 그동안 그는 과거에 겪었던 힘든 일들을 마음속 깊이 묻어둔 채 모른 척하고 살았다. 그래서 딸의 마음도 전혀 이해해주지 못했다. 워드는 새롭게 생각하고 느끼는 법을 알아가고 있었다. 그는 앞으로도 자신의 내면을 계속 돌아봐야겠다고 생각했다. 델리도 자신을 도와줄 거라 믿었다. 이렇게 아내에게 의지하는 것은 그들의 결혼 생활과 부모로서의 삶을 더욱 진지하게 들여다보겠다는 의미였다.

델리도 수동적이었던 자신의 태도를 다시 돌아보게 됐다. 어쩌다 이렇게 된 걸까? 말이 별로 없었던 자신의 십대 시절을 돌이켜봤다. 그녀는 뭘 할 때마다 생각이 너무 많았다. 또 델리는 자신이 에바에게 좋지 못한 본보기가 된 것을 자책했다. 그녀는 늘 남편의 의견에 따랐고 남편 때문에 화가 나도 절대 말하지 않았다. 딸은 물론 남편과의 소통도 부족했던 그녀는 가족과 정서적으로 연결되지 못했고 혼자 분리돼 사는 것 같은 기분을 느꼈다. 가족이라곤 세 명 뿐이었지만 다들 각각의 소망과 바람, 의도가 있다는 것을 깨닫지 못한 채 같이 살고만 있었다. 이곳은 집이라 하기엔 너무나 외로운 곳이었다.

가족은 각자의 프리즘을 통해 서로를 바라보고 있었다. 쓰레기 사건도 그렇고 통금 사건을 봐도 확실히 그랬다. 워드가 새로운 태도를 가지려 노력하며 아내에게 마음을 열었을 때, 델리는 통금과 쓰레기 일에 대해 물어봤었다. 그러자 워드는 에바가 두 상황에 각각 다르게 반응했다고 말했다. 파티 때문에 벌을 받게 됐을 때 에바의 얼굴은 딱딱하게 굳어 있었다. 에바는 눈을 가늘게 뜨면서 불만스럽다는 듯 입술을 오므렸다. 하지만 좀 더 따뜻한 목소리로 쓰레기에 대해 물으며 에바답지 않다고 했을 때, 에바는 걱정이 있어 보이긴 했지만 달라진 아빠의 행동에 흥미를 느끼는 듯했다.

"그 두 가지 일들을 에바가 어떻게 생각하고 있는지 알고 싶어."

그가 아내에게 말했다.

"파티 때문에 혼이 나서 얼마나 화가 났는지 보여주고 싶은 건 아닐까? 숙제 때문에 걱정이 많았다는 것을 나중에라도 나한테 얘기할 생각이었을까?"

델리와 대화를 나누면서 그는 에바의 관점에서 상황을 바라봤다. 아내는 공부도 완벽하게 잘하고 싶고 친구들도 만나야 한다고 생각하는 에바가 이해된다며 동정적으로 말했다. 딸을 이해하게 되자 그는 규칙을 바꿔야한다는 생각을 갖게 됐다. 그래야 딸을 더 잘 알 수 있게 될 것 같았다. 에바에 관한 일들을 아내의 의논하기로 결심한 뒤부터, 워드는 에바의 행동에 담긴 의미를 찾았을 뿐 아니라 그가 왜 아내를 사랑했었는지도 기억하게 됐다. 그는 아내를 그리워하는 마음을 감추고 있었다. 감정에 대해서는 워낙 말을 하지 않고 살았었기 때문이다. 그들은 부모 자식 관계와 부부의 관계가 이렇게 밀접하게 얽혀 있다는 것이 정말 놀랍고 믿기지 않았다.

## 4단계 아이의 발달 정도 파악하기

열일곱 살인 에바는 사춘기 후반에 접어들었다. 이 나이의 십대들은 지적 성장이 확연하고, 부모로부터 점차 독립하게 되며, 도덕적인 깊이도 더해지게 된다. 부모가 보기에 에바는 생활 나이와 발달 나이가 뒤섞여 있는 게 확실했다. 뛰어난 학업 성적을 보면 알 수 있듯 지적인 면은 또래 중 최고였다. 그들은 인내심이 많고, 회복력이 뛰어나고, 도전에 실패해도 좌절하거나 실망하지 않는 딸이 자랑스러웠다. 하지만 정작 자신들은 그렇게 책임감 있고 마음이 따뜻한 딸과 만족스러운 관계를 맺지 못했다. 부끄럽지만 인정해야 했다. 에바는 부모가 중시하는 가치를 따르는 것 같았지만, 자신의 가치를 확고히 할 시간을 갖고 싶어 했다. 자신을 위한 생각을 더 많이 하겠다는 것은 부모, 특히 아빠의 뜻에 동의하지 않을 수 있다는 의미였기 때문에 많은 용기가 필요한 일이었다. 이제 부모는 아이의 자립도가 또래보다 떨어진다는 것을 인정하고 아이의 사회적인 발달을 지지해야 한다는 것을 깨달았다. 에바는 열일곱 살이란 늦은 나이에 비로소 친구를 사귀기 시작했다.

워드와 델리는 함께 의논하면서, 에바가 부모로부터 정서적으로 독립할 수 있으려면 친구관계가 큰 도움이 될 거란 사실을 이해하게 됐다. 친구들은 정서적으로 자립하는 것뿐 아니라 집을 떠나 대학에 갈 때도 자신감을 갖도록 도와줄 수 있을 것이다. 새로운 경험을 통해 사회적인 기술을 익히는 것은 집을 떠날 때를 대비해 꼭 필요한 일이었다.

통금과 술을 마신 일에 대해 이야기를 시작한 부부는 이 역시 에바에게는 성장을 위한 하나의 과정이라고 이해했다. 에바는 독립적인 생활을 주장하면서 자신이 속한 사회적인 영역을 확대하려고 한 것이었다. 통금을 어긴 것이 에바의 탓도 아니고 도덕적인 문제가 있는 것도 아니라는 것을 알게 되자, 그들은 이제 에바에게는 통금이 필요하지 않다는 것에 동의했다. 에바도 자기 잘못이 아니라고 생각했기 때문에 규칙을 어긴 것에 죄책감을 갖지 않았다. 한편 에바의 아빠는 사춘기 초반의 어린 아이를 대하듯 융통성 없이 규칙만 고집하느라 그동안 에바가 얼마나 자랐는지 모르고 있었음을 인정했다. 이제 그는 친구들과 외출도 자주 하게 하고 아이 스스로 규칙을 정하게 하면서 에바의 사회성을 키워주기로 결심했다.

술을 마신 것은 용납할 수 없었지만, 에바가 솔직히 말했기 때문에 그에 대해 같이 의논할 기회가 있었다. 하지만 워드는 안타깝게도 그 기회를 놓쳐버렸다. 사람들과 술을 마시는 것에 대해선 에바가 대학에 가기 전에 꼭 터놓고 이야기할 기회를 갖고 싶었다. 그는 에바가 아무 경험도 없이 대학에 가면, 자신이 여러 가지 사회적인 상황들에 서투르고 준비가 되지 않았다고 생각하게 될까 봐 걱정이었다.

넬리는 자신을 위해 생각하기 시작했다. 그녀는 딸과의 관계를 개선하기 위해 노력해야 한다는 것을 깨달았다. 그래야 에바가 독립하기 전 엄마에 대한 시각을 바꿀 수 있을 것이기 때문이었다. 엄마를 긍정적으로 생각하게 되면, 에바 자신이 가진 여성스러움과 성적인 매력을 인정하고 즐길 수 있을지 몰랐다. 에바에게는 엄마의 도움과 보호가 필요했다. 넬리는 딸을 위해서라도 자신이 얼마나 중요한 존재인지 직시하기로 했다. 엄마가 보여주는 사랑과 존중은 에바의 자존감을 확고히 하는 데 많은 도움이 될 것임이 분명했다. 또 남편이 성급히 반응하는 것을 자제시키면서 완전히 다른 아빠가 되도록 자신이 도울 수 있다고 생각했다. 섹스와 마약에 대해서는 걱정하지 않았다. 딸의 올바른 판단력을 믿기 때문이었다.

## 5단계 문제 해결하기

부모 역할에 아내를 참여시키기로 한 남편의 결정에 힘입어 델리는 바뀌기 시작했다. 그녀는 에바가 뭘 필요로 하는지 예리하게 관찰했다. 그녀는 자신이 보여줬던 모습보다 더 많은 것을 할 준비가 됐음을 깨달았다. 그동안 델리는 늘 참고, 억제하고, 좌절하며 살았다. 물론 처음에는 마지못해 그렇게 했지만, 그녀는 오랫동안 남편을 향한 분노를 숨기며 지냈다. 맨 처음 그녀가 화를 냈을 땐 남편이 그녀를 억눌렀지만 그 다음부턴 자기 스스로 억누르며 살았다. 이런 면들을 돌이켜보자 그녀는 아내와 엄마로서 보였던 수동적인 태도에서 벗어날 준비가 생각보다 많이 됐다는 것을 알게 됐다. 델리는 자신에 대해 훨씬 깊고 폭넓은 시각을 갖게 됐고, 풍부한 감정과 생각을 드러낼 준비도 되어 있었다. 그녀는 생각했다.

'에바 덕분이야. 우리 모두가 어둠에서 벗어나도록 이끌고 있어.'

어느 날 저녁, 에바와 엄마와 아빠는 평소와 다름없이 조용히 밥을 먹고 있었다. 요즘 들어 더욱 마음이 불편했던 에바는 정말 처음으로, 자신이 판도라의 상자를 열고 오랫동안 속으로만 연습했던 말들을 시작해야겠다고 생각했다. 아직 통금 문제가 해결되지 않은 채 벌을 받을 주말이 다가오자 에바는 전의를 가다듬고 말을 해야겠다고 결심했다. 그녀가 이렇게까지 용기를 내게 된 것은 그 주 주말 친구들이 계획한 이벤트에 자기도 참여하고 싶었기 때문이었다.

"엄마 아빠, 저는 저녁마다 이렇게 말없이 밥을 먹는 게 정말 싫어요. 친구들이 생긴 뒤 가끔 그 애들 집에서 저녁을 먹을 때 보면 우리 집과 완전히 달랐어요. 다른 가족들은 저녁을 먹으면서 그날 겪은 일이나 재미있었던 일들 또 고민거리들을 이야기하더라고요. 우리는 전혀 안 그러잖아요."

순간 워드와 델리는 먹던 것을 멈췄다. 깜짝 놀란 그들은 서로를 진지한 얼굴로 바라봤다. 주방은 팽팽한 긴장감이 감돌았지만, 식탁 위의 작은 샹들리에에서 나오는 희미한 불빛은 세 사람을 따스하게 비춰주고 있었다.

말을 할 때마다 에바의 어깨가 들썩이는 것이 느껴졌다.

"이번 주에 외출 금지라고 하셨지만 저는 따르지 않을 거예요. 사실 저한테 그렇게 하실 권리는 없어요. 오래전부터 생각해 왔던 건데… 설득력이 좀 떨어질 수도 있지만, 저는 아빠가 왕관을 쓴 왕 같았어요. 저를, 그러니까 공주를 방에 데려가서 일주일 내내 가둬두고 빵과 물만 주는 왕 말이에요. 하지만 현실은 동화가 아니고 저는 그 벌을 받지 않을 거예요."

물론 에바는 벌을 주는 대목만 의식하고 얘기한 것이지만, 델리는 자신을 방에 데려가는 아빠의 모습을 그렇게 극적으로 묘사한 것이

왠지 아름답고 정감 있게 느껴졌다. 그녀는 에바가 얼마나 아빠와 가까워지고 싶어 하는지 알 수 있었다. 그동안 에바는 아빠가 자신을 다 자란 것처럼 대해도 당연한 듯 받아들였지만, 사실은 아주 귀하고 사랑스러운 어린 딸로 대해주길 바라고 있었다. 텔리는 에바의 이런 아이다운 모습에 깊은 감동을 받았고 딸이 이어서 할 말을 기대했다.

에바는 다리가 덜덜 떨리는 것을 느끼면서 계속 말했다.

"사실은 이번 토요일에 친구들이랑 뉴욕에 가기로 했어요. 우리는 롱아일랜드 철도로 펜실베이니아 역에 간 다음 다시 메디슨 스퀘어 가든에 가서 록 콘서트를 볼 거예요. 콘서트는 11시쯤 끝나니까 다시 기차를 타고 돌아오면 돼요. 통금은 미리 정할 수 없어요. 집에 오는 시간은 기차 시간에 따라 달라질 테니까요. 역까지 저를 데려다주거나 데리러 올 필요도 없어요. 친구 부모님이 해주시기로 이미 정해졌거든요."

워드는 말이 없었다. 받아들여야 할 게 너무 많았다. 그는 딸이 매우 공격적으로 느껴졌고 이런 모습은 한 번도 본 적이 없었다. 그는 혼란스럽고 걱정이 됐다. 그리고 자신이 너무 무력하단 기분이 들었다. 정말 최대한 피하고 싶은 기분이었다. 직장에서 그는 최고의 위치에 있었고, 최근 아내와 여러 가지 이야기를 하기 전까지는 집에서도 대장이었다. 갑자기 그는 큰 충격을 받고 회한에 빠졌지만 한편으로는 자기 생각을 확실히 말할 줄 아는 딸이 자랑스러웠다.

부모가 계속 아무 말이 없자 에바는 용기를 내서 계속 했다.

"엄마, 엄마는 날 너무 모르는 것 같아요. 내가 물리, 미적분, 생물학, 화학 과목에서 우등반이 되기 위해 왜 그렇게 열심히 공부하는지 아세요? 의사가 되고 싶기 때문이에요. 지금 제가 2학년이라는 건 알고 계실 거라 믿어요."

에바는 약간 비꼬듯 말했다.

"내가 만나는 친구들은 다 내년 가을에 지원할 대학에 부모님들과 다녀왔대요. 그런데 나는 벌써 몇 달 동안 혼자 인터넷으로 의대 예과 과정을 찾아보고 있어요."

에바는 잠시 말을 멈추고 부모의 반응을 살폈다. 두 분은 자기 말을 듣는 것에 몰두하고 있는 것 같았다.

"두 분 중 누구도 대학에 가보잔 말을 한 적이 없죠. 그래서 저는 꼭 필요할 경우, 제 친구랑 그 친구 부모님과 같이 갈 생각이에요. 하지만 엄마 아빠도 4년 동안 내가 어디에서 지낼지 보고 싶을 거란 생각은 들어요. 등록금은 부모님이 내주시겠지만 저는 돈을 벌기 위해 뭐든 할 생각이에요. 두 분이 열심히 일하신 덕분에 부족함 없이 특혜를 누리며 살고 있는 건 감사하지만, 대학에 가면 등록금 외에도 들어갈 돈이 많을 테니까요."

그때까지도 몸을 떨고 있던 에바는 기가 다 빠진 느낌이었다. 아까는 두 분이 침묵하고 있어서 더 말할 용기가 났지만 너무 말이 없으니 어떻게 해야 할지 갈피를 잡을 수 없었다. 에바는 자기가 말을 하는 중간에 아빠가 폭발해서 방으로 가라고 할 줄 알았다. 엄마가 말이 없는 것은 그래도 괜찮았다. 늘 소극적인 분이었기 때문이다. 그리고 에바는 아빠가 앞으로는 엄마와 함께 자기 일을 의논하기로 한 것을 모르고 있었다.

결국 에바가 포기하고 일어나 자러가야겠다고 생각할 때쯤 드디어 아빠가 침묵을 깨고 입을 열었다. 그는 에바가 그동안 감춰뒀던 생각을 마음껏 표출하는 거라고 생각했다.

"에바, 이제 아빠는 통금을 어긴 걸 문제 삼지 않을 거야. 벌을 준 것도 취소할게."

에바는 너무 놀랐다. 이제는 그녀가 조용히 들을 차례였다.

"아빠는 록 콘서트에 가는 것이 걱정돼. 기차를 처음 타는 것도 그렇지만, 그곳에 가면 사람들이 엄청나게 많을 텐데 잘 다닐 수 있을지 모르겠어. 또 그런 곳에는 마약을 파는 사람도 많고 술이나 약에 취한 사람들도 보게 될 거야. 남자아이들이 너한테 수작을 걸까 봐 걱정도 돼. 넌 아주 예쁘니까."

에바는 아빠가 하는 말을 열심히 듣고 있었다. 에바는 아빠가 록 콘서트에 대해 알고 있다는 것조차 몰랐다. 자기 보고 예쁘다고 하는 말도 처음 들었다. 얼굴이 붉어진 에바는 흥분으로 가볍게 몸을 떨었다. 아빠가 자신을 놀라게 하고 있기 때문이었다. 다음에는 어떤 말이 나올지도 기대됐다.

"아빠한테 좋은 생각이 있어. 이 여행은 너한테 아주 중요한 것 같고 또 열일곱 살쯤 됐으면 부모 없이 친구들과 기차를 탈 줄도 알아야겠지. 오늘이 월요일이니까 토요일까지는 며칠 남았구나. 네가 학교를 마치는 시간에 아빠가 집에 올 수 있는 날을 알아보고 시간이 되면 같이 펜실베이니아 역까지 기차를 타고 가보는 거야. 그러면 그런 데서 어떻게 다녀야 할지 아빠가 알려줄 수 있고 메디슨 스퀘어 가든이 어디 있는지도 미리 알 수 있어. 그러고 나면 네가 아빠를 데리고 다시 기차역으로 오는 거지. 거기서 저녁을 먹고 와도 좋고. 미리 한 번 가보고 나면 친구들하고만 가도 아빠가 조금은 안심이 될 것 같아."

델리는 여전히 말이 없었지만 남편의 생각이 너무 마음에 들어서 기뻤다. 남편과 나눴던 대화가 정말 큰 변화를 만든 것 같았다. 놀랍게도 남편은 여러 가지 아이디어를 생각해내서 문제라고 생각할 만한 일들을 해결하기 위해 노력하고 있었다. 그녀가 알기로 에바는 아빠를 아주 대하기 힘든 사람으로 여기고 있었다. 하지만 이제 에바는 아빠도 상처를 받을 수 있고, 자신에게 마음을 열 수 있는 사람이라고 생각하는 것 같았다.

충격에서 벗어난 에바는 아빠의 생각이 아주 좋았다. 솔직히 조금 겁이 나기도 했었는데 아빠 말대로 하면 자신감도 생기고 토요일 밤의 흥분을 만끽할 수 있을 것 같았다. 연습 삼아 아빠랑 가보는 것은 친구들에게 말할 필요는 없다고 생각했다. 에바는 지금껏 한 번도 느껴보지 못한 기분을 느꼈다. 이렇게 하기까지 아빠가 얼마나 힘들었을지 알기 때문에 더욱 고마웠고 진심어린 아빠의 사랑도 느낄 수 있었다. 그리고 자신과 아빠가 서로를 더 잘 알게 될 수 있을 거란 생각도 들었다. 처음 든 기분이지만 아빠와 자신에게는 잠재력이 있는 것 같았다.

"아빠, 많이 걱정되실 텐데 이렇게 저를 생각해 방법을 찾아주셔서 정말 감사해요. 솔직히 말씀드리면 저도 조금 겁이 났었거든요. 하지만 아이들과 친해지려면 해야 할 것도 많은 것 같고, 가고 싶기도 했어요. 아빠와 먼저 가보는 건 아주 좋은 생각 같아요. 그렇게 일찍 집에 와서 절 데려가 주신다는 것도, 또 아빠와 둘이 저녁을 먹는다는 것도 믿기지 않아요."

에바는 안도의 한숨을 쉬고 난 뒤 환하게 웃었다.

"왕관 속에 다른 아빠가 숨어 계셨군요."

에바가 아빠를 드라마틱하게 표현했다.

"반갑습니다."

워드는 진심으로 기뻤다. 자신의 딸은 경이로움 그 자체였고, 그런 딸이 자신을 사랑한다는 믿기지 않은 기분을 느꼈다.

마침내 델리도 예상치 못한 행동으로 이 의미 있는 순간을 함께했다. 흐느껴 울기 시작한 것이다. 워드와 에바는 그런 엄마를 가만히 바라봤다. 엄마가 이처럼 격한 감정을 드러내는 것은 처음 있는 일이었다. 에바는 엄마를 안아드려야 할 것 같았지만 그럴 수가 없었다. 그동안 두 사람은 그런 식의 애정 표현을 해본 적이 없기 때문이었다. 엄마나 아빠 역시 에바 앞에서는 전혀 애정을 드러내지 않았다. 그래서 아빠는 그냥 의자 팔걸이에 주먹을 올려놓고만 있었다. 영원히 계속될 것만 같은 얼마간의 시간이 흐른 뒤 드디어 워드는 아내의 손을 잡아줬다.

남편이 손을 잡아주자 힘을 얻은 델리가 에바를 보며 이렇게 말했다.

"네가 정말 자랑스럽구나."

이 말에 에바도 눈물을 흘리기 시작하자 델리가 말했다.

"대학 얘기는 다른 날 차분히 다시 하기로 하고 일단 여러 대학에 가보는 계획을 세워보자. 괜찮니, 에바?"

에바는 고개를 끄덕인 뒤 엄마와 아빠를 번갈아 보며 말했다.

"이제는 더 이상 감옥에 갇혀 있는 기분이 들지 않아요. 제 이야기를 끝까지 들어주셔서 고맙습니다."

엄마와 아빠 그리고 에바는 이제 서로의 기분과 바람을 생각하고 이해할 수 있게 됐다. 그리고 각자 멀리 떨어져 있던 거리를 크게 좁혔다. 에바의 아빠는 성찰을 통해 자신의 참모습을 알게 됐고 그 덕분에 딸에 대해서도 많은 것을 알게 됐다. 에바의 엄마도 자신의 고등학교 시절을 회상하며 딸과 더욱 가까워질 수 있다고 생각했다. 오랜 시간이 걸렸지만 결국 세 사람은 터놓고 각자의 진심을 말할 수 있게 됐다. 워드와 델리는 그들 내부에 잠재돼 있던 부모 지능을 깨웠고 그 길을 밝혀준 딸에게 깊이 고마워했다.

PARENTAL INTELLIGENCE

# 제12장

# 공동의 장

부모 지능의 원칙 속에 자란 아이들은
행동에 수많은 의미가 담겨 있다는 것을
배우게 될 것이다.

# 아이의 마음을 읽어주는 부모

지금까지의 이야기들은 내가 그동안 상담하고 치료한 아이들과 그 부모들의 사례를 나름대로 각색해서 일반인들이 부모 지능을 이해하기 쉽도록 꾸민 것이다. 처음에는 내 방식을 알리기 위해서였지만 이제는 모두를 위한 일이 됐다. 부모 지능은 많은 부모 그리고 그들의 아이들과 30년이 넘도록 함께한 경험을 통해 발달된 유기적인 과정이다. 오랫동안 정신분석가로 일하면서, 나는 부모와 자녀가 서로를 이해하고, 밀접하게 연결되고, 소통하는 방식을 근본적으로 바꿀 수 있게 됐다. 부모와 자녀의 관계를 규명하면서 나는 아이들이 부모를 어떻게 자극하고 어떤 영향을 미치는지 언급해왔다. 아이들은 부모의 정서 상태를 흔들어놓을 때가 많다. 말로 직접 그러기도 하고 위압적인 행동을 통해 간접적으로 그럴 때도 있다. 그런 행동들은 아이를 진심으로 이해하게 될 때까지 부모를 지치게 하고 무력한 기분을 느끼게 만든다. 여기 소개된 여덟 편의 이야기들은 많은 부모들의 멘

토로서 사회적·심리적 나침반 역할을 했던 나의 목소리를 대변하고 있다. 각 이야기들은 유아부터 십대까지 다양한 연령대의 자녀를 등장시켜서 부모가 그런 자녀들과 깊은 유대를 맺게 된 방법들을 보여주고 있다.

각 이야기에 등장하는 부모와 자녀들은 공동의 장에 이르러서야 서로가 가진 좋은 점들을 깨닫고 일치된 신념과 가치를 발견하게 된다. 이렇게 마음이 만나는 지점에 닿기 위해 엄마와 아빠들은 부모 지능을 활용했다. 그들은 시간을 거슬러 올라가 자신의 과거를 성찰함으로써 자기 내부의 어떤 면이 아이의 의도를 읽지 못하게 눈을 가리고 성급히 반응하게 만들었는지 알아봤다. 또 그들은 아이의 마음 상태와 발달 정도를 파악해서 자신의 아이를 더욱 포괄적으로 이해하기 위해 노력했다. 그전까지는 할 수 없다고 생각하던 일이었다. 그 결과, 부모들은 문제를 보던 관점을 완전히 바꿀 수 있었고, 때로는 천천히 때로는 극적으로 아이의 행동에 감춰진 고통을 깨달을 수 있었다. 이들은 아이의 행동을 완전히 이해했고, 아이들은 자신을 있는 그대로 봐준 것에 고마워했다.


## 부모 지능을 적용해야 할 시기

부모 지능에 대한 나의 믿음은 확고하다. 따라서 모든 부모가 이 개념에 따라 아이들을 키운다면 세상은 훨씬 좋아지고 달라질 수 있다고 감히 단언한다. 내가 이런 말을 하는 이유는 무엇일까?

나는 밀레니얼 세대인 나의 작은 아들 리치 홀먼의 대답을 듣고 많은 도움을 받았다. 리치는 부모 지능에 따라 자랐고 21세기에 성년이 됐다. 그 아이는 이렇게 말하며 많은 사람들이 내 책을 찾을 때가 올 거라고 믿었다.

"우리는 정치적 독단의 시대에 있는 것 같아요. 어떤 뉘앙스나 이해보다 확신이 중요한 시대죠. 이런 확신은 강인함으로 비춰질 수 있지만 실은 무지와 두려움에서 나와요. 아버지의 생각은 다를 수 있겠지만, 자존심 때문에 아이들과 다투는 부모들은 모른다는 두려움 때문에 그러는 거예요. 그래서 무의식적인 생존 본능으로 자신을 불필요하게 방어하게 돼요. 두려움에 맞서 싸울 수 있는 유일한 방법은 아는 것이죠. 누군가의 마음을 읽고 이해하는 기술을 아는 것인데 그 기술이 바로 부모 지능이에요. 부모 지능을 배우고, 반사적으로 자신을 방어하기 전에 상대방의 진심을 이해하고, 다른 사람의 마음을 읽고 공감하기 위해 노력하는 것을 강점이라 생각하게 된다면, 세상은 더 효율적인 곳은 못되더라도 더욱 따뜻한 곳은 될 수 있을 거예요."

E. J. 디온(E. J. Dionne)의 책《이중적인 정치적 본질(Our Divided Political Heart)》을 보면 내 아들의 생각이 고스란히 담겨 있는 듯하다. 그는 밀레니얼 세대에 대해 이렇게 언급하고 있다.

"그 어떤 세대보다 열정적으로 개인주의를 추구하다가도 갑자기 그 어떤 세대보다 열정적으로 공동체를 중시하는… 밀레니얼 세대들은 사회적으로 가장 관대한 세대다. 인종과 민족의 다양성을 가장 편하게 받아들이고, 동성애자들의 결혼 같은 문제에 가장 솔직하고, 새로운 이민자들을 가장 열렬히 환영하는 세대… 인종과 민족의 다양성을 수용하는 것은 그들이 가진 여러 가지 태도를 뒷받침한다."

그래서 부모 지능에 따라 자란 내 아들은 위와 같은 감정들을 드러내고 있는 많은 젊은이들 중 하나이며, 나중에 부모가 돼서도 부모 지능의 원칙을 지킬 가능성이 큰 아이이다. 요즘 같은 시대야말로 이 책을 읽기에 가장 좋은 때라고 생각한다.

그러나 부모 지능이 결실을 맺으려면 아이들이 아주 어릴 때부터 적용하는 것이 좋다. 그래야 그 아이들도 나중에 어떤 단체의 리더나 선생님, 엔지니어, 기업가, 음악가, 의사, 부모가 됐을 때 자기 자신과 다른 사람들의 마음을 읽고 이해할 수 있게 된다. 요즘 세대는 어떤 상황이나 사람이 눈에 보이는 것과 다를 수 있다는 것을 아는 사람들이 많다. 또 자신이 오해한 부분이 있으면 솔직하게 바로잡고 더 배우려는 의지도 생긴다. 그러므로 부모 지능은 교양 있고 계몽적인 사회를 만드는 주춧돌이 될 수 있다.

흔한 예를 하나 들어보자. 아이는 두 살, 세 살이 되면서 자율성과 개성을 키워가기 시작한다. 사춘기가 되면 인지 능력까지 크게 발달하면서 이런 욕구가 더욱 거세진다. 이런 자연스러운 욕구를 이해하지 못하는 부모는 아이들이 어떤 행동을 하거나 의견을 내면 자신에게 반항하는 것이라고 잘못 받아들인다. 그러면 불필요한 힘겨루기에 빠질 수 있고 부모의 권한을 남용하게 되기도 한다. 반면 부모 지능을 갖춘 엄마와 아빠들은 아이의 발달 상태를 정확히 이해하기 때문에 아이가 어떤 동기나 목적을 갖는 것은 자신들의 자율성과 개성을 드러내는 것이라고 받아들인다. 그리고 아이가 접하는 최초의 사회, 즉 가정이라는 공동체를 서로 힘이 돼주는 따뜻한 곳으로 만들어준다. 그들은 자애로운 권위를 발휘해 다른 사람들을 존중하도록 가르치고 효율적으로 지도하면서 아이들이 올바르게 자라도록 돕는다.

네 살쯤 되면 아이들은 자신이 믿는 것과 현실이 맞지 않다는 것을 깨닫고 눈에 보이는 것이 전부가 아니라는 것도 받아들이게 된다. 부모는 아이들의 이런 깨달음을 격려하고 지지해줘야 한다. 어릴 때부터 부모 지능에 따라 자란 아이들은 다른 사람에 대한 자신의 생각이 틀릴 수 있다는 것을 인정하기 때문에 문제를 훨씬 쉽고 효과적으로 해결할 수 있다.

만약 젊은 사람들이 자신이 꾸려나갈 가정에 대해 생각할 때부터 부모 지능을 배운다면 어떻게 될까? 사춘기 후반의 십대들은 자신이 어떤 사람이고 앞으로 어떤 사람이 되고 싶은지에 대해 많은 생각을 한다. 또 자신의 아이를 키우는 것에 대해서도 종종 생각한다. 장차 부모가 될 이 젊은이들이 부모 지능을 익혀서 미래의 자기 아이들이 정서적으로 건강한 삶을 살 수 있도록 미리 준비한다면 세상은 어떻게 될까?

새로운 세대의 부모와 그들의 자녀들은 어떤 모습일까? 그들은 어떤 가족이 될 수 있을까? 부모 지능에 따라 자란 아이들은 문제가 생기면 힘든 상황을 해결할 방법을 찾을 기회라고 생각한다. 이렇게 자란 세대는 다른 사람들의 마음속에서 일어나는 과정, 다시 말해 그들의 의도와 생각, 믿음, 바람, 욕구, 동기, 상상, 감정 등을 이해한 뒤 문제를 생각하는 어른으로 성장할 수 있다. 이것은 거의 혁명이다. 가족 구성원들이 서로를 이해하면 가정 내의 복잡한 문제도 잘 해결할 수 있다. 부모 지능에 따라 서로를 배려하고 진심어린 소통을 하게 되면, 가정뿐만 아니라 국가와 세계적인 문제들도 요즘 흔히 쓰는 방법인 변명이나 보복, 무력적인 위협 같은 것 대신 솔직한 대화로 풀어갈 방법을 찾을 수 있게 된다.

부모 지능이 보편화되면 서로를 이해하는 수준이 크게 향상될 수 있다. 타인의 욕구와 바람을 고려할 뿐 아니라 자신에 대한 남들의 생각까지 가늠할 수 있기 때문에 다른 사람들의 목적을 더욱 잘 이해하게 된다. 또 다른 사람들의 관점에서 생각하면 경쟁과 협력이 완전히 다른 방식으로 일어날 수 있고 그들의 의도도 훨씬 정확하게 해석할 수 있다.

부모 지능의 원칙 속에 자란 아이들은 행동에 수많은 의미가 담겨 있다는 것을 배우게 될 것이다. 그리고 더 나아가, 그 의미들을 깨닫고 이해하게 되면 본질적인 문제를 찾아서 침착하게 해결할 수 있다는 것도 알게 될 것이다. 지금 우리 사회는 공동체 속에서 커가는 개인주의, 헌법 개정에 관한 논의, 시장이 주도하는 자본주의의 틀 안에서 시민이 해야 할 의무 등 여러 가지 어려움을 맞고 있다. 이런 어려움은 늘 존재하겠지만, 부모 지능 속에서 자라게 되면 사람들을 좋고 나쁨, 옳고 그름, 열등하고 우월함, 주류와 비주류 등으로 구분하는 지나친 단순화의 오류를 범하지 않고 이런 문제들에 접근할 수 있다. 부모 지능에 따라 자란 아이들이 성인이 되면 지역, 국가 그리고 다른 나라들이 처한 국제적인 문제들을 올바른 시각으로 이해할 수 있게 된다. 그 문제들에 포함된 여러 가지 복잡한 사정들을 알아볼 수 있기 때문이다.

그렇다고 부모 지능으로 자란 아이들이 다 똑같이 생각한다는 뜻은 아니다. 다만 그 아이들은 진실을 찾는 과정에서 여러 가지 관점으로 생각하고, 추론하고, 의문을 갖는다. 인간이 다른 종과 다른 점 가운데 하나는 자신의 마음과 다른 사람의 마음을 파악하고 이해하는 능력을 가졌다는 것이다. 부모 지능은 이런 능력을 키우고 실천하게 해준다.

## 세상을 이해하는 하나의 방법

부모 지능을 구체화하려는 노력은 사실 매우 힘든 작업이었다. 하지만 나는 이 과정을 통해 부모 지능과 함께한 미래는 분명히 희망적일 거란 믿음을 갖게 됐다. 또 부모들은 새로운 세대들에게 훌륭한 의사소통 능력을 길러주는 만큼 이 사회에서 차지하는 정치적·사회적인 역할도 중요해질 것이다.

요즘과 같은 불확실성의 시대에 이런 부모와 그들의 자녀들은 자신과 다른 사람들의 사회적 표현과 행동을 관찰하는 전문가가 될 수 있다. 이렇게 사람을 잘 파악하게 되면 계약 같은 것을 순조롭게 하거나 평화로운 외교 정책을 펼칠 수도 있다. 사람들의 행동과 기분, 목적, 동기 등을 예리하게 파악하는 능력은 자신이 속한 공동체, 더 나아가 세계적인 리더가 되기 위해 꼭 필요한 자질이다. 자신과 타인이 세상을 어떻게 인식하고 생각하는지 개념화할 수 있으면 사회의 여러 그룹들을 연결하는 다리 역할을 할 수 있다. 친밀하지만 복잡하기도 한 가정이라는 사회 속에서, 합리적인 추론과 신중한 의사 교환을 통해 감정적인 갈등을 원만히 해결하며 자란 아이들은 훨씬 큰 맥락에서도 그런 능력을 활용할 수 있다. 물론 이에 대한 연구가 뒷받침돼야 하겠지만, 규모가 작은 사회에 대한 정교한 이해 능력은 기하급수적으로 확대돼 훨씬 폭넓은 영역에서의 인간관계까지 적용될 수 있음이 틀림없다. 이제 문은 활짝 열려 있다.

PARENTAL INTELLIGENCE

# 미안하면 미안하다고,
# 사랑하면 사랑한다고 말하자

한 아버지가 다친 아들을 데리고 급히 응급실로 들어왔다. 간호사는 수술할 의사가 자리를 비웠으니 잠시 기다리라고 했다. 다친 아들 때문에 마음이 급한 아버지는 무작정 기다려야 한다는 것에 초조하고 불안해 견딜 수가 없었다. 얼마 후 한 의사가 들어와 아버지에게 가볍게 목례를 하더니 아이의 상태를 확인한 뒤 곧바로 수술실로 들어갔다. 아버지는 아무 말도 듣지 못한 채 마냥 기다려야 했다. 그렇게 한참이 지나 수술이 끝나고 의사가 수술실 밖으로 나왔다. 아이의 상태를 묻는 아버지에게 그 의사는 이렇게 말했다.

"아이는 괜찮을 겁니다. 걱정 마세요."

그리고 바로 자리를 떴다. 의사의 태도에 불쾌감을 느낀 아버지가 간호사에게 물었다.

"저 의사는 평소에도 저렇게 무뚝뚝하고 불친절합니까?"

그러자 간호사가 대답했다.

"저 분은 어제 아들을 잃으셨습니다. 지금 장례식 중인데 급한 수술이 있다는 연락을 받고 잠시 오신 거예요."

그렇다. 그 사람에게 어떤 사정이 있는지는 아무도 모른다.

부모도 그렇고 아이도 마찬가지다. 그래서 보이는 행동만으로 섣불리 판단해서는 안 된다. 그런데 많은 부모들이 아이의 행동만 보고 너무 쉽게 판단하고 혼자 결정을 내린다. 아이가 어떤 행동을 했을 때는 그럴 만한 까닭이 있어서인데 부모는 그 이유를 찾으려 하지 않고 행동만 문제 삼는 경우가 많다. 그러다 보니 오해와 다툼이 생기고 서로 점점 멀어지게 된다.

싫으면서도 닮게 된다는 말이 있다. 어릴 적 부모를 보면서 '나는 내 아이에게 저런 부모는 되지 말아야지'라고 생각했었지만 어느 순간, 부모가 나한테 했던 일을 나도 똑같이 아이에게 하고 있을 때가 있다. 그걸 깨닫고 달라진다면 좋지만, 자신의 잘못을 인정하면 부모로서의 권위를 잃게 될까 봐 더 심하게 아이를 몰아치는 부모가 많다.

또 내가 가장 싫어하는 나의 모습을 아이가 닮아 있을 때 많은 부모들은 그 부분을 바로잡아주기보다 오히려 화를 내고 혼만 낸다. 결국 상처받는 쪽은 아이들이고, 아이들은 그런 부모를 보면서 마음의 문을 닫아버린다.

이 책을 읽기 전까지는 나도 다른 부모들과 같은 실수를 하고 있었음에 틀림없다. 중3인 아들을 키우는 엄마로서, 나는 아이의 행동을 이해하는 대신 늘 의심을 품고 화를 냈다. 지난 중간고사 마지막 날, 집에 올 시간이 한참 지났는데도 아이가 오지 않자 나는 슬슬 짜증이 나기 시작했다.

'시험 끝났다고 집에 오지도 않고 바로 친구들하고 놀러 갔나? 엄마한테 말도 없이 이래도 되는 거야? 들어오기만 해봐. 실컷 혼내줘야지.'

그렇게 벼르며 앉아 있는데 얼마 지나지 않아 현관 비밀번호 누르는 소리가 들리고 아이가 들어왔다. 힐끔 쳐다보니 아들은 운 것처럼 눈가가 빨갛게 부어있었고 곧바로 자기 방에 들어가 한동안 나오지 않았다. 그때 나는 왜 그렇게 행동했을까. 지금 생각해도 부끄럽다. 안 그래도 벼르고 있던 나는 엄마를 무시한다는 생각에 화가 머리끝까지 나서 소리를 질렀다.

"너 지금 이게 무슨 태도니? 당장 나오지 못해?"

잠시 뒤 문을 열고 아들이 나오자 나는 또 다시 퍼부어댔다.

"학교에 갔다왔으면 엄마한테 인사부터 하고 시험은 어떻게 봤는지 얘기를 해야 할 거 아니야. 시험 기간이라고 내버려뒀더니 애가 아주 엉망이 됐어! 제 때 들어오지도 않고! 얼굴은 왜 또 그 모양이야? 설마 싸우기라도 한 거니?"

그러자 아이는 아직도 울음이 남아 있는 목소리로 이렇게 말했다.

"학교에서 울다 왔어요. 그러느라 늦었어요."

"울긴 왜 울어? 너 또 뭐 잘못했구나?"

"시험을… 망쳤어요. 그렇게 열심히 했는데… 이번 시험은 정말 잘 보고 싶었는데… 그렇게 열심히 했는데 점수가 안 나오니까 눈물이 났어요. 집에 와서 울면 엄마가 속상해하실까 봐 교실에 남아서 혼자 울고 온 건데 아직까지 표시가 날 줄 몰랐어요."

이렇게 착한 아이를 나는 그저 내 기분에만 사로잡혀 무조건 화만 내고 혼을 낸 것이다. 물론 현명하게 대처하는 부모도 많을 줄 안다. 하지만 나는 그러지 못했다. 나는 한참을 아무 말도 못하고 있다가 그냥 안아주기만 했다. 그리고 나중에야 아무것도 모르면서 화를 낸 것에 미안하다고 진심으로 사과했다. 다행히 그 다음 시험은 노력한 만큼 결과가 나와서 아들은 다시 기운을 회복했다.

홀먼 박사의 부모 지능은 사실 대부분의 부모들이 막연하게나마 알고 있는 내용일 것이다. 다만 어떻게 정리해서 실천해야 할지 몰랐을 많은 부모들을 위해, 그녀는 5단계로 체계를 잡아주고 현실적인 사례들을 통해 어떻게 활용해야 할지 자세히 알려주고 있다.

또 홀먼 박사도 말했듯 부모 지능은 가정 내에서만 쓸 수 있는 것이 아니다. 나는 이 부분이 가장 마음에 든다. 살면서 억울했던 경험은 누구에게나 있을 것이다. 나는 그럴 만한 사정이 있어서 어떤 행동을 한 것인데 사람들은 자신들이 느끼는 대로만 판단해버린다. 그럴 때 누군가가 나를 이해해주고 내가 왜 그런 행동을 했는지 알아준 다면 얼마나 고맙겠는가. 한 걸음 물러나서 생각하기란 사실 쉬운 일 은 아니다. 하지만 그런 습관을 가지려 노력하면서 생활 속에서 늘 실천한다면, 누가 어떤 행동을 하던 자신만의 생각으로 성급히 판단 하는 실수는 하지 않게 될 것이다.

그리고 또 한 가지, 표현을 하는 것도 대단히 중요하다. 마음속으로 생각만 하고 있으면 아무 소용없다. 미안하면 미안하다고 하고 사랑하면 사랑하다고 말하자. 잘못을 했으면 깨끗이 인정할 줄 알아야 한다. 상대방이 잘못을 인정하고 용서를 구하면 너그럽게 포용해주는 것도 미덕이다. 가정뿐 아니라 어느 사회에서도 마찬가지다. 우리의 부모 세대만 해도 표현에 참 인색했다. 굳이 말하지 않아도 다 알 거라고 생각했던 것 같다. 그렇지 않다. 물론 표현을 하지 않는다고 해서 그분들의 사랑을 모르는 것은 아니지만 한 마디의 말은 굉장히 큰 힘을 발휘한다.

언젠가 한 지인이 자신은 지금껏 한 번도 어머니에게 사랑한다는 말을 들은 적이 없고 자신도 해본 적이 없다고 했다. 늘 곁에 살면서 서로를 아끼고 챙기긴 했지만 서로의 마음을 말로 해본 적은 없다는 것이었다. 그러던 어느 날 평소처럼 통화를 하다가 문득 이렇게 말했다고 한다.

"엄마, 나 엄마 사랑해요. 알죠?"

그러자 수화기 너머의 어머니는 잠시 아무 말이 없으시더니 아주 약간 떨리는 목소리로 이렇게 대답했다.

"그래, 엄마도 사랑해…."

그 말에 지인은 큰 감동을 받았다고 했다.

문제가 생겼다면 한 걸음 물러나 차분히 생각하고, 자신의 내면을 들여다보고, 상대방의 마음을 헤아리면서, 현명하게 해결하자. 그리고 할 수 있을 때 최대한 표현하자.

○ Bretherton, Inge. 2009. "Intentional Communication and the Development of an Understanding of Mind." *In Children's Theories of Mind: Mental States and Social Understanding*, edited by D. Frye and C. Moore, 49–76. New York: Psychology Press.

○ Cohan, Carolyn Pape, and Philip A. Cohan. 2000. *When Partners Become Parents: The Big Life Change for Couples*. London: Lawrence Erlbaum Associates Publishers.

○ Condon, W. S. 1979. "Neonatal Entrainment and Enculturation." *Before Speech: The Beginnings of Interpersonal Communication*, edited by Margaret Bullowa, 131–48. Cambridge, UK: Cambridge University Press.

○ Cutler, Eustacia. 2004. *A Thorn in My Pocket: Temple Grandin's Mother Tells the Family Story*. Arlington, Texas: Future Horizons, Inc.

○ Dionne, E. J. 2012. *Our Divided Political Heart: The Battle for the American Idea in an Age of Discontent*. New York: Bloomsbury.

○ Ekman, Paul. 2007. *Emotions Revealed: Recognizing Faces and Feelings to Improve Communication and Emotional Life*. New York, New York: Henry Holt and Co., LLC.

○ Grandin, Temple, and Sean Barron. 2005. *Unwritten Rules of Social Relationships*. Arlington, Texas: Future Horizons, Inc.

○ Hollman, Rich (March 30, 2014). Email correspondence on American politics and Parental Intelligence.

○ Lamb, Michael E., ed. 2010. *The Role of the Father in Child Development*. Canada: John Wiley and Sons.

○ Meins, Elizabeth, Charles Fernyhough, Emma Fradley, and Michelle Tuckey. 2001. "Rethinking Maternal Sensitivity: Mothers' Comments on Infants' Mental Processes Predict Security of Attachment at 12 Months." *Journal of Child Psychology and Psychiatry*. 42 (5): 637–48.

○ Paul, Annie Murphy. 2010. *Origins: How the Nine Months Before Birth Shape the Rest of Our Lives*. New York: Free Press.

- Livingston, Gretchen 2014. "Growing Number of Dads Home with the Kids." Pew Research Social and Demographic Trends. June 5, 2014 http://www.pewsocialtrends.org/2014/06/05/growing-number-of- dads-home-with-the-kids.
- Pruett Kyle. 2000. *Fatherneed: Why Father Care is as Essential as Mother Care for Your Child.* New York: Broadway Press.
- Pruett, Kyle, and Marsha Pruett. 2009. *Partnership Parenting: How Men and Women Parent Differently—Why It Helps Your Kids and Can Strengthen Your Marriage.* Cambridge, Massachusetts: Life Long.
- Raeburn, Paul. 2014. *Do Fathers Matter? What Science Is Telling Us About the Parent We've Overlooked.* New York: Scientific American/Farrar, Straus, and Giroux.
- Szejer, Myriam. 2005. *Talking to Babies: Healing with Words on a Maternity Ward.* Boston: Beacon Press Books.
- Trevarthen, Colwyn. 1979. "Communication and Cooperation in Early Infancy: A Description of Primary Intersubjectivity." *Before Speech: The Beginnings of Interpersonal Communication*, edited by Margaret Bullowa, 321–48. Cambridge, UK: Cambridge University Press.
- Walsh, Carolyn J., Anne E. Storey, Roma L. Quinton, and Katherine E. Wynne-Edwards. 2000. "Hormonal Correlates of Paternal Responsiveness in New and Expectant Fathers." *Evolution and Human Behavior* 21 (2): 79–95.
- Winnicott, Donald W. (1958) *Through Pediatrics to Psycho-Analysis: Collected Papers.* New York: Basic Books.
- Wynne-Edwards, Katherine E. 2004. "Why Do Some Men Experience Pregnancy Symptoms such as Vomiting and Nausea When Their Wives are Pregnant?" *Scientific American*. June 28, 2004. www. scientificamerican.com/article.cfm?id=why-do-some-men-experienc.

아이의 행동을 읽는 5단계

# 부모
# 지능

**초판 1쇄 인쇄** 2017년 1월 6일
**초판 1쇄 발행** 2017년 1월 13일

**지은이** 로리 홀먼
**옮긴이** 김세영
**펴낸이** 정용수

**사업총괄** 장충상 **본부장** 홍서진 **편집장(2실)** 조민호
**책임편집** 유승현 **편집** 조문채 진다영
**디자인** 형태와내용사이
**영업·마케팅** 조대현 윤석오 정경민 신다빈
**제작** 김동명
**관리** 윤지연

**펴낸곳** ㈜예문아카이브
**출판등록** 2016년 8월 8일 제2016-000240호
**주소** 서울시 마포구 동교로18길 10 2층(서교동 465-4)
**문의전화** 02-2038-3372 **주문전화** 031-955-0550 **팩스** 031-955-0660
**이메일** yms1993@chol.com **홈페이지** yeamoonsa.com
**블로그** blog.naver.com/yeamoonsa3 **페이스북** facebook.com/yeamoonsa

**한국어판 출판권** ⓒ ㈜예문아카이브, 2017
**ISBN** 979-11-87749-12-7  03590